从零开始学
Python网络爬虫

罗攀 蒋仟◎编著

图书在版编目（CIP）数据

从零开始学Python网络爬虫 / 罗攀，蒋仟编著. —北京：机械工业出版社，2017.9（2023.1重印）

ISBN 978-7-111-57999-1

Ⅰ. 从… Ⅱ. ①罗… ②蒋… Ⅲ. 软件工具－程序设计 Ⅳ. TP311.561

中国版本图书馆CIP数据核字（2017）第224283号

从零开始学 Python 网络爬虫

出版发行：机械工业出版社（北京市西城区百万庄大街 22 号　邮政编码：100037）

责任编辑：欧振旭　李华君　　　　责任校对：姚志娟

印　　刷：北京建宏印刷有限公司　　　　版　　次：2023年1月第1版第11次印刷

开　　本：186mm×240mm　1/16　　　　印　　张：17.25

书　　号：ISBN 978-7-111-57999-1　　　　定　　价：59.00 元

客服电话：（010）88361066　68326294

前言

随着 Internet 的飞速发展，互联网中每天都会产生大量的非结构化数据。如何从这些非结构化数据中提取有效信息，供人们在学习和工作中使用呢？这个问题促使网络爬虫技术应运而生。由于 Python 语言简单易用，而且还提供了优秀易用的第三方库和多样的爬虫框架，所以使得它成为了网络爬虫技术的主力军。近年来，大数据技术发展迅速，数据爬取作为数据分析的一环也显得尤为重要。程序员要进入与数据处理、分析和挖掘等相关的行业，就必须要掌握 Python 语言及其网络爬虫的运用，这样才能在就业严峻的市场环境中有较强的职场竞争力和较好的职业前景。

目前，图书市场上仅有的几本 Python 网络爬虫类图书，要么是国外优秀图书，但书籍翻译隐晦，阅读难度大，而且往往由于网络原因，使得书中的案例不能正常使用，因此不适合初学者；要么是国内资料，但质量参差不齐，而且不成系统，同样不适合初学者。整个图书市场上还鲜见一本适合初学者阅读的 Python 网络爬虫类图书。本书便是基于这个原因而编写。本书从 Python 语言基础讲起，然后深入浅出地介绍了爬虫原理、各种爬虫技术及 22 个爬虫实战案例。本书全部选用国内网站作为爬虫案例，便于读者理解和实现，同时也可以大大提高读者对 Python 网络爬虫项目的实战能力。

本书特色

1. 涵盖Windows 7系统第三方库的安装与配置

本书包含 Python 模块源的配置、第三方库的安装和使用，以及 PyCharm 的安装和使用。

2. 对网络爬虫技术进行了原理性的分析

本书从一开始便对网络连接和爬虫原理做了基本介绍，并对网络爬虫的基本流程做了详细讲解，便于读者理解本书后面章节中的爬虫项目案例。

3．内容全面，应用性强

本书介绍了从单线程到多进程，从同步加载到异步加载，从简单爬虫到框架爬虫等一系列爬虫技术，具有超强的实用性，读者可以随时查阅和参考。

4．项目案例典型，实战性强，有较高的应用价值

本书介绍了 22 个爬虫项目实战案例。这些案例来源于不同的网站页面，具有很高的应用价值。而且这些案例分别使用了不同的爬虫技术实现，便于读者融会贯通地理解书中介绍的技术。

本书内容

第 1 章　Python 零基础语法入门

本章介绍了 Python 和 PyCharm 的安装及 Python 最为简单的语法基础，包括简单的流程控制、数据结构、文件操作和面向对象的编程思想。

第 2 章　爬虫原理和网页构造

本章通过介绍网络连接原理，进而介绍了爬虫的原理，讲解了爬虫的基本流程，另外还介绍了如何使用 Chrome 浏览器认识网页构造和查询网页信息。

第 3 章　我的第一个爬虫程序

本章主要介绍了安装请求和解析网页的 Python 第三方库、Requests 库和 BeautifulSoup 库的使用方法，最后通过综合案例手把手教会读者编写一个简单的爬虫程序。

第 4 章　正则表达式

本章主要介绍了正则表达式的常用符号及 Python 中 re 模块的使用方法，在不需要解析库的情况下完成一个简单的爬虫程序。

第 5 章　Lxml 库与 Xpath 语法

本章主要介绍了 Lxml 库在 Mac 和 Linux 环境中的安装方法、Lxml 库的使用方法及 Xpath 语法知识，并且通过案例对正则表达式、BeautifulSoup 和 Lxml 进行了性能对比，最后通过综合案例巩固 Xpath 语言的相关知识。

第 6 章　使用 API

本章主要介绍了 API 的使用和调用方法，对 API 返回的 JSON 数据进行解析，最后通过使用 API 完成一些有趣的综合案例。

第 7 章　数据库存储

本章主要介绍了非关系型数据库 MongoDB 和关系型数据库 MySQL 的相关知识，并通过综合案例展示了 Python 对两种数据库的存储方法。

第 8 章　多进程爬虫

本章主要介绍了多线程及其概念，并通过案例对串行爬虫和多进程爬虫的性能进行了

对比，最后通过综合案例介绍了多进程爬取数据的方法和技巧。

第 9 章　异步加载

本章主要介绍了异步加载的基本概念，以及如何针对异步加载网页使用逆向工程抓取数据，最后通过综合案例讲解了逆向工程的使用方法和常用技巧。

第 10 章　表单交互与模拟登录

本章主要介绍了 Requests 库的 POST 方法，通过观测表单源代码和逆向工程来填写表单以获取网页信息，以及通过提交 cookie 信息来模拟登录网站。

第 11 章　Selenium 模拟浏览器

本章主要介绍了 Selenium 模块的安装、Selenium 浏览器的选择和安装，以及 Selenium 模块的使用方法，最后通过综合案例介绍了如何对采用异步加载技术的网页进行爬虫。

第 12 章　Scrapy 爬虫框架

本章主要介绍了 Windows 7 环境中的 Scrapy 安装和创建爬虫项目的过程，并通过案例详细讲解了各个 Scrapy 文件的作用和使用方法，而且通过多个综合案例讲解了如何通过 Scrapy 爬虫框架把数据存储到不同类型的文件中，最后讲解了如何编写跨页面网站的爬虫代码。

本书读者对象

- 数据爬虫初学者；
- 数据分析初级人员；
- 网络爬虫爱好者；
- 数据爬虫工程师；
- Python 初级开发人员；
- 需要提高动手能力的爬虫技术人员；
- 高等院校的相关学生。

本书配套资源及获取方式

本书涉及的源代码文件等配套学习资源需要读者自行下载。请在 www.hzbook.com 网站上搜索到本书，然后单击“资料下载”按钮，即可在本书页面上找到下载链接进行下载。

本书作者

本书由罗攀和蒋仟主笔编写，其他参与编写的人员有张昆、张友、赵桂芹、张金霞、张增强、刘桂珍、陈冠军、魏春、张燕、孟春燕、项宇峰、李杨坡、张增胜、方加青、曾桃园、曾利萍、谈康太、蒋啊龙、汪春兰、李秀、董建霞、方亚平、李文强、张梁、邓玉前、刘丽、舒玲莉、孙敖。

虽然我们对书中所述内容都尽量核实，并多次进行文字校对，但因时间有限，加之水平所限，书中疏漏和错误之处在所难免，敬请广大读者批评、指正。联系我们请发 E-mail 到 hzbook2017@163.com。

编著者

目录

第 1 章　Python 零基础语法入门

在学习 Python 网络爬虫之前，读者需学习 Python 的基础语法。本章立足基础，讲解 Python 和 PyCharm 的安装及 Python 最简单的法基础和爬虫技术中所需的 Python 语法。

本章涉及的主要知识点如下。

- Python 和 PyCharm 的安装：学会 Python 和 PyCharm 的安装方法。
- 变量和字符串：学会使用变量和字符串的基本用法。
- 函数与控制语句：学会 Python 循环、判断语句、循环语句和函数的使用。
- Python 数据结构：理解和使用列表、字典、元组和集合。
- Python 文件操作：学习使用 Python 建立文件并写入数据。
- Python 面向对象：了解 Python 中类的定义和使用方法

1.1　Python 与 PyCharm 安装

“工欲善其事，必先利其器”，本节介绍 Python 环境的安装和 Python 的集成开发环境（IDE）PyCharm 的安装。

1.1.1　Python 安装（Windows、Mac 和 Linux）

当前主流的 Python 版本为 2.x 和 3.x。由于 Python 2 第三方库更多（很多库没有向 Python 3 转移），企业普遍使用 Python 2。如果作为学习和研究的话，建议使用 Python 3，因为它是未来的发展方向。所以本教程选择 Python 3 的环境。

1. Windows中安装Python 3

在 Windows 系统中安装 Python 3，请参照下面的步骤进行。

（1）打开浏览器，访问 Python 官网（https://www.python.org/）。

（2）光标移动至 Downloads 链接，单击 Windows 链接。

（3）根据自己的 Windows 版本（32 位或 64 位），下载相应的 Python 3.5 版本，如为 Windows 32 位系统，应下载 Windows x86 executable installer，如果为 Windows 64 位系统，应下载 Windows x86-64 executable installer。

（4）单击运行文件，勾选 Add Python 3.5 to PATH，然后单击 Install Now 按钮即可完成安装。

在计算机中打开命令提示符（cmd）窗口，输入 python，如图 1.1 所示，说明 Python 环境安装成功。

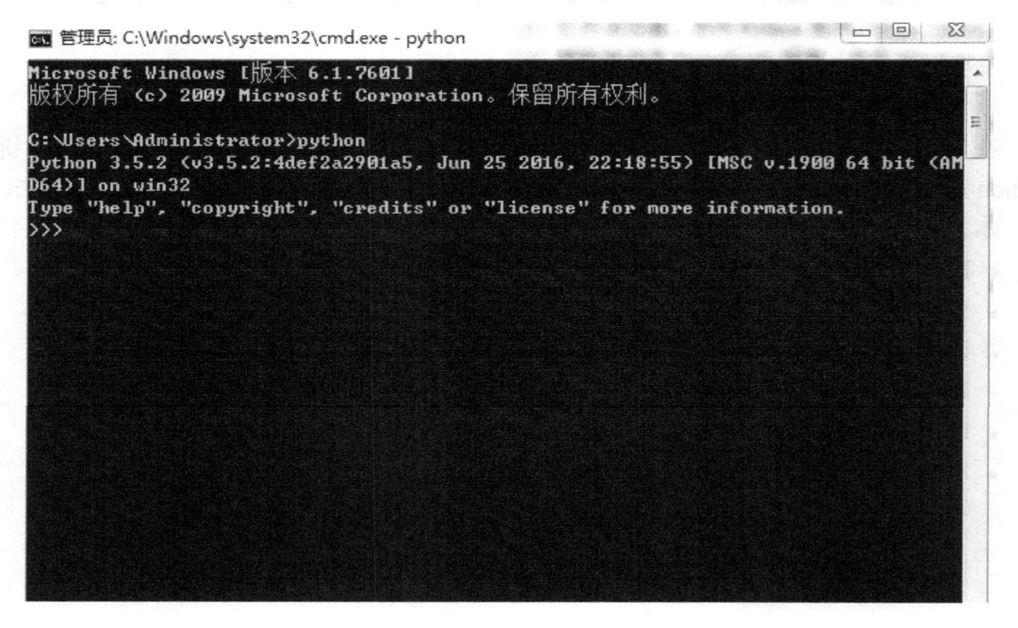

图 1.1　运行 Python 环境

当界面出现提示符>>>时，就表明进入了 Python 交互式环境，输入代码后按 Enter 键即可运行 Python 代码，通过输入 exit()并按 Enter 键，就可以退出 Python 交互式环境。

注意：如果出现错误，可能是因为安装时未勾选 Add Python3.5 to PATH 选项，此时卸载 Python 后重新安装时勾选 Add Python3.5 to PATH 选项即可。

2．Mac中安装Python3

Mac 系统中自带了 Python 2.7，需到 Python 官网上下载并安装 Python 3.5。Mac 系统中的安装比 Windows 更为简单，一直单击“下一步”按钮即可完成。安装完后，打开终端并输入 python3，即可进入 Mac 的 Python 3 的交互式环境。

3．Linux中安装Python 3

大部分 Linux 系统内置了 Python 2 和 Python 3，通过在终端输入 python –version，可以查看当前 Python 3 的版本。如果需要安装某个特定版本的 Python，可以在终端中输入：

```
sudo apt-get install python3.5
```

1.1.2　PyCharm 安装

安装好 Python 环境后，还需要安装一个集成开发环境（IDE），IDE 集成了代码编写功能、分析功能、编译功能和调试功能。在这里向读者推荐一个最智能、好用的 Python IDE，叫做 PyCharm。进入 PyCharm 的官网（http://www.jetbrains.com/pycharm/），下载社区版即可。由于 PyCharm 上手极为简单，因此就不详细讲解 PyCharm 的使用方法了。以下讲解如何使用 PyCharm 关联 Python 解释器，让 PyCharm 可以运行 Python 代码。

（1）打开 PyCharm，在菜单栏中选择 File ｜ Defalut Settings 命令。

（2）在弹出的对话框中选择 Project Interpreter，然后在右边选择 Python 环境，这里选择 Python 3.5，单击 OK 按钮，即可关联 Python 解释器，如图 1.2 所示。

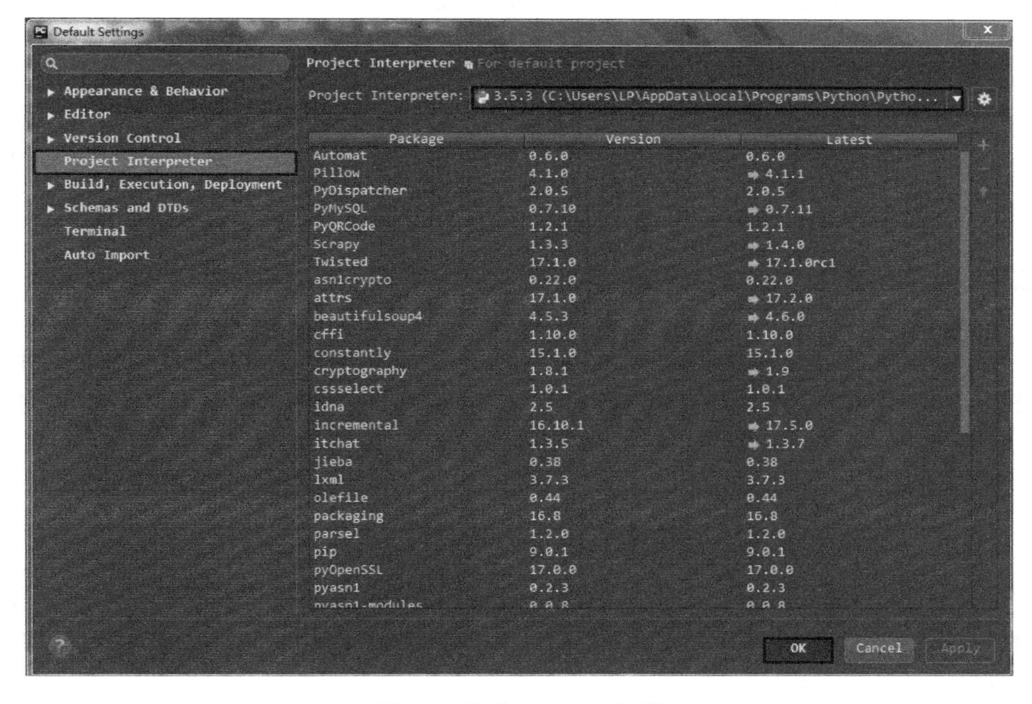

图 1.2　关联 Python 解释器

1.2　变量和字符串

本节主要介绍 Python 变量的概念、字符串的基本使用方法、字符串的切片和索引，以及字符串的几种常用方法。

1.2.1 变量

Python 中的变量很好理解，例如：

```
a = 1
```

这种操作称为赋值，意思为将数值 1 赋给了变量 a。

注意：Python 中语句结束不需要以分号结束，变量不需要提前定义。

现在有变量 a 和变量 b，可以通过下面代码进行变量 a、b 值的对换。

```
a = 4
b = 5
t = a                          #把 a 值赋给 t 变量
a = b                          #把 b 值赋给 a 变量
b = t                          #把 t 值赋给 b 变量
print(a,b)
# result 5 4
```

这种方法类似于将两个杯子中的饮料对换，只需要多加一个杯子，即可完成饮料的对换工作。

1.2.2 字符串的“加法”和“乘法”

由于 Python 爬虫的对象大部分为文本，所以字符串的用法尤为重要。在 Python 中，字符串由双引号或单引号和引号中的字符组成。首先，通过下面代码看看字符串的“加法”：

```
a = 'I'
b = ' love'
c = ' Python'
print(a + b + c)               #字符串相加
# result I love Python
```

在爬虫代码中，会经常构造 URL，例如，在爬取一个网页链接时，只有一部分 /u/9104ebf5e177，这部分链接是无法访问的，还需要 http://www.jianshu.com，这时可以通过字符串的“加法”进行合并。

注意：此网站为笔者的简书首页。

Python 的字符串不仅可以相加，也可以乘以一个数字：

```
a = 'word'
print(a*3)                     #字符串乘法
#result wordwordword
```

字符串乘以一个数字，意思就是将字符串复制这个数字的份数。

1.2.3　字符串的切片和索引

字符串的切片和索引就是通过 string[x]，获取字符串的一部分信息：

```
a = 'I love python'
print(a[0])                    #取字符串第一个元素
#result I
print(a[0:5])                  #取字符串第一个到第五个元素
#result I lov
print(a[-1])                   #取字符串最后一个元素
#result n
```

通过图 1.3 就能清楚地理解字符串的切片和索引。

I		l	o	v	e		p	y	t	h	o	n
0	1	2	3	4	5	6	7	8	9	10	11	12
-13	-12	-11	-10	-9	-8	-7	-6	-5	-4	-3	-2	-1

图 1.3　字符串切片和索引

注意： a[0:5]中的第 5 个是不会选择的。

在爬虫实战中，经常会通过字符串的切片和索引，提取需要的部分，剔除一些不需要的部分。

1.2.4　字符串方法

Python 作为面向对象的语言，每个对象都有相应的方法，字符串也一样，拥有多种方法，在这里介绍爬虫技术中常用的几种方法。

1．split()方法

```
a = 'www.baidu.com'
print(a.split('.'))
# result ['www', 'baidu', 'com']
```

字符串的 split()方法就是通过给定的分隔符（在这里为‘.’），将一个字符串分割为一个列表（后面将详细讲解列表）。

注意： 如果没有提供任何分隔符，程序会把所有的空格作为分隔符（空格、制表、换行等）。

2．replace()方法

```
a = 'There is apples'
b = a.replace('is','are')
```

```
print(b)
# result There are apples
```

这种方法类似文本中的“查找和替换”功能。

3. strip()方法

```
a = '  python is cool    '
print(a.strip())
# result  python is cool
```

strip()方法返回去除两侧（不包括内部）空格的字符串，也可以指定需要去除的字符，将它们列为参数中即可。

```
a = '***python *is *good***'
print(a.strip('*!'))
# result  python *is *good
```

这个方法只能去除两侧的字符，在爬虫得到的文本中，文本两侧常会有多余的空格，只需使用字符串的 strip()方法即可去除多余的空格部分。

4. format()方法

最后，再讲解下好用的字符串格式化符，首先看以下代码：

```
a = '{} is my love'.format('Python')
print(a)
# result  Python is my love
```

字符串格式化符就像是做选择题，留了空给做题者选择。在爬虫过程中，有些网页链接的部分参数是可变的，这时使用字符串格式化符可以减少代码的使用量。例如，Pexels 素材网（https://www.pexels.com/），当搜索图片时，网页链接也会发生变化，如在搜索栏中输入 book，网页跳转为 https://www.pexels.com/search/book/，可以设计如下代码，笔者只需输入搜索内容，便可返回网页链接。

```
content = input('请输入搜索内容：')
url_path = 'https://www.pexels.com/search/{}/'.format(content)
print(url_path)
```

运行程序并输入 book，便可返回网页链接，单击网页链接便可访问网页了，如图 1.4 所示。

```
C:\Users\Administrator\AppData\Local\Programs\Python\Python35\python.exe F:/最近用（笔记本）/python零基础学爬虫/写书代码/第一章.py
请输入搜索内容：book
https://www.pexels.com/search/book/

Process finished with exit code 0
```

图 1.4　字符串格式化符演示

注意：Pexels 素材网为外文网，需输入英文，该网站图片免费下载，无须担忧版权问题。

1.3　函数与控制语句

本节主要介绍 Python()函数的定义与使用方法，介绍 Python 的判断和循环两种爬虫技术中常用的控制语句。

1.3.1　函数

“脏活累活交给函数来做”，首先，看看 Python 中定义函数的方法。

```
def 函数名（参数 1，参数 2...）:
  return '结果'
```

制作一个输入直角边就能计算出直角三角形的面积函数：

```
def function(a,b):
  return '1/2*a*b'
#也可以这样写
def function(a,b):
  print( 1/2*a*b)
```

注意：读者不需要太纠结二者的区别，用 return 是返回一个值，而第二个是调用函数执行打印功能。

通过输入 function(2,3)，便可以调用函数，计算直角边为 2 和 3 的直角三角形的面积。现在来做一个综合练习：读者都知道网上公布的电话号码，如 156****9354，中间的数值用其他符号代替了，而用户输入手机号时却是完整地输入，下面就通过 Python()函数来实现这种转换功能。

```
def change_number(number):
    hiding_number = number.replace(number[3:7],'*'*4)
    print(hiding_number)
change_number('15648929354')
#  result  156****9354
```

注意：这里的手机号码是随意输入的，不是真实的号码。

代码说明如下：

（1）定义了一个名为 change_number 的函数。

（2）对输入的参数进行切片，把参数的[3:7]部分替换为‘*’号，并打印出来。

（3）调用函数。

1.3.2 判断语句

在爬虫实战中也会经常使用判断语句，Python 的判断语句格式如下：

```
if condition:
  do
else:
  do
# 注意：冒号和缩进不要忘记了
# 再看一下多重条件的格式
if condition:
  do
elif condition:
  do
else:
  do
```

在平时使用密码时，输入的密码正确即可登录，密码错误时就需要再次输入密码。

```
def count_login():
  password = input('password:')
  if password == '12345':
    print('输入成功！')
  else:
    print('错误，再输入')
    count_login()
count_login()
```

程序说明如下：

（1）运行程序，输入密码后按 Enter 键。

（2）如果输入的字符串为 12345，则打印“输入成功！”，程序结束。

（3）如果输入的字符串不是 12345，则打印“错误，再输入”，继续运行程序，直到输入正确为止。

读者也可以将程序设计得更为有趣，例如，“3 次输入失败后，退出程序”等。

1.3.3 循环语句

Python 的循环语句包括 for 循环和 while 循环，代码如下：

```
#for 循环
for item in iterable:
  do
#item 表示元素，iterable 是集合
for i in range(1,11):
  print(i)
#其结果为依次输出 1 到 10，切记 11 是不输出的，range 为 Python 内置函数

#while 循环
```

```
while condition:
  do
```

例如，设计一个小程序，计算 1～100 的和：

```
i = 0
sum = 0
while i < 100:
  i = i + 1
  sum = sum + i
print(sum)
# result 5050
```

1.4　Python 数据结构

数据结构是存放数据的容器，本节主要讲解 Python 的 4 种基本数据结构，即列表、字典、元组和集合。

1.4.1　列表

在爬虫实战中，使用最多的就是列表数据结构，不论是构造出的多个 URL，还是爬取到的数据，大多数都为列表数据结构。下面首先介绍列表最显著的特征：

（1）列表中的每一个元素都是可变的。

（2）列表的元素都是有序的，也就是说每个元素都有对应的位置（类似字符串的切片和索引）。

（3）列表可以容纳所有的对象。

列表中的每个元素都是可变的，这意味着可以对列表进行增、删、改操作，这些操作在爬虫中很少使用，因此这里不再给读者添加知识负担。

列表的每个元素都有对应的位置，这种用法与字符串的切片和索引很相似。

```
list = ['peter', 'lilei', 'wangwu', 'xiaoming']
print(list[0])
print(list[2:])
# result
peter
['wangwu', 'xiaoming']
```

如果为切片，返回的也是列表的数据结构。

列表可以容纳所有的对象：

```
list = [
  1,
  1.1,
  'string',
  print(1),
  True,
  [1, 2],
```

```
  (1, 2),
{'key', 'value'}
]
```

列表中会经常用到多重循环，因此读者有必要去了解和使用多重循环。现在，摆在读者面前有两个列表，分别是姓名和年龄的列表：

```
names = ['xiaoming','wangwu','peter']
ages = [23,15,58]
```

这时可以通过多重循环让 name 和 age 同时打印在屏幕上：

```
names = ['xiaoming','wangwu','peter']
ages = [23,15,58]
for name, age in zip(names, ages):
    print(name,age)
# result
xiaoming 23
wangwu 15
peter 58
```

注意：多重循环前后变量要一致。

在爬虫中，经常请求多个网页，通常情况下会把网页存到列表中，然后循环依次取出并访问爬取数据。这些网页都有一定的规律，如果是手动将这些网页 URL 存入到列表中，不仅花费太多时间，也会造成代码冗余。这时可通过列表推导式，构造出这样的列表，例如某个网站每页的 URL 是这样的（一共 13 页）：

```
http://bj.xiaozhu.com/search-duanzufang-p1-0/
http://bj.xiaozhu.com/search-duanzufang-p2-0/
http://bj.xiaozhu.com/search-duanzufang-p3-0/
http://bj.xiaozhu.com/search-duanzufang-p4-0/
……
```

通过以下代码即可构造出 13 页 URL 的列表数据：

```
urls = ['http://bj.xiaozhu.com/search-duanzufang-p{}-0/'.format(number)
for number in range(1,14)]
for url in urls:
     print(url)
```

通过一行代码即可构造出来，通过 for 循环打印出每个 URL，如图 1.5 所示。

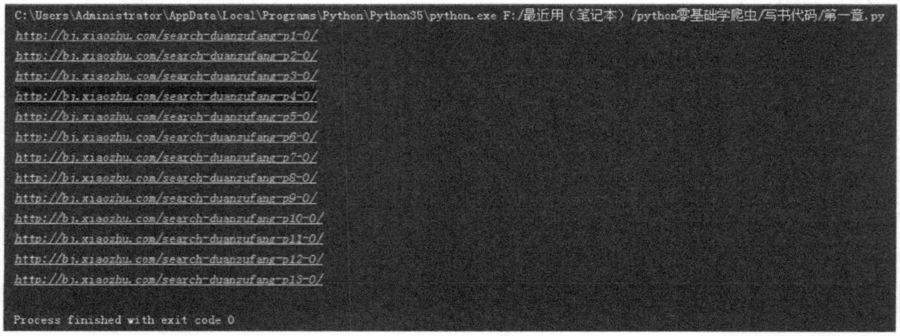

```
C:\Users\Administrator\AppData\Local\Programs\Python\Python35\python.exe F:/最近用（笔记本）/python零基础学爬虫/写书代码/第一章.py
http://bj.xiaozhu.com/search-duanzufang-p1-0/
http://bj.xiaozhu.com/search-duanzufang-p2-0/
http://bj.xiaozhu.com/search-duanzufang-p3-0/
http://bj.xiaozhu.com/search-duanzufang-p4-0/
http://bj.xiaozhu.com/search-duanzufang-p5-0/
http://bj.xiaozhu.com/search-duanzufang-p6-0/
http://bj.xiaozhu.com/search-duanzufang-p7-0/
http://bj.xiaozhu.com/search-duanzufang-p8-0/
http://bj.xiaozhu.com/search-duanzufang-p9-0/
http://bj.xiaozhu.com/search-duanzufang-p10-0/
http://bj.xiaozhu.com/search-duanzufang-p11-0/
http://bj.xiaozhu.com/search-duanzufang-p12-0/
http://bj.xiaozhu.com/search-duanzufang-p13-0/

Process finished with exit code 0
```

图 1.5　列表推导式构造 URL 列表

注意：本网站为小猪短租网。

1.4.2　字典

Python 的字典数据结构与现实中的字典类似，以键值对（'key'-'value'）的形式表现出来。本文中只讲解字典的创造，字典的操作在后面会详细介绍。字典的格式如下：

```
user_info = {
    'name':'xiaoming',
    'age':'23',
    'sex':'man'
}
```

注意：插入 MongoDB 数据库需用字典结构。

1.4.3　元组和集合

在爬虫中，元组和集合很少用到，因此这里只做简单介绍。元组类似于列表，但是元组的元素不能修改只能查看，元组的格式如下：

```
tuple = (1,2,3)
```

集合的概念类似数学中的集合。每个集合中的元素是无序的，不可以有重复的对象，因此可以通过集合把重复的数据去除。

```
list = ['xiaoming','zhangyun','xiaoming']
set = set(list)
print(set)
# result  {'zhangyun', 'xiaoming'}
```

注意：集合是用大括号构建的。

1.5　Python 文件操作

在爬虫初期的工作中，常常会把数据存储到文件中。本节主要讲解 Python 如何打开文件和读写数据。

1.5.1　打开文件

Python 中通过 open()函数打开文件，语法如下：

```
open(name[, mode[, buffering]])
```

open()函数使用文件名作为唯一的强制参数，然后返回一个文件对象。模式（mode）和缓冲（buffering）是可选参数。在 Python 的文件操作中，mode 参数的输入是有必要的，而 buffering 使用较少。

如果在本机上有名为 file.txt 的文件（读者可以在本机中新建一个文本文件），其存储路径为 C:\Users\Administrator\Desktop，那么可以通过下面代码打开文件：

```
f = open('C:/Users/Administrator/Desktop/file.txt')
```

注意：此代码为 Windows 系统下的路径写法。

如果文件不存在，则会出现如图 1.6 所示的错误。

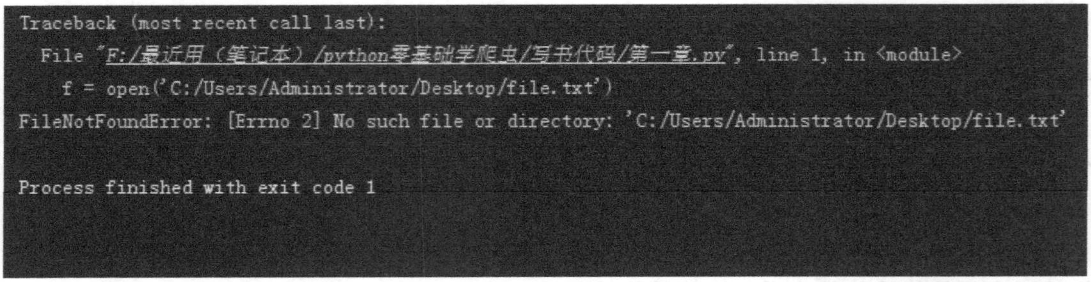

```
Traceback (most recent call last):
  File "F:/最近用（笔记本）/python零基础学爬虫/写书代码/第一章.py", line 1, in <module>
    f = open('C:/Users/Administrator/Desktop/file.txt')
FileNotFoundError: [Errno 2] No such file or directory: 'C:/Users/Administrator/Desktop/file.txt'

Process finished with exit code 1
```

图 1.6　文件不存在报错信息

如果 open()函数只是加入文件的路径这一个参数，则只能打开文件并读取文件的相关内容。如果要向文件中写入内容，则必须加入模式这个参数了。下面首先来看看 open()函数中模式参数的常用值，如表 1.1 所示。

表 1.1　open()函数中模式参数的常用值

值	描　　述
'r'	读模式
'w'	写模式
'a'	追加模式
'b'	二进制模式（可添加到其他模式中使用）
'+'	读/写模式（可添加到其他模式中使用）

1.5.2　读写文件

1.5.1 节中有了名为 f 的类文件对象，那么就可以通过 f.write()方法和 f.read()方法写入和读取数据了。

```
f = open('C:/Users/Administrator/Desktop/file.txt','w+')
f.write('hello world')
```

这时，在本机上打开 file.txt 文件，可以看到如图 1.7 所示的结果。

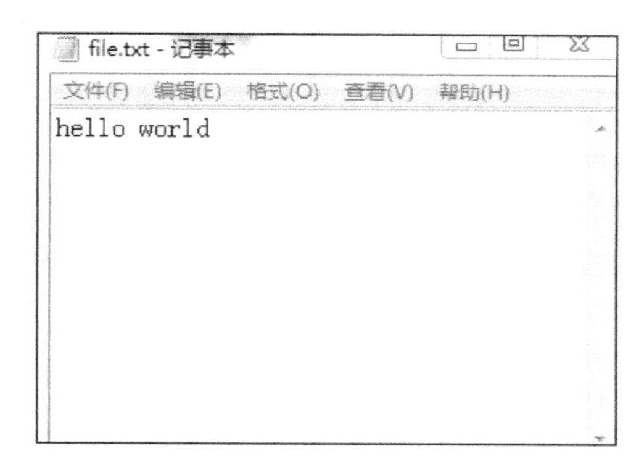

图 1.7　Python 写文件

注意：如果没有建立文件，运行上面代码也可以成功。

如果再次运行程序，txt 文件中的内容不会继续添加，可以修改模式参数为'a+'，便可一直写入文件。

Python 读取文件通过 read()方法，下面尝试把 f 的类文件对象写入的数据读取出来，使用如下代码即可完成操作：

```
f = open('C:/Users/Administrator/Desktop/file.txt','r')
content = f.read()
print(content)
# result  hello world
```

1.5.3　关闭文件

当完成读写工作后，应该牢记使用 close()方法关闭文件。这样可以保证 Python 进行缓冲的清理（出于效率考虑而把数据临时存储在内存中）和文件的安全性。通过下面代码即可关闭文件。

```
f = open('C:/Users/Administrator/Desktop/file.txt','r')
content = f.read()
print(content)
f.close()
```

1.6　Python 面向对象

Python 作为一个面向对象的语言，很容易创建一个类和对象。本节主要讲解类的定义及其相关使用方法。

1.6.1 定义类

类是用来描述具有相同属性和方法的对象集合。人可以通过不同的肤色划分为不同的种族，食物也有不同的种类，商品也是形形色色。但划分为同一类的物体，肯定具有相似的特征和行为方式。

对于同一款自行车而言，它们的组成结构都是一样的，如车架、车轮和脚踏板等。通过 Python 可以定义这个自行车的类：

```
class Bike:
compose = ['frame','wheel','pedal']
```

通过使用 class 定义一个自行车的类，类中的变量 compose 称为类的变量，专业术语为类的属性。这样，顾客购买的自行车组成结构就是一样的了。

```
my_bike = Bike()
you_bike = Bike()
print(my_bike.compose)
print(you_bike.compose)              #类的属性都是一样的
```

结果如图 1.8 所示。

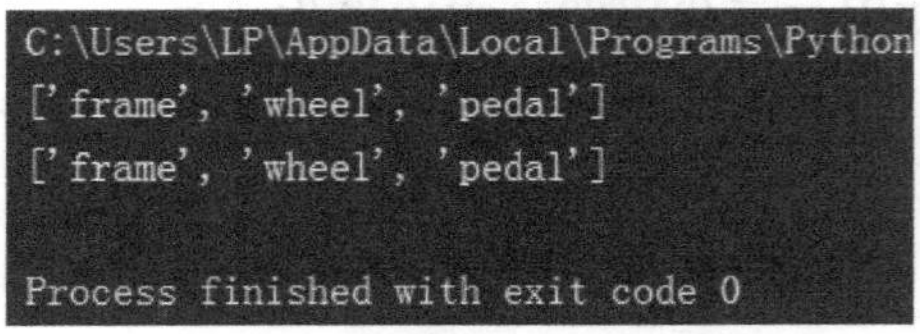

在左边写上变量名，右边写上类的名称，这个过程称之为类的实例化，而 my_bike 就是类的实例。通过“.”加上类的属性，就是类属性的引用。类的属性会被类的实例共享，所以结果都是一样的。

```
C:\Users\LP\AppData\Local\Programs\Python
['frame', 'wheel', 'pedal']
['frame', 'wheel', 'pedal']

Process finished with exit code 0
```

图 1.8 类属性引用

1.6.2 实例属性

对于同一款自行车来说，有些顾客买回去后会改造下，如加一个车筐可以放东西等。

```
class Bike:
   compose = ['frame','wheel','pedal']
my_bike = Bike()
my_bike.other = 'basket'
print(my_bike.other)              #实例属性
```

结果如图 1.9 所示。

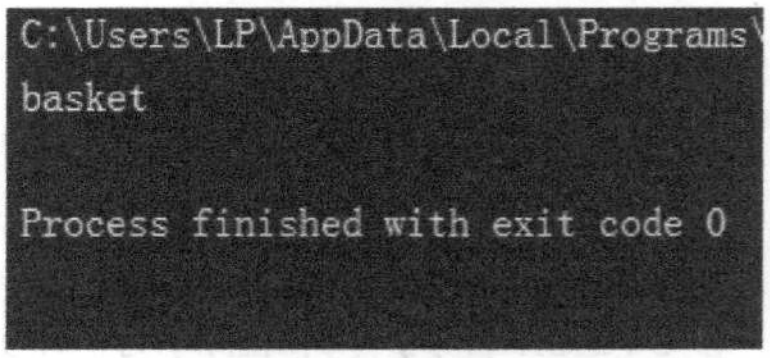

说明： 通过给类的实例属性进行赋值，也就是实例属性。compose 属性属于所有的该款自行车，而 other 属性只属于 my_bike 这个类的实例。

```
C:\Users\LP\AppData\Local\Programs\
basket

Process finished with exit code 0
```

图 1.9 实例属性

1.6.3　实例方法

读者是否还记得字符串的 format()方法。方法就是函数，方法是对实例进行使用的，所以又叫实例方法。对于自行车而言，它的方法就是骑行。

```
class Bike:
    compose = ['frame','wheel','pedal']
    def use(self):
        print('you are riding')
my_bike = Bike()
my_bike.use()
```

结果如图 1.10 所示。

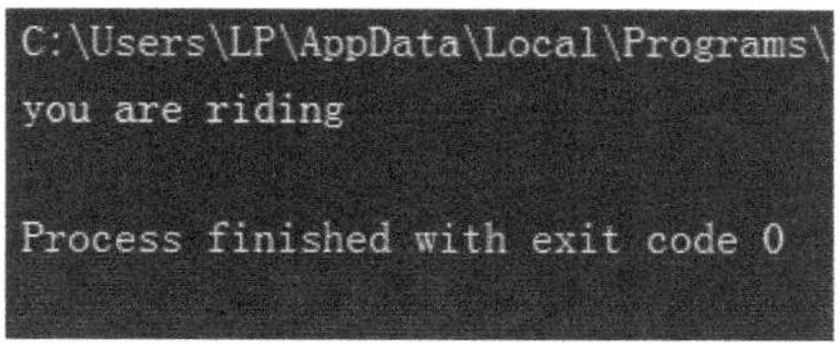

```
C:\Users\LP\AppData\Local\Programs\
you are riding

Process finished with exit code 0
```

图 1.10　实例方法

注意：这里的 self 参数就是实例本身。

和函数一样，实例方法也是可以有参数的。

```
class Bike:
    compose = ['frame','wheel','pedal']
    def use(self,time):
        print('you ride {}m'.format(time*100))
my_bike = Bike()
my_bike.use(10)
```

结果如图 1.11 所示。

```
C:\Users\LP\AppData\Local\Programs\
you ride 1000m

Process finished with exit code 0
```

图 1.11　实例方法多参数

Python 的类中有一些“魔法方法”，_init_()方法就是其中之一。在我们创造实例的时候，不需要引用该方法也会被自动执行。

```
class Bike:
    compose = ['frame','wheel','pedal']
```

```
    def __init__(self):
        self.other = 'basket'
    def use(self,time):
        print('you ride {}m'.format(time*100))
my_bike = Bike()
print(my_bike.other)
```

结果如图 1.12 所示。

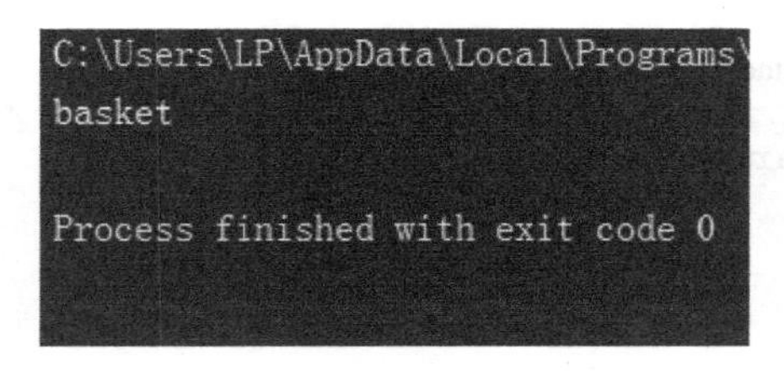

图 1.12 魔术方法

1.6.4 类的继承

共享单车的出现，方便了人们的出行。共享单车和原来的自行车组成结构类似，但多了付费的功能。

```
class Bike:
    compose = ['frame','wheel','pedal']
    def __init__(self):
        self.other = 'basket'                #定义实例的属性
    def use(self,time):
        print('you ride {}m'.format(time*100))
class Share_bike(Bike):
    def cost(self,hour):
        print('you spent {}'.format(hour*2))
bike = Share_bike()
print(bike.other)
bike.cost(2)
```

结果如图 1.13 所示。

```
C:\Users\LP\AppData\Local\Programs\
basket
you spent 4

Process finished with exit code 0
```

图 1.13 类的继承

在新的类 Share_bike 后面的括号中加入 Bike，表示 Share_bike 继承了 Bike 父类。父类中的变量和方法可以完全被子类继承，在特殊情况下，也可以对其覆盖。

第 2 章　爬虫原理和网页构造

身处于互联网时代，每当打开浏览器连接 https://www.baidu.com/的时候，读者可能都不会思考网络正在做什么；面对形形色色的网页，读者也不会去思考网页是如何呈现在大家面前的。俗话说得好，“知己知彼，方能百战不殆”。本章将通过介绍网络连接来解释爬虫的原理，并使用 Chrome 浏览器认识网页构造并查询网页信息。

本章涉及的主要知识点如下。

- 网络连接：介绍网络连接的基本过程。
- 爬虫原理：介绍爬虫的基本原理和过程。
- Chrome 浏览器：介绍 Chrome 浏览器的安装，以及使用 Chrome 浏览器认识网页构造和查询网页信息。

2.1　爬虫原理

现实生活中使用浏览器访问网页时，网络到底做了什么？本节将简单地介绍网络连接原理，并以此介绍爬虫原理。

2.1.1　网络连接

网络连接像是在自助饮料售货机上购买饮料一样：购买者只需选择所需饮料，投入硬币（或纸币），自助饮料售货机就会弹出相应的商品。如图 2.1 所示，计算机（购买者）带着请求头和消息体（硬币和所需饮料）向服务器（自助饮料售货机）发起一次 Request 请求（购买），相应的服务器（自助饮料售货机）会返回本计算机相应的 HTML 文件作为 Response（相应的商品）。

注意：这里是一个 GET 请求。

对于学习爬虫技术，读者只需知道最基本的网络连接原理即可。计算机一次 Request 请求和服务器端的 Response 回应，即实现了网络连接。计算机 Request 请求带着的请求头和消息体是什么以及网络更底层的东西，不是本文所介绍的范围。

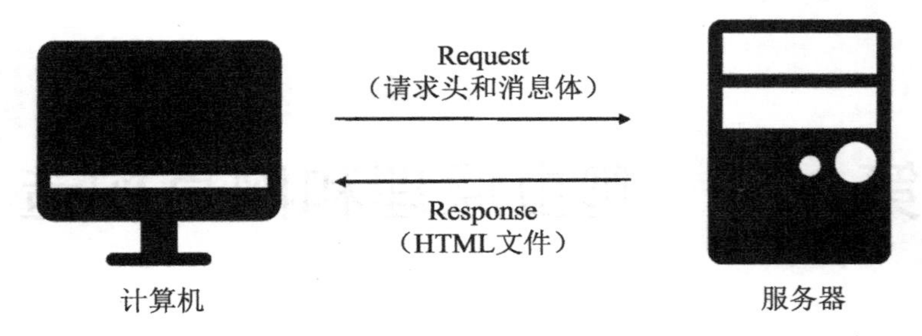

图 2.1　网络连接原理

2.1.2　爬虫原理

了解网络连接的基本原理后，爬虫原理就很好理解了。网络连接需要计算机一次 Request 请求和服务器端的 Response 回应。爬虫也是需要做两件事：

（1）模拟计算机对服务器发起 Request 请求。

（2）接收服务器端的 Response 内容并解析、提取所需的信息。

但互联网网页错综复杂，一次的请求和回应不能够批量获取网页的数据，这时就需要设计爬虫的流程。本书中主要用到两种爬虫所需的流程，即多页面和跨页面爬虫流程。

1．多页面爬虫流程

多页面网页结构如图 2.2 所示。

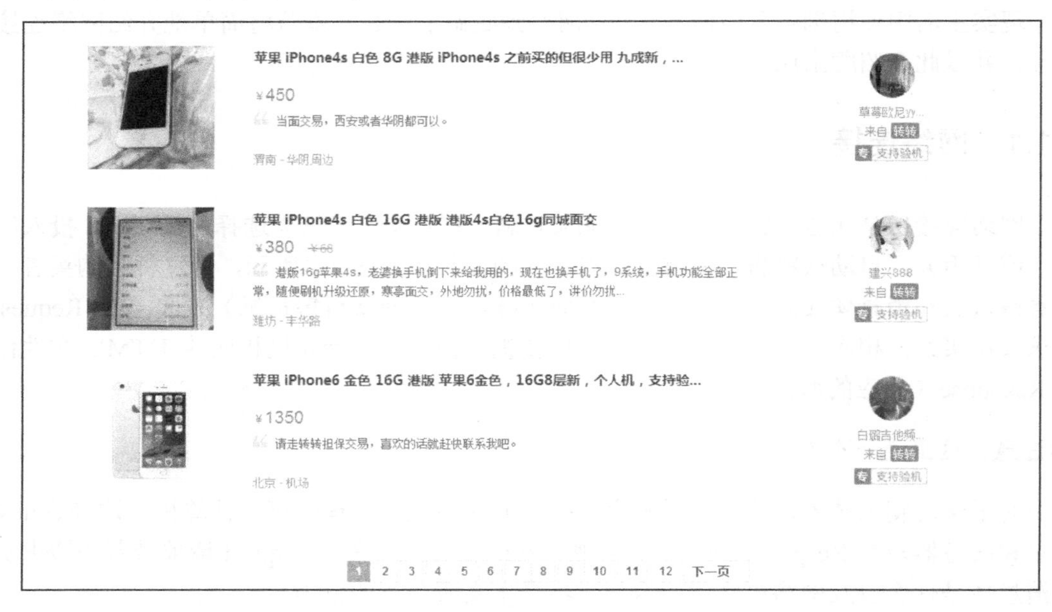

图 2.2　多页面网页结构

有的网页存在多页的情况，每页的网页结构都相同或类似，这种类型的网页爬虫流程为：

（1）手动翻页并观察各网页的 URL 构成特点，构造出所有页面的 URL 存入列表中。

（2）根据 URL 列表依次循环取出 URL。

（3）定义爬虫函数。

（4）循环调用爬虫函数，存储数据。

（5）循环完毕，结束爬虫程序，如图 2.3 所示。

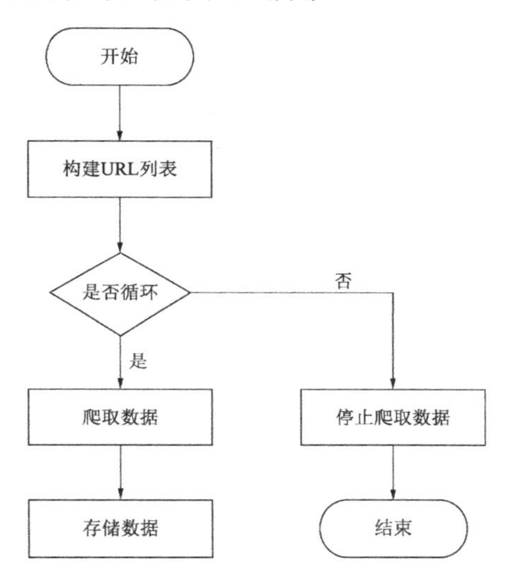

图 2.3　多页面网页爬虫流程

2．跨页面爬虫流程

列表页和详细页分别如图 2.4 和图 2.5 所示。

图 2.4　列表页

图 2.5　详细页

这种跨页面的爬虫程序流程为：

（1）定义爬取函数爬取列表页的所有专题的 URL。

（2）将专题 URL 存入列表中（种子 URL）。

（3）定义爬取详细页数据函数。

（4）进入专题详细页面爬取详细页数据。

（5）存储数据，循环完毕，结束爬虫程序，如图 2.6 所示。

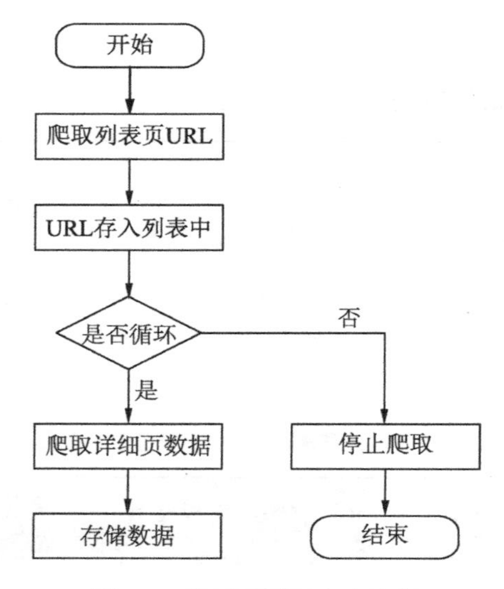

图 2.6　跨页面网页爬虫流程

2.2　网页构造

本节将介绍如何安装和使用 Chrome 浏览器，并通过 Chrome 浏览器的使用简单介绍网页的构成。

2.2.1　Chrome 浏览器的安装

Chrome 浏览器的安装与普通软件安装一样，不需要进行任何配置。在搜索引擎中输入 Chrome，单击下载安装即可。安装完成打开后，会出现如图 2.7 所示的错误。

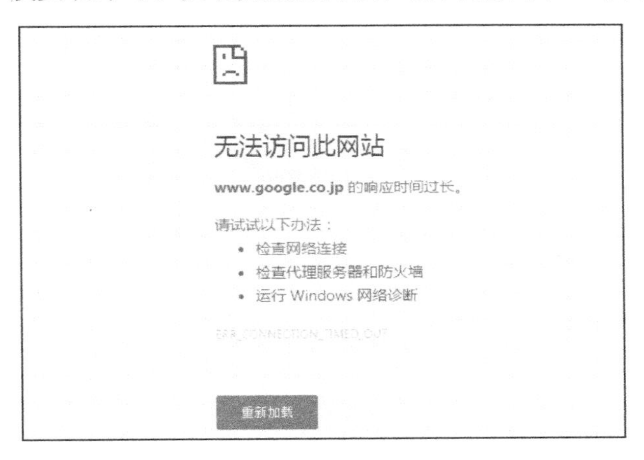

图 2.7　Chrome 浏览器报错

这是因为 Chrome 浏览器默认的搜索引擎为 Google 搜索引擎，国内的网络是无法打开的。解决办法如下。

（1）打开 Chrome 浏览器，选择“设置”选项。

（2）在“启动时”栏目中，选择“打开特定网页或一组网页”单选按钮。

（3）单击“设置网页”链接，输入常用的搜索引擎或网页，单击“确定”按钮。

（4）退出 Chrome 浏览器，再打开之后便是设置过后的网页。操作过程如图 2.8 至图 2.10 所示。

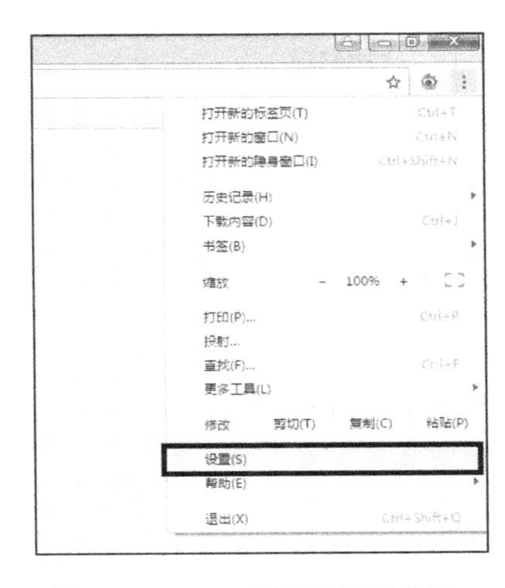

图 2.8　Chrome 浏览器网页设置 1

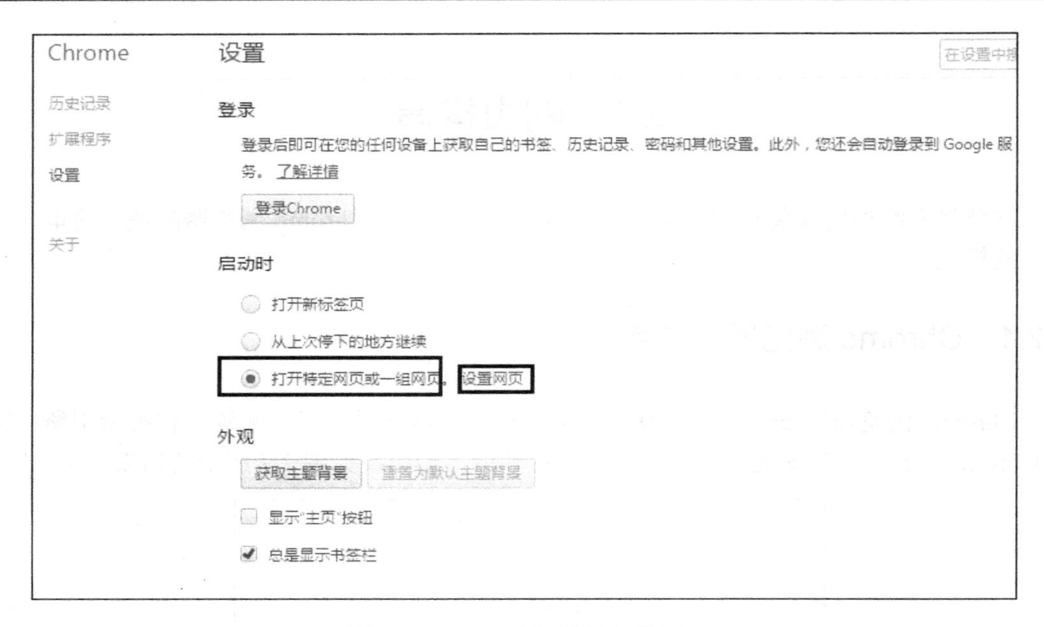

图 2.9　Chrome 浏览器网页设置 2

图 2.10　Chrome 浏览器网页设置 3

注意：这里笔者设置的为百度搜索网页。

2.2.2　网页构造

现在打开任意一个网页（http://bj.xiaozhu.com/），然后右击空白处，在弹出的快捷菜单中选择“检查”命令，可以看到网页的代码，如图 2.11 所示。

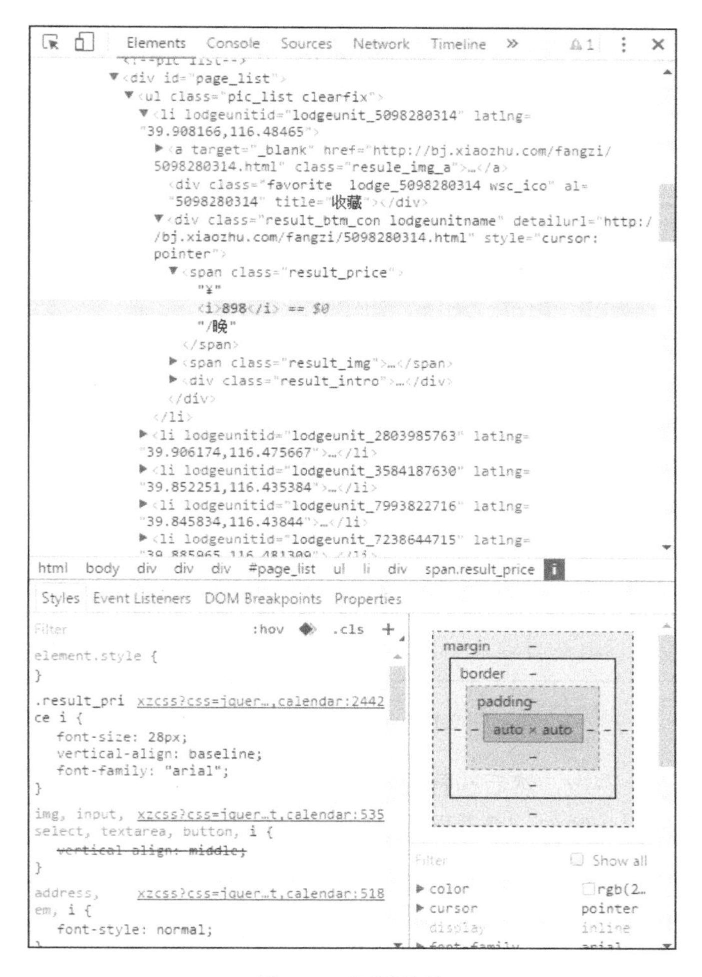

图 2.11　网页构造

现在来分析图 2.11，图中上半部分为 HTML 文件，下半部分为 CSS 样式，用<script></script>标签的就是 JavaScript 代码。用户浏览的网页就是浏览器渲染后的结果，浏览器就像翻译官，把 HTML、CSS 和 JavaScript 代码进行翻译后得到用户使用的网页界面。如果把网页比喻成房子的话，那么 HTML 为房子的框架和格局（几室几厅），CSS 就是房子的样式（地板、房漆），JavaScript 就是房子中的电器。

注意：本文只是简单介绍网页构造，前端语法不做解释。

2.2.3　查询网页信息

打开网页（http://bj.xiaozhu.com/），右击网页空白处，从弹出的快捷菜单中选择“查看网页源代码”命令，即可查看该网页的源代码，如图 2.12 所示。

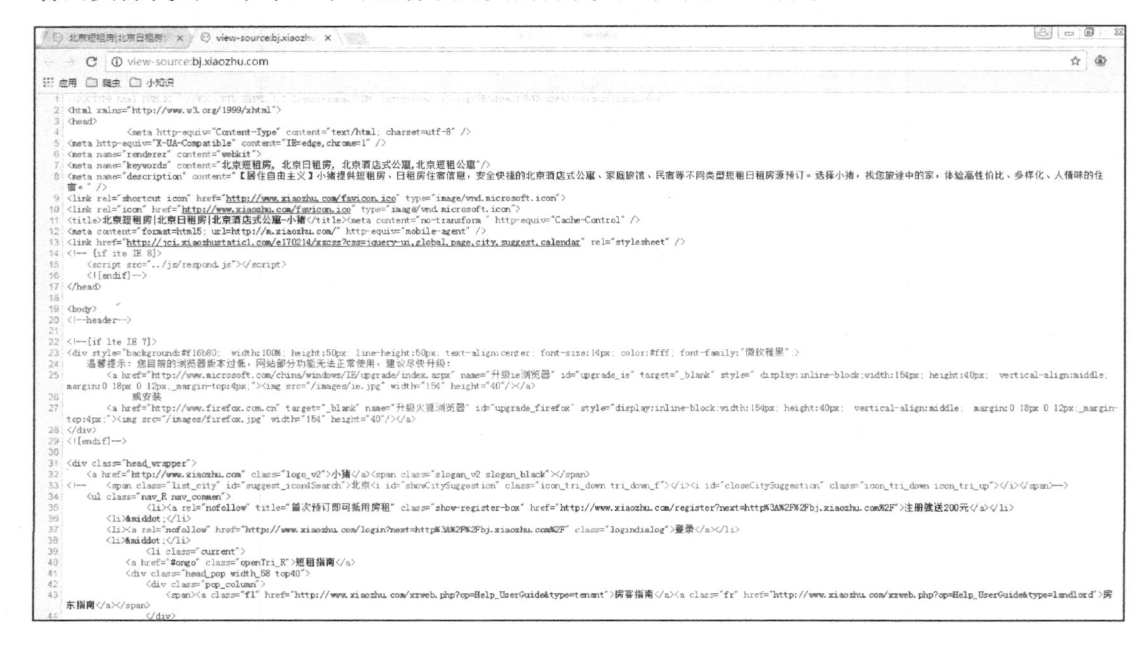

图 2.12　查看网页源代码

通过在指定元素上右击，然后选择快捷菜单中的“检查”命令，即可查看该元素在网页源代码中的准确位置。例如，查看网页（http://bj.xiaozhu.com/）中第一个租房的房价信息，如图 2.13 所示。

图 2.13　租房信息

把鼠标光标移至价格元素位置，右击，从弹出的快捷菜单中选择“检查”命令，即可查看该元素在网页源代码中的具体位置，如图 2.14 所示。

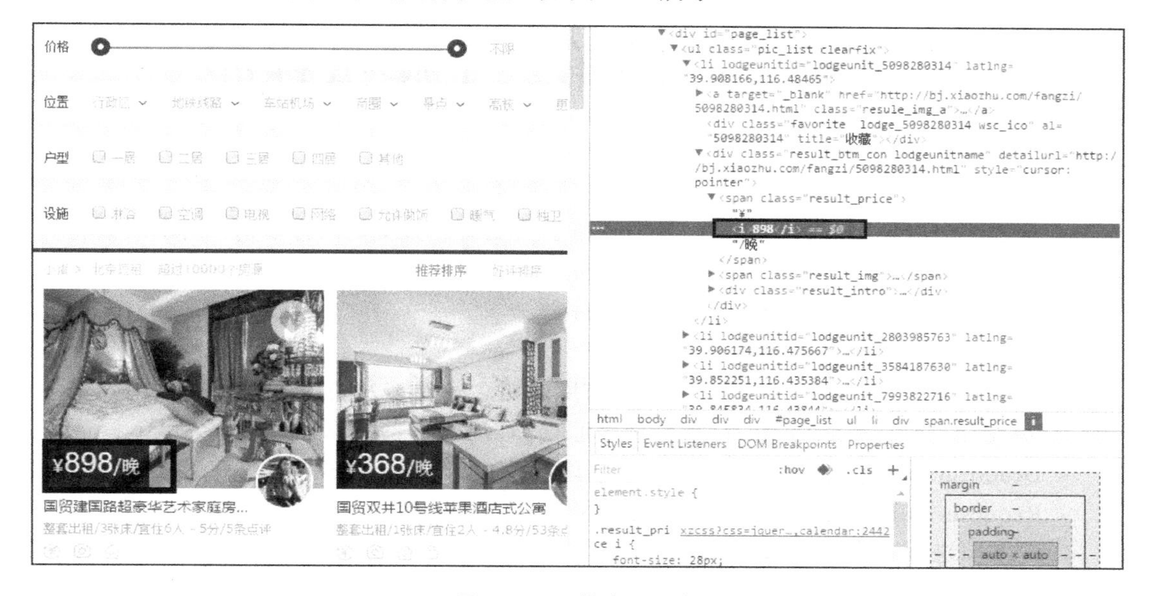

图 2.14　“检查”元素

第 3 章　我的第一个爬虫程序

了解了爬虫原理和网页构造后，我们知道了爬虫的任务就是两件事情：请求网页和解析提取信息。本章就从这两个方面入手，首先安装请求和解析网页的 Python 第三方库，之后将手把手教读者编写一个简单的爬虫程序。

本章涉及的主要知识点如下。

- Python 第三方库：学会 Python 第三方库的概念及安装方法。
- Requests 库：学会 Requests 库的使用原理和方法。
- BeautifulSoup 库：学会 BeautifulSoup 库的使用原理和方法。
- Requests 和 BeautifulSoup 库组合应用：通过本章最后给出的实例，演示如何利用这两大库进行爬虫的方法和技巧。

3.1　Python 第三方库

本节主要介绍 Python 第三方库的基本概念和安装方法，通过第三库的使用，才能让爬虫起到事半功倍的效果。

3.1.1　Python 第三方库的概念

Python 之所以强大并逐渐流行起来，一部分原因要归功于 Python 强大的第三方库。这样用户就不用了解底层的思想，用最少的代码写出最多的功能。就像制造自行车一样，需要：

- 铁矿石；
- 橡胶；
- 扳手等工具。

如果没使用第三库的话，就需要从原始材料开始，一步步制造下去，一个车轮子都不知道要造多久呢！而使用第三方库就不一样了，车轮子和车身都已经制造好了，拼接一下就可以使用了（有些车直接就可以用了）。这种拿来即用的就是 Python 第三方库。

3.1.2　Python 第三方库的安装方法

既然 Python 第三方库如此好用，那么本节就介绍如何安装这些方便的第三方库。

注意：安装步骤以 Windows 7 系统为准。

1．在PyCharm中安装

（1）打开 PyCharm，在菜单栏中选择 File ｜ Defalut Settings 命令。

（2）在弹出的对话框中选择左侧的 Project Interpreter 选项，在窗口右方选择 Python 环境。

（3）单击加号按钮添加第三方库。

（4）然后输入第三方库名称，选中需下载的库。

（5）勾选 Install to users site 复选框，然后单击 Install Package 按钮。操作过程如图 3.1 和图 3.2 所示。

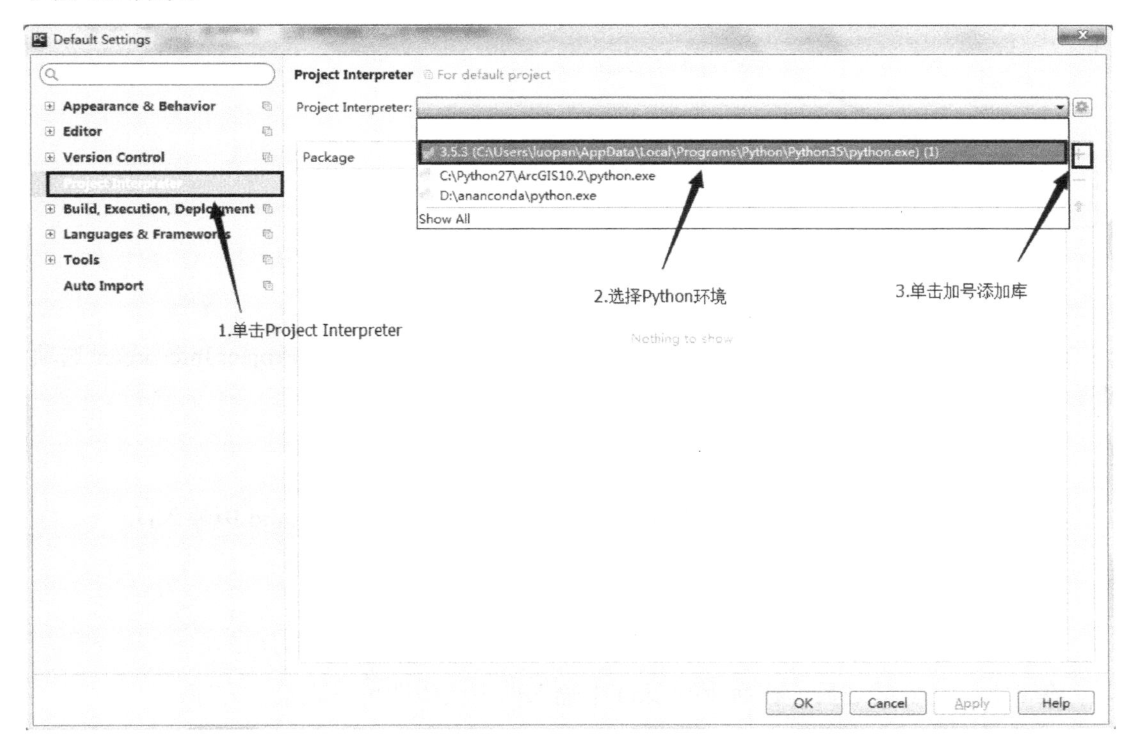

图 3.1　PyCharm 中安装第三库步骤 1

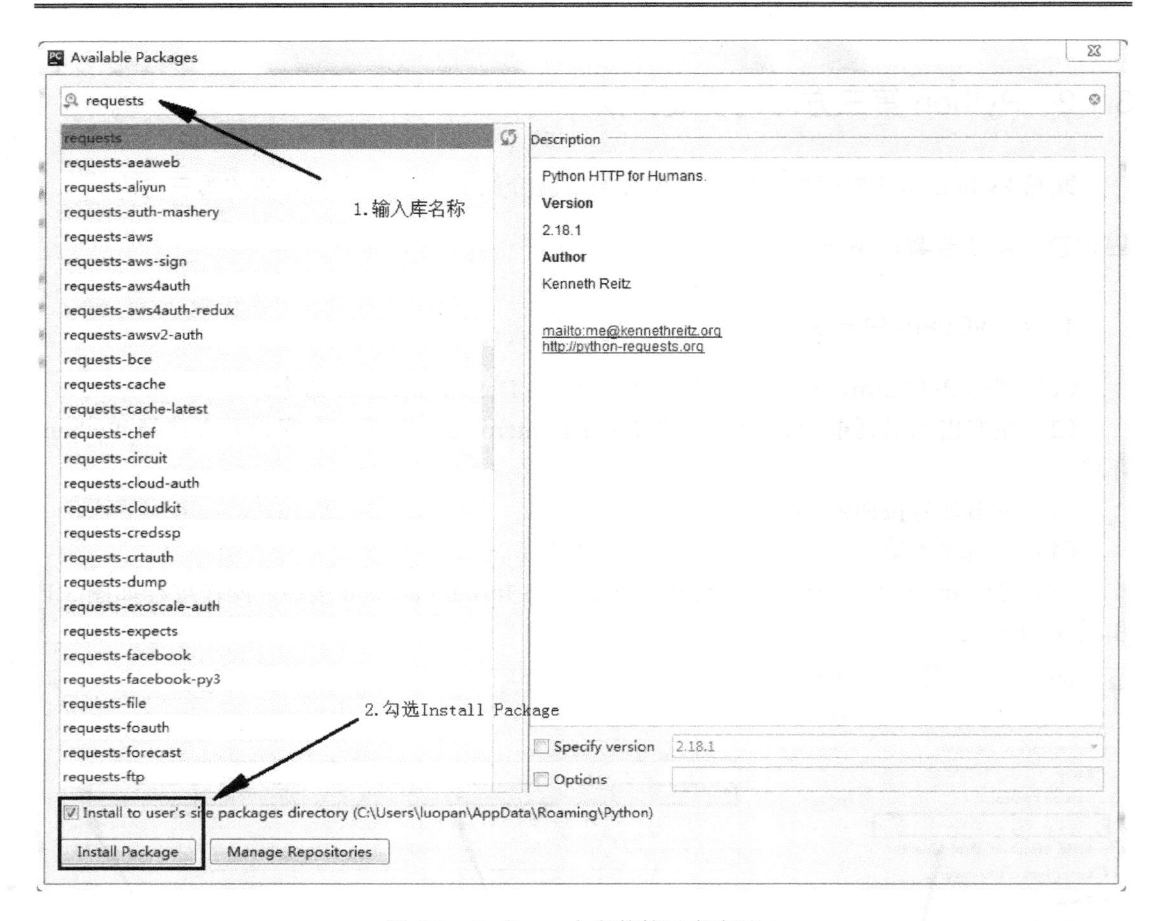

图 3.2　PyCharm 中安装第三库步骤 2

在安装完成后，PyCharm 会有成功提示。读者也可以通过展开 Project Interpreter 选项查看已经安装的库，单击减号按钮可以卸载不需要的库。

2. 在PIP中安装

在安装 Python 后，PIP 也会同时进行安装，我们可以在命令行 cmd 中输入：

```
pip --version
```

如果出现下面提示，则表示 PIP 成功安装。

```
pip 9.0.1 from D:\anaconda\lib\site-packages (python 3.6)
```

在 PIP 成功安装之后，在命令行 cmd 中输入以下代码即可下载第三方库：

```
pip3 install packagename
#packagename 为安装库的名称，在这里输入 pip3 install beautifulsoup4 即可下载beautifulsoup4 库了。
```

注意： 如果为 Python 2，PIP 3 改为 PIP。

安装完后有提示：

```
Successfully installed packagename
```

3. 下载whl文件

有时候前面的两种方法安装会出现问题，可能是由于网络原因，也可能是包的依赖关系而引起的，这时候就需要手动安装，这种方法最稳妥。

（1）进入 http://www.lfd.uci.edu/~gohlke/pythonlibs/，搜索 lxml 库，然后单击下载到本地，如图 3.3 所示。

Lxml, a binding for the libxml2 and libxslt libraries.

lxml‑3.7.2‑cp27‑cp27m‑win32.whl
lxml‑3.7.2‑cp27‑cp27m‑win_amd64.whl
lxml‑3.7.2‑cp34‑cp34m‑win32.whl
lxml‑3.7.2‑cp34‑cp34m‑win_amd64.whl　　下载与本机系统相符的文件
lxml‑3.7.2‑cp35‑cp35m‑win32.whl
lxml‑3.7.2‑cp35‑cp35m‑win_amd64.whl
lxml‑3.7.2‑cp36‑cp36m‑win32.whl
lxml‑3.7.2‑cp36‑cp36m‑win_amd64.whl

图 3.3　下载 whl 文件

（2）然后在命令行输入：

```
pip3 install wheel
```

（3）等待执行，执行成功后在命令行输入：

```
cd D:\python\ku
#后面为下载 whl 文件的路径
```

（4）最后在命令行输入：

```
pip3 install lxml-3.7.2-cp35-cp35m-win_amd64.whl
# lxml-3.7.2-cp35-cp35m-win_amd64.whl 是你下载的文件的完整路径名
```

这样就可以下载库到本地了，通过 whl 文件，可以自动安装依赖的包。

注意： 推荐第 2 种和第 3 种安装第三方库的方法，当第 2 种方法报错时可选择第 3 种方法。

3.1.3　Python 第三方库的使用方法

当成功安装 Python 第三方库后，就可通过下面的方法导入并使用第三方库了：

```
import xxxx
#xxxx 为导入的库名，例如 import requests
```

注意：导入 BeautifulSoup 库的写法为 from bs4 import BeautifulSoup。

3.2 爬虫三大库

讲过了 Requests、Lxml 和 BeautifulSoup 库的安装后，本节将依次讲解各个库的说明和使用方法，然后一起完成读者的第一个爬虫小程序。

3.2.1 Requests 库

Requests 库的官方文档指出：让 HTTP 服务人类。细心的读者会发现，Requests 库的作用就是请求网站获取网页数据的。让我们从简单的实例开始，讲解 Requests 库的使用方法。

```
import requests
res = requests.get('http://bj.xiaozhu.com/')#网站为小猪短租网北京地区网址
print(res)
#pycharm 中返回结果为<Response [200]>，说明请求网址成功，若为 404,400 则请求网址失败
print(res.text)
#pycharm 部分结果如图 3.4 所示
```

```
C:\Users\Administrator\AppData\Local\Programs\Python\Python35\python.exe F:/python/write_book/test1
<!DOCTYPE html PUBLIC "-//W3C//DTD XHTML 1.0 Transitional//EN" "http://www.w3.org/TR/xhtml1/DTD/xhtml1-transitional.dtd">
<html xmlns="http://www.w3.org/1999/xhtml">
<head>
        <meta http-equiv="Content-Type" content="text/html; charset=utf-8" />
<meta http-equiv="X-UA-Compatible" content="IE=edge,chrome=1" />
<meta name="renderer" content="webkit">
<meta name="keywords" content="北京短租房, 北京日租房, 北京酒店式公寓,北京短租公寓"/>
<meta name="description" content="【居住自由主义】小猪提供短租房、日租房住宿信息，安全快捷的北京酒店式公寓、家庭旅馆、民宿等不同类型短租日租房源预订。选择小猪，找您旅途中的家，体验高性价比、多样化、人情味的住宿。" />
<link rel="shortcut icon" href="http://www.xiaozhu.com/favicon.ico" type="image/vnd.microsoft.icon">
<link rel="icon" href="http://www.xiaozhu.com/favicon.ico" type="image/vnd.microsoft.icon">
<title>北京短租房|北京日租房|北京酒店式公寓-小猪</title><meta content="no-transform " http-equiv="Cache-Control" />
<meta content="format=html5; url=http://m.xiaozhu.com/" http-equiv="mobile-agent" />
<link href="http://jci.xiaozhustatic1.com/e170214/xzcss?css=jquery-ui,global,page,city,suggest,calendar" rel="stylesheet" />
<!-- [if ite IE 8]>
   <script src="../js/respond.js"></script>
   <![endif]-->
</head>

<body>
<!--header-->

<!--[if lte IE 7]>
<div style="background:#f16b80; width:100%; height:50px; line-height:50px; text-align:center; font-size:14px; color:#fff; font-family:"微软雅黑";>
   温馨提示：您目前的浏览器版本过低，网站部分功能无法正常使用，建议尽快升级：
        <a href="http://www.microsoft.com/china/windows/IE/upgrade/index.aspx" name="升级ie浏览器" id="upgrade_ie" target="_blank" style=" display:inline-block;width:154px; height:40px; vertical-align:middle; margin:0 18px 0 12px;_margin-top:4px;"><img src="/images/ie.jpg" width="154" height="40"/></a>
```

图 3.4　打印网页源代码

这时打开 Chrome 浏览器，进入 http://bj.xiaozhu.com/，在空白处右击，在弹出的快捷菜单中选择“查看网页源代码”命令，可以看到代码返回的结果就是网页的源代码。

有时爬虫需要加入请求头来伪装成浏览器，以便更好地抓取数据。在 Chrome 浏览器中按 F12 键打开 Chrome 开发者工具，刷新网页后找到 User-Agent 进行复制，如图 3.5 所示。

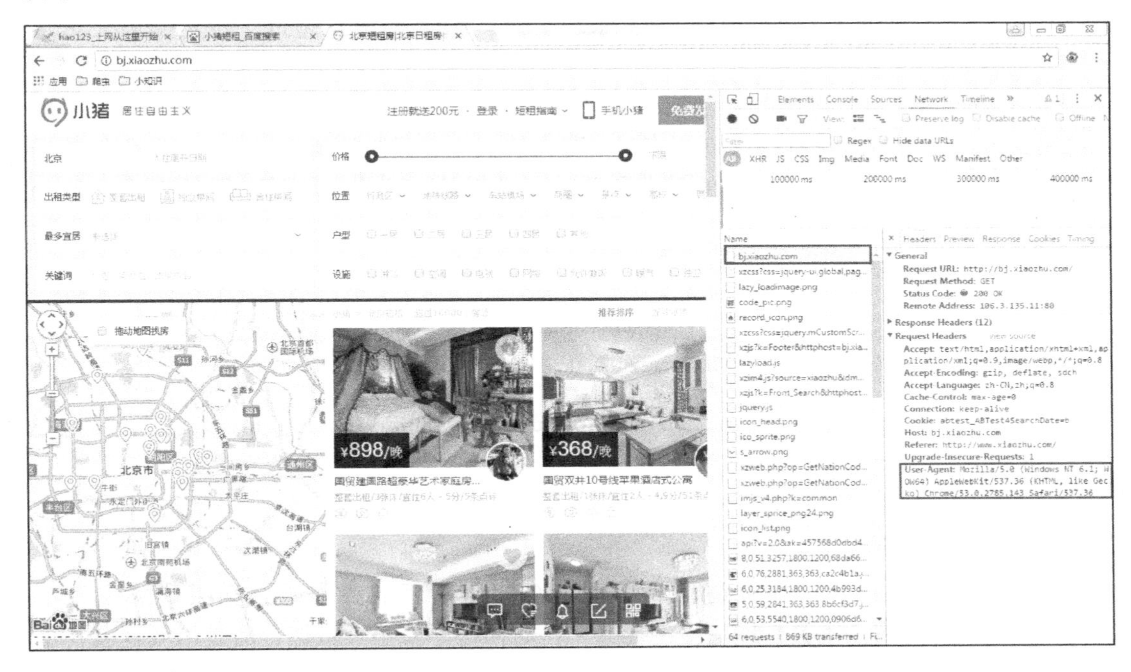

图 3.5　复制请求头

请求头的使用方法：

```
import requests
headers = {
    'User-Agent':'Mozilla/5.0 (Windows NT 6.1; WOW64) AppleWebKit/537.36
    (KHTML, like Gecko) Chrome/53.0.2785.143 Safari/537.36'
}
res = requests.get('http://bj.xiaozhu.com/',headers=headers)      #get
方法加入请求头
print(res.text)
```

Requests 库不仅有 get()方法，还有 post()等方法。post()方法用于提交表单来爬取需要登录才能获得数据的网站，这部分内容会在后面章节中学习，这里不再赘述。学习 get()方法足够我们爬取大部分的网站了。

Requests 库请求并不会“一帆风顺”，当遇到一些情况时，Requests 库会抛出错误或者异常，Requests 库的错误和异常主要有以下 4 种。

- Requests 抛出一个 ConnectionError 异常，原因为网络问题（如 DNS 查询失败、拒绝连接等）。

- Response.raise_for_status()抛出一个 HTTPError 异常，原因为 HTTP 请求返回了不成功的状态码（如网页不存在，返回 404 错误）。
- Requests 抛出一个 Timeout 异常，原因为请求超时。
- Requests 抛出一个 TooManyRedirects 异常，原因为请求超过了设定的最大重定向次数。

所有 Requests 显式抛出的异常都继承自 requests.exceptions.RequestException，当发现这些错误或异常进行代码修改重新再来时，爬虫的程序又开始重新运行了，爬取到的数据又会重新爬取一次，这对于爬虫的效率和质量来说都是不利的。这时，便可通过 Python 中的 try 来避免异常了，具体使用方法如下：

```
import requests
headers = {
    'User-Agent':'Mozilla/5.0 (Windows NT 6.1; WOW64) AppleWebKit/537.36
    (KHTML, like Gecko) Chrome/53.0.2785.143 Safari/537.36'
}
res = requests.get('http://bj.xiaozhu.com/',headers=headers)
try:
    print(res.text)
except ConnectionError:            #出现错误会执行下面的操作
    print('拒绝连接')
```

通过 try 和 except，如果请求成功了，会打印网页的源代码。如果请求出现了 ConnectionError 异常，则会打印“拒绝连接”，这样程序就不会报错，而是给编程者一个提示，不会影响下面代码的运行。

3.2.2 BeautifulSoup 库

BeautifulSoup 库是一个非常流行的 Python 模块。通过 BeautifulSoup 库可以轻松地解析 Requests 库请求的网页，并把网页源代码解析为 Soup 文档，以便过滤提取数据。

```
import requests
from bs4 import BeautifulSoup
headers = {
    'User-Agent':'Mozilla/5.0 (Windows NT 6.1; WOW64) AppleWebKit/537.36
    (KHTML, like Gecko) Chrome/53.0.2785.143 Safari/537.36'
}
res = requests.get('http://bj.xiaozhu.com/',headers=headers)
soup = BeautifulSoup(res.text,'html.parser')        #对返回的结果进行解析
print(soup.prettify())
```

输出的结果如图 3.6 所示，看上去与 Requests 库请求返回的网页源代码类似，但通过 BeautifulSoup 库解析得到的 Soup 文档按照标准缩进格式的结构输出，为结构化的数据，为数据的过滤提取做好准备。

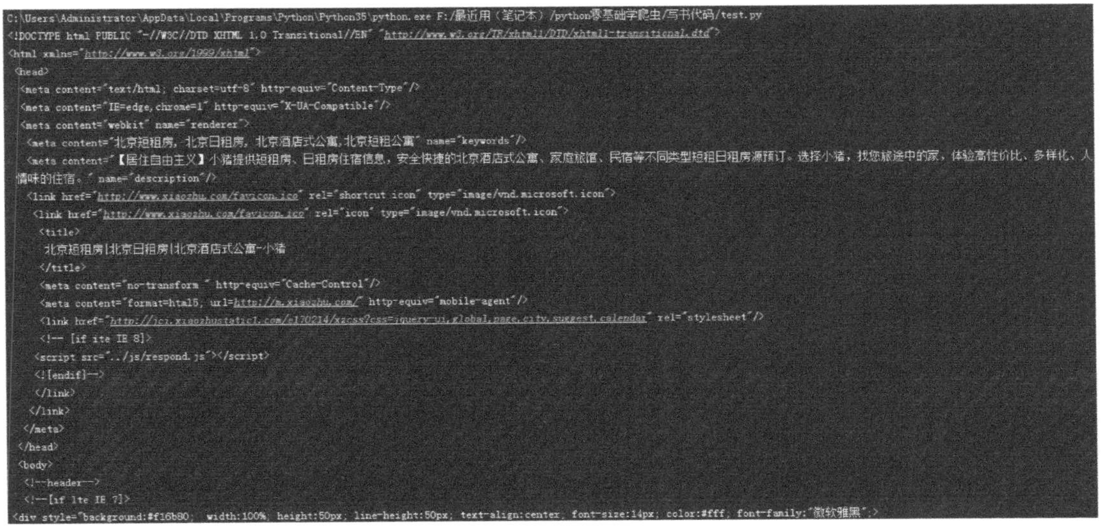

```
C:\Users\Administrator\AppData\Local\Programs\Python\Python35\python.exe F:/最近用（笔记本）/python零基础学爬虫/写书代码/test.py
<!DOCTYPE html PUBLIC "-//W3C//DTD XHTML 1.0 Transitional//EN" "http://www.w3.org/TR/xhtml1/DTD/xhtml1-transitional.dtd">
<html xmlns="http://www.w3.org/1999/xhtml">
 <head>
  <meta content="text/html; charset=utf-8" http-equiv="Content-Type"/>
  <meta content="IE=edge,chrome=1" http-equiv="X-UA-Compatible"/>
  <meta content="webkit" name="renderer">
   <meta content="北京短租房, 北京日租房, 北京酒店式公寓,北京短租公寓" name="keywords"/>
   <meta content="【居住自由主义】小猪提供短租房、日租房住宿信息，安全快捷的北京酒店式公寓、家庭旅馆、民宿等不同类型短租日租房源预订。选择小猪，找您旅途中的家，体验高性价比、多样化、人情味的住宿。" name="description"/>
    <link href="http://www.xiaozhu.com/favicon.ico" rel="shortcut icon" type="image/vnd.microsoft.icon">
     <link href="http://www.xiaozhu.com/favicon.ico" rel="icon" type="image/vnd.microsoft.icon">
      <title>
      北京短租房|北京日租房|北京酒店式公寓-小猪
      </title>
      <meta content="no-transform " http-equiv="Cache-Control"/>
      <meta content="format=html5; url=http://m.xiaozhu.com/" http-equiv="mobile-agent"/>
      <link href="http://jci.xiaozhustatic1.com/e170214/xzcss?css=jquery-ui,global,page,city,suggest,calendar" rel="stylesheet"/>
      <!-- [if lte IE 8]>
     <script src="../js/respond.js"></script>
     <![endif]-->
     </link>
    </link>
   </meta>
  </head>
  <body>
   <!--header-->
   <!--[if lte IE 7]>
<div style="background:#f16b80; width:100%; height:50px; line-height:50px; text-align:center; font-size:14px; color:#fff; font-family:"微软雅黑";>
```

图 3.6　解析 Soup 文档

BeautifulSoup 库除了支持 Python 标准库中的 HTML 解析器外，还支持一些第三方的解析器。如表 3.1 中列出了 BeautifulSoup 库的主要解析器及相应的优缺点。

表 3.1　BeautifulSoup库解析器

解　析　器	使 用 方 法	优　　点	缺　　点
Python标准库	BeautifulSoup(markup,"html.parser")	Python的内置标准库执行速度适中，文档容错能力强	Python 2.7.3or Python3.2.2前的版本中文档容错能力差
lxml HTML解析器	BeautifulSoup(markup,"lxml")	速度快 文档容错能力强	需要安装C语言库
Lxml XML解析器	BeautifulSoup(markup,["lxml","xml"]) BeautifulSoup(markup, "xml")	速度快 唯一支持XML的解析器	需要安装C语言库
html5lib	BeautifulSoup(markup,"html5lib")	最好的容错性 以浏览器的方式解析文档 生成HTML5格式的文档	速度慢 不依赖外部扩展

注意：BeautifulSoup 库官方推荐使用 lxml 作为解析器，因为效率更高。

解析得到的 Soup 文档可以使用 find()和 find_all()方法及 selector()方法定位需要的元素了。find()和 find_all()两个方法用法相似，BeautifulSoup 文档中对这两个方法的定义是这样的：

```
find_all(tag, attibutes, recursive, text, limit, keywords)
find(tag, attibutes, recursive, text, keywords)
```

常用的是前两个参数，熟练运用这两个参数，就可以提取出想要的网页信息。

1. find_all()方法

```
soup.find_all('div',  "item")  ##查找div标签，class="item"
soup.find_all('div', class='item')
soup.find_all('div', attrs={"class": "item"}) # attrs 参数定义一个字典参数来搜索包含特殊属性的 tag
```

2. find()方法

find()方法与 find_all()方法类似，只是 find_all()方法返回的是文档中符合条件的所有 tag，是一个集合(class 'bs4.element.ResultSet')，find()方法返回的一个 Tag(class 'bs4.element.Tag')。

3. select()方法

```
soup.select(div.item > a > h1)      #括号内容通过 Chrome 复制得到
```

该方法类似于中国 > 湖南省 > 长沙市，从大到小，提取需要的信息，这种方式可以通过 Chrome 复制得到，如图 3.7 所示。

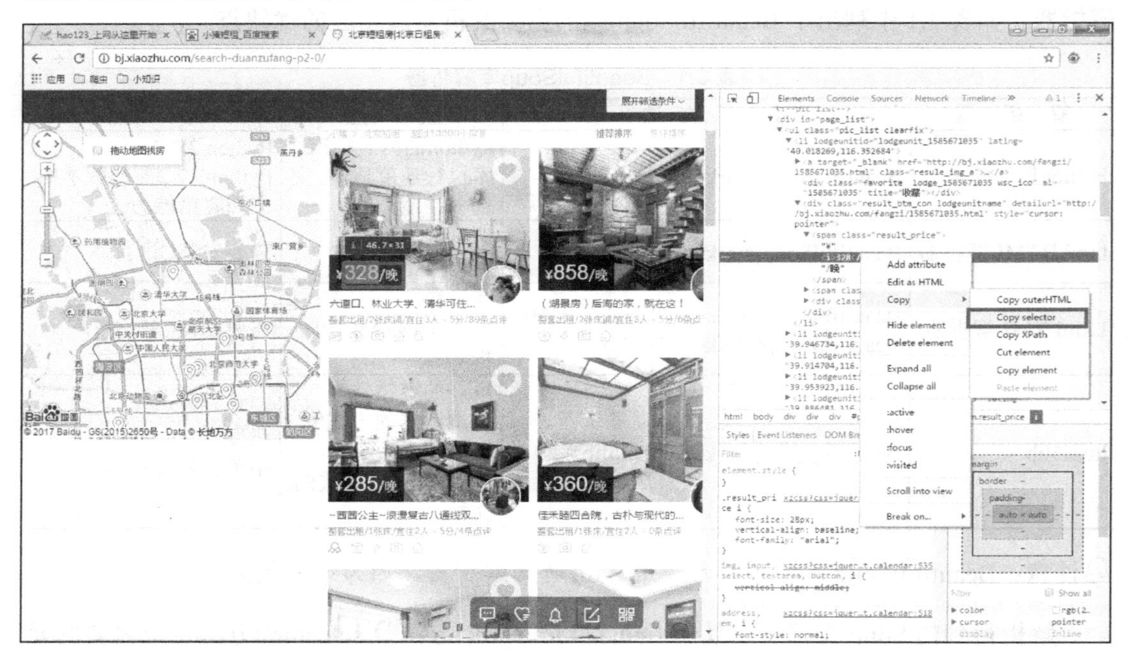

图 3.7　复制 select()方法

（1）鼠标定位到想要提取的数据位置，右击，在弹出的快捷菜单中选择“检查”命令。

（2）在网页源代码中右击所选元素。

（3）在弹出的快捷菜单中选择 Copy selector。这时便能得到：

```
#page_list > ul > li:nth-child(1) > div.result_btm_con.lodgeunitname >
span.result_price > i
```

通过代码即可得到房子价格：

```
import requests
from bs4 import BeautifulSoup               #导入相应的库文件
headers = {
   'User-Agent':'Mozilla/5.0 (Windows NT 6.1; WOW64) AppleWebKit/537.36
   (KHTML, like Gecko) Chrome/53.0.2785.143 Safari/537.36'
}                                           #请求头
res = requests.get('http://bj.xiaozhu.com/',headers=headers)  #请求网页
soup = BeautifulSoup(res.text,'html.parser')                  #解析数据
price = soup.select('#page_list > ul > li:nth-of-type(1) > div.result_
btm_con. lodgeunitname > span.result_price > i')
                                            #定位元素位置并通过 selector 方法提取
print(price)
```

结果是会在屏幕上打印[<i>898</i>]标签。

注意：li:nth-child(1)在 Python 中运行会报错，需改为 li:nth-of-type(1)。

此时的 li:nth-of-type(1)为选择的一个价格，为了做短租房的平均价格分析，当然是要把所有的房租价格全部提取出来。把 selector 改为：

```
#page_list > ul > li > div.result_btm_con.lodgeunitname > span.result_price > i
```

就可以得到整个页面的所有价格，这样提取的信息为列表，可以通过循环分别打印出来也可以存储起来。

```
import requests
from bs4 import BeautifulSoup
headers = {
   'User-Agent':'Mozilla/5.0 (Windows NT 6.1; WOW64) AppleWebKit/537.36
   (KHTML, like Gecko) Chrome/53.0.2785.143 Safari/537.36'
}
res = requests.get('http://bj.xiaozhu.com/',headers=headers)
soup = BeautifulSoup(res.text,'html.parser')
prices = soup.select('#page_list > ul > li > div.result_btm_con.
lodgeunitname > span.result_price > i')    #此时 prices 为列表，需循环遍历
for price in prices:
    print(price)
```

代码运行的结果如图 3.8 所示。

细心的读者会发现，提取的信息为[<i>898</i>]这种标签，而读者只需要其中的数据，这时用 get_text()方法即可获得中间的文字信息。

```
import requests
from bs4 import BeautifulSoup
headers = {
   'User-Agent':'Mozilla/5.0 (Windows NT 6.1; WOW64) AppleWebKit/537.36
   (KHTML, like Gecko) Chrome/53.0.2785.143 Safari/537.36'
```

```
}
res = requests.get('http://bj.xiaozhu.com/',headers=headers)
soup = BeautifulSoup(res.text,'html.parser')
prices = soup.select('#page_list > ul > li > div.result_btm_con.
lodgeunitname > span.result_price > i')
for price in prices:
    print(price.get_text())                通过 get_text()方法获取文字信息
```

代码运行的结果如图 3.9 所示。

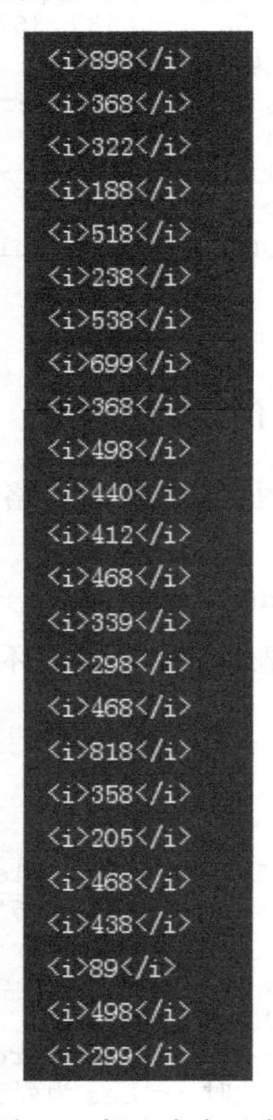

图 3.8 提取多个元素

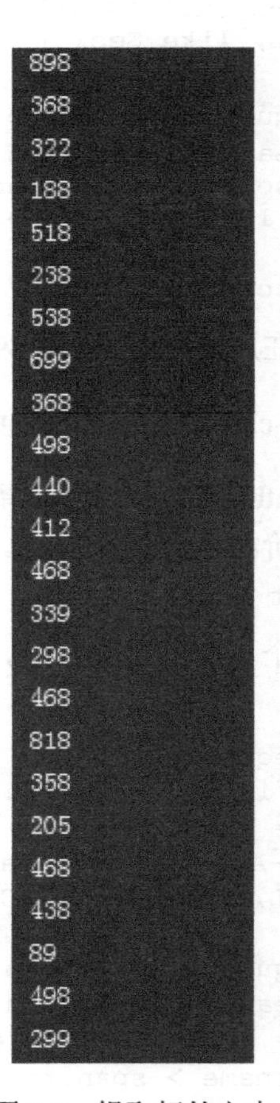

图 3.9 提取标签文本

这时程序就已经爬取了一页中所有的房价信息，但该网站有多个网页，这时就需要构造 URL 列表，详细方法见本章中的综合实例。

3.2.3 Lxml 库

Lxml 库是基于 libxm12 这一个 XML 解析库的 Python 封装。该模块使用 C 语言编写，解析速度比 BeautifulSoup 更快，具体的使用方法将在之后的章节中讲解。

3.3　综合案例 1——爬取北京地区短租房信息

本节将利用 Requests 和 BeautifulSoup 第三方库，爬取小猪短租网北京地区短租房的信息。

3.3.1　爬虫思路分析

（1）本节爬取小猪短租网北京地区短租房 13 页的信息。通过手动浏览，以下为前 4 页的网址：

```
http://bj.xiaozhu.com/
http://bj.xiaozhu.com/search-duanzufang-p2-0/
http://bj.xiaozhu.com/search-duanzufang-p3-0/
http://bj.xiaozhu.com/search-duanzufang-p4-0/
```

然后把第一页的网址改为 http://bj.xiaozhu.com/search-duanzufang-p1-0/后也能正常浏览，因此只需更改 p 后面的数字即可，以此来构造出 13 页的网址。

（2）本次爬虫在详细页面中进行，因此先需爬取进入详细页面的网址链接，进而爬取数据。

（3）需要爬取的信息有：标题、地址、价格、房东名称、房东性别和房东头像的链接，如图 3.10 所示。

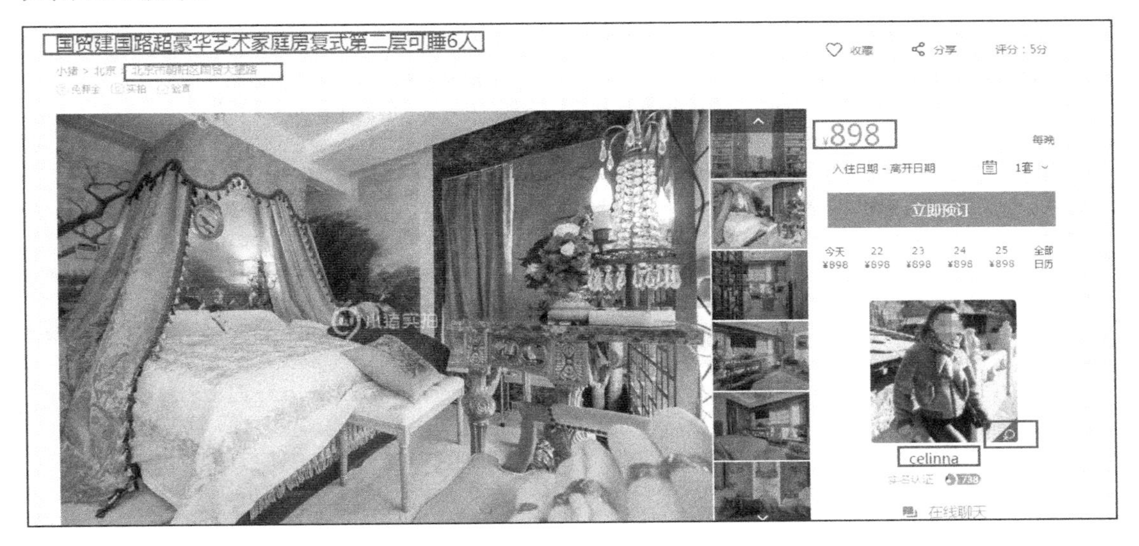

图 3.10　需获取的网页信息

3.3.2 爬虫代码及分析

爬虫代码如下：

```
01  from bs4 import BeautifulSoup
02  import requests
03  import time                                #导入相应的库文件
04
05  headers = {
06      'User-Agent':'Mozilla/5.0 (Windows NT 6.1; WOW64) AppleWebKit/537.36
07      (KHTML, like Gecko) Chrome/53.0.2785.143 Safari/537.36'
08  }                                          #加入请求头
09
10  def judgment_sex(class_name):              #定义判断用户性别的函数
11    if class_name == ['member_ico1']:
12        return '女'
13    else:
14        return  '男'
15
16  def get_links(url):                        #定义获取详细页 URL 的函数
17      wb_data = requests.get(url,headers=headers)
18      soup = BeautifulSoup(wb_data.text,'lxml')
19      links = soup.select('#page_list > ul > li > a')   #links 为 URL 列表
20      for link in links:
21          href = link.get("href")
22          get_info(href)                     #循环出的 URL，依次调用 get_info()函数
23
24  def get_info(url):                         #定义获取网页信息的函数
25      wb_data = requests.get(url,headers=headers)
26      soup = BeautifulSoup(wb_data.text,'lxml')
27      titles = soup.select('div.pho_info > h4')
28      addresses = soup.select('span.pr5')
29      prices = soup.select('#pricePart > div.day_l > span')
30      imgs = soup.select('#floatRightBox > div.js_box.clearfix > div.member_
        pic > a > img')
31      names = soup.select('#floatRightBox > div.js_box.clearfix > div.w_
        240 > h6 > a')
32      sexs = soup.select('#floatRightBox > div.js_box.clearfix > div.member_
        pic > div')
33      for title, address, price, img, name, sex in zip(titles,addresses,
        prices,imgs,names,sexs):
34          data = {
35              'title':title.get_text().strip(),
36              'address':address.get_text().strip(),
37              'price':price.get_text(),
```

```
38              'img':img.get("src"),
39              'name':name.get_text(),
40              'sex':judgment_sex(sex.get("class"))
41          }
42          print(data)                         #获取信息并通过字典的信息打印
43
44  if __name__ == '__main__':                  #为程序的主入口
45      urls = ['http://bj.xiaozhu.com/search-duanzufang-p{}-0/'.format
        (number) for number in
46  range(1,14)]                                #构造多页 URL
47      for single_url in urls:
48          get_links(single_url)               #循环调用 get_links()函数
49          time.sleep(2)                       #睡眠 2 秒
```

程序运行的部分结果如图 3.11 所示。

```
{'sex': '女', 'address': '北京市朝阳区国贸大望路', 'name': 'celinna', 'price': '898', 'img': 'http://image.xiaozhustatic1.com/21/6,0,76,2881,363,363,ca2c4b1a.jpg', 'tittle':
'国贸建国路超豪华艺术家庭房复式第二层可睡6人'}
{'sex': '女', 'address': '北京市朝阳区苹果社区北区', 'name': '阳光艳艳', 'price': '368', 'img': 'http://image.xiaozhustatic1.com/21/5,0,59,2841,363,363,6b6cf3d7.jpg', 'tittle':
'国贸双井10号线苹果酒店式公寓'}
{'sex': '女', 'address': '北京市丰台区宋家庄23号院', 'name': '暖心大姐', 'price': '322', 'img': 'http://image.xiaozhustatic1.com/21/8,0,90,9561,260,260,6f632d21.jpg', 'tittle':
'北京站南站天安门南锣鼓巷后海5号10号线地铁'}
{'sex': '女', 'address': '北京市朝阳区惠新里社区239号', 'name': '啾啾pei', 'price': '188', 'img': 'http://image.xiaozhustatic1.com/21/8,0,60,8977,375,376,ed78e113.jpg', 'tittle':
'出门秒入地铁5，10号线交汇口：惠新西街南口'}
{'sex': '女', 'address': '北京市朝阳区农光南路19号楼', 'name': '魏小疼', 'price': '518', 'img': 'http://image.xiaozhustatic1.com/21/8,0,80,10552,363,363,732baba1.jpg', 'tittle':
'近十号线14号线国贸北工大欢乐谷个性创意两居'}
{'sex': '男', 'address': '北京市朝阳区锦芳路1号院旭辉奥都', 'name': '山峰的峰', 'price': '238', 'img': 'http://image.xiaozhustatic1.com/21/3,0,87,5025,375,375,9a661e56.jpg', 'tittle':
'地铁立水桥南 品质观景一居 近鸟巢奥森'}
{'sex': '男', 'address': '北京市朝阳区幸福二村首开幸福广场38号楼', 'name': 'Alex_Paires', 'price': '538', 'img': 'http://image.xiaozhustatic1.com/21/8,0,46,4824,344,344,ae1866ec.jpg',
'tittle': '【三里屯】整套豪华公寓 Be Awesome'}
{'sex': '女', 'address': '北京市朝阳区太阳宫半岛国际公寓12号楼', 'name': '快快乐乐的苹果', 'price': '699', 'img': 'http://image.xiaozhustatic1.com/21/7,0,84,10831,329,329,1867ecd6.jpg',
'tittle': '10号线地铁太阳宫高端公寓进口床垫轻奢大三房'}
{'sex': '女', 'address': '北京市朝阳区百子湾后现代城B区', 'name': 'ComingHome', 'price': '368', 'img': 'http://image.xiaozhustatic1.com/21/4,0,53,10124,375,375,21f2573f.jpg', 'tittle':
'CBD国贸百子湾后现代城清新浪漫大床房'}
{'sex': '男', 'address': '北京市西城区裕中西里', 'name': '小明同学_M', 'price': '498', 'img': 'http://image.xiaozhustatic1.com/21/8,0,63,1089,296,295,6599e111.jpg', 'tittle':
'10号线健德门简约风格整租两居室'}
{'sex': '女', 'address': '北京市朝阳区通惠家园惠民园9号楼', 'name': '嘉歆up', 'price': '440', 'img': 'http://image.xiaozhustatic1.com/21/6,0,13,7963,375,376,533c37b9.jpg', 'tittle':
'特价天安门国贸零距离地铁精品两居可开发票'}
{'sex': '女', 'address': '北京市朝阳区东柏街时代国际嘉园', 'name': '猪小春', 'price': '412', 'img': 'http://image.xiaozhustatic1.com/21/8,0,68,627,329,329,150f5068.jpg', 'tittle':
'【摩纳哥阳光下的浴缸】CBD国贸，地铁3分钟'}
{'sex': '女', 'address': '北京市朝阳区八里庄东里东恒时代三期18号楼', 'name': '一间house', 'price': '468', 'img': 'http://image.xiaozhustatic1.com/21/5,0,10,2403,363,364,d729c792.jpg',
'tittle': '特价国贸CBD四惠地铁口8分钟温馨田园可做饭'}
{'sex': '女', 'address': '北京市海淀区华润橡树湾三期', 'name': 'simple佳', 'price': '468', 'img': 'http://image.xiaozhustatic1.com/21/3,0,8,1786,333,333,52f62635.jpg', 'tittle':
'五环边豪华两居整租！宜居宜购物！家电设施全！'}
```

图 3.11　程序运行结果

代码分析：

（1）第 1~3 行导入程序需要的库，Requests 库用于请求网页获取网页数据。BeautifulSoup 用于解析网页数据。time 库的 sleep()方法可以让程序暂停。

（2）第 5~8 行通过 Chrome 浏览器的开发者工具，复制 User-Agent，用于伪装为浏览器，便于爬虫的稳定性。

（3）第 16~22 行定义了 get_links()函数，用于获取进入详细页的链接。

传入 URL 后，进行请求和解析。通过 Chrome 浏览器的“检查”并“Copy selector”，可以找到进入详细页的 URL 链接，但 URL 链接并不是嵌套在标签中，而是在标签的属性信息中，如图 3.12 所示。

```
▼<a target="_blank" href="http://bj.xiaozhu.com/fangzi/
5098280314.html" class="resule_img_a">
    <img class="lodgeunitpic" title="国贸建国路超豪华艺术家庭房
    复式第二层可睡6人" src="http://image.xiaozhustatic1.com/
    12/8,0,51,3257,1800,1200,68da663f.jpg" lazy_src="finish"
    alt="国贸建国路超豪华艺术家庭房复式第二层可睡6人" style=
    "height: 199px;"> == $0
  </a>
```

图 3.12　URL 链接位置

前面说到可用 get_text()方法获取标签中的文本信息，但标签中的属性信息需要通过get('attr ')方法获取得到，如图 3.12 所示，URL 链接在 href 中，这时用 get(' href ')便可得到网页的 URL。

最后调用 get_info()函数，转入的参数为获取到的网页详细页的链接。

（4）第 24~42 行定义 get_info()函数，用于获取网页信息并输出信息。

传入 URL 后，进行请求和解析。通过 Chrome 浏览器的“检查”并“Copy selector”，获取相应的信息，由于信息数据为列表数据结构，可以通过多重循环，构造出字典数据结构，输出并打印出来。

注意：字典中的 sex 调用了 judgment_sex()函数。

（5）第 10~14 行定义 judgment_sex()函数，用于判断房东的性别。

```
10  def judgment_sex(class_name):
11    if class_name == ['member_ico1']:
12        return '女'
13    else:
14        return  '男'
```

如图 3.13 所示，可以看出房东的性别区分。

图 3.13　房东性别判断

在图中所示区域通过 Chrome 浏览器的“检查”可以发现，女房东的信息为<div class="member_ico1"></div>，男房东的信息为<div class="member_ico"></div>，这时就可以通过 class 属性来判断房东的性别。

（6）第 44~49 行为程序的主入口，通过对网页 URL 的观察，利用列表的推导式构造 13 个 URL，并依次调用 get_links()函数，time.sleep(2)的意思是每循环一次，让程序暂停 2 秒，防止请求网页频率过快而导致爬虫失败。

3.4　综合案例 2——爬取酷狗 TOP500 的数据

本节将利用 Requests 和 BeautifulSoup 第三方库，爬取酷狗网榜单中酷狗 TOP500 的信息。

3.4.1　爬虫思路分析

（1）本节爬取的内容为酷狗榜单中酷狗 TOP500 的音乐信息，如图 3.14 所示。

图 3.14　酷狗 TOP500 界面

（2）网页版酷狗不能手动翻页进行下一步的浏览，但通过观察第一页的 URL：

```
http://www.kugou.com/yy/rank/home/1-8888.html
```

这里尝试把数字 1 换为数字 2，再进行浏览，恰好返回的是第 2 页的信息（如图 3.15 所示）。进行多次尝试后，发现更换不同数字即为不同页面，因此只需更改 home/后面的数字即可。由于每页显示的为 22 首歌曲，所以总共需要 23 个 URL。

图 3.15　第 2 页 URL

（3）需要爬取的信息有排名情况、歌手、歌曲名和歌曲时间，如图 3.16 所示。

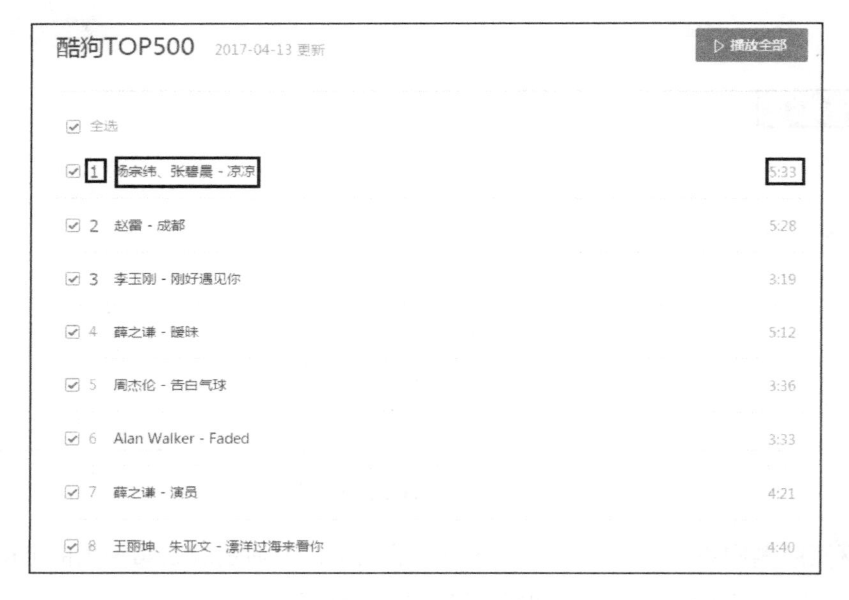

图 3.16　需获取的网页信息

3.4.2　爬虫代码及分析

爬虫代码如下：

```
01  import requests
02  from bs4 import BeautifulSoup
03  import time                                #导入相应的库文件
04
05  headers = {
06      'User-Agent':'Mozilla/5.0 (Windows NT 6.1; WOW64) AppleWebKit/537.36
07      (KHTML, like Gecko) Chrome/56.0.2924.87 Safari/537.36'
08  }                                            #加入请求头
09
10  def get_info(url):                           #定义获取信息的函数
11      wb_data = requests.get(url,headers=headers)
12      soup = BeautifulSoup(wb_data.text,'lxml')
13      ranks = soup.select('span.pc_temp_num')
14      titles = soup.select('div.pc_temp_songlist > ul > li > a')
15      times = soup.select('span.pc_temp_tips_r > span')
16      for rank,title,time in zip(ranks,titles,times):
17          data = {
18              'rank':rank.get_text().strip(),
19              'singer':title.get_text().split('-')[0],
20              'song':title.get_text().split('-')[1],   #通过 split 获取歌手
                                                           和歌曲信息
21              'time':time.get_text().strip()
22          }
23          print(data)                          获取爬虫信息并按字典格式打印
24
25  if __name__ == '__main__':                   #程序主入口
26      urls = ['http://www.kugou.com/yy/rank/home/{}-8888.html'.format
        (str(i)) for i in
27  range(1,24)]                                 #构造多页 URL
28      for url in urls:
29          get_info(url)                        #循环调用 get_info()函数
30          time.sleep(1)                            #睡眠 1 秒
```

程序运行的部分结果如图 3.17 所示。

代码分析：

（1）第 1~3 行导入程序需要的库，Requests 库用于请求网页获取网页数据，BeautifulSoup 用于解析网页数据，time 库的 sleep()方法可以让程序暂停。

（2）第 5~8 行通过 Chrome 浏览器的开发者工具，复制 User-Agent，用于伪装为浏览器，便于爬虫的稳定性。

（3）第 10~23 行定义 get_info()函数，用于获取网页信息并输出信息。

传入 URL 后，进行请求和解析。通过 Chrome 浏览器的“检查”并“Copy selector”，获取相应的信息，由于信息数据为列表数据结构，因此可以通过多重循环，构造出字典数

据结构，输出并打印出来。

```
{'rank': '44', 'singer': '陈一发儿 ', 'song': ' 童话镇', 'time': '4:17'}
{'rank': '45', 'singer': '薛之谦 ', 'song': ' 演员', 'time': '4:21'}
{'rank': '46', 'singer': 'BEYOND ', 'song': ' 海阔天空', 'time': '5:22'}
{'rank': '47', 'singer': 'Tez Cadey ', 'song': ' Seve (Radio Edit)', 'time': '3:
30'}
{'rank': '48', 'singer': '李晓东 ', 'song': ' 消愁 (Live)', 'time': '5:30'}
{'rank': '49', 'singer': '萧全 ', 'song': ' 社会摇', 'time': '4:09'}
{'rank': '50', 'singer': 'Ed Sheeran ', 'song': ' Shape of You', 'time': '3:53'}
{'rank': '51', 'singer': '金南玲 ', 'song': ' 逆流成河', 'time': '2:05'}
{'rank': '52', 'singer': '刘佳 ', 'song': ' 爱的就是你', 'time': '4:33'}
{'rank': '53', 'singer': 'BEYOND ', 'song': ' 光辉岁月', 'time': '5:01'}
{'rank': '54', 'singer': '冯提莫 ', 'song': ' 说散就散', 'time': '3:50'}
{'rank': '55', 'singer': '赵方婧 ', 'song': ' 尽头', 'time': '4:16'}
{'rank': '56', 'singer': '李晓杰 ', 'song': ' 朋友的酒', 'time': '4:23'}
{'rank': '57', 'singer': '云菲菲 ', 'song': ' 殇雪', 'time': '4:44'}
{'rank': '58', 'singer': '田馥甄 ', 'song': ' 小幸运', 'time': '4:25'}
{'rank': '59', 'singer': 'Joel Adams ', 'song': " Please Don't Go", 'time': '3:
1'}
{'rank': '60', 'singer': '阿涵 ', 'song': ' 过客', 'time': '4:30'}
{'rank': '61', 'singer': '姜玉阳、南宫嘉骏 ', 'song': ' 回忆总想哭', 'time': '4:
52'}
```

图 3.17　程序运行结果

🔔注意：本案例并未完全使用“Copy selector”的全部信息，由于有些标签是固定的，因此选用部分路径即可。

（4）第 25~29 行为程序的主入口。通过对网页 URL 的观察，利用列表的推导式构造 23 个 URL，并依次调用 get_info()函数，time.sleep(1)的意思是每循环一次，让程序暂停 1 秒，防止请求网页频率过快而导致爬虫失败。

第 4 章　正则表达式

正则表达式是一个特殊的符号系列，它能帮助开发人员检查一个字符串是否与某种模式匹配。而 Python 中的 re 模块拥有着全部的正则表达式功能，为网络爬虫提供了可能。本章将讲解正则表达式的常用符号及 Python 中 re 模块的使用方法，在不需要解析库的情况下完成一个简单的爬虫程序。

本章涉及的主要知识点如下。

- 正则表达式：学会正则表达式的常用符号。
- re 模块：学会 Python 中 re 模块的使用方法。
- Requests 和 re 模块的组合应用：通过本章最后给出的案例，演示如何利用这两大库进行爬虫的方法和技巧。

4.1　正则表达式常用符号

本节主要介绍 Python 支持的正则表达式的常用符号，通过简单的示例，轻松入门正则表达式。

4.1.1　一般字符

正则表达式的一般字符有 3 个，如表 4.1 所示。

表 4.1　一般字符

字　符	含　义
.	匹配任意单个字符（不包括换行符\n）
\	转义字符（把有特殊含义的字符转换成字面意思）
[...]	字符集。对应字符集中的任意字符

说明：

（1）“.”字符为匹配任意单个字符。例如，a.c 可以的匹配结果为 abc、aic、a&c 等，但不包括换行符。

（2）“\”字符为转义字符，可以把字符改变为原来的意思。听上去不是很好理解，例如“.”字符是匹配任意的单个字符，但有时不需要这个功能，只想让它代表一个点，这时就可以使用“\.”，就能匹配为“.”了。

（3）[...]为字符集，相当于在中括号中任选一个。例如 a[bcd]，匹配的结果为 ab、ac 和 ad。

4.1.2 预定义字符集

正则表达式预定义字符集有 6 个，如表 4.2 所示。

表 4.2 预定义字符集

预定义字符集	含 义
\d	匹配一个数字字符。等价于 [0-9]
\D	匹配一个非数字字符。等价于 [^0-9]
\s	匹配任何空白字符，包括空格、制表符、换页符等。等价于 [\f\n\r\t\v]
\S	匹配任何非空白字符。等价于 [^ \f\n\r\t\v]
\w	匹配包括下画线的任何单词字符。等价于'[A-Za-z0-9_]'
\W	匹配任何非单词字符。等价于 '[^A-Za-z0-9_]'

正则表达式的预定义字符集易于理解，在爬虫实战中，常常会匹配数字而过滤掉文字部分的信息。例如“字数 3450”，只需要数字信息，可以通过“\d+”来匹配数据，“+”为数量词，匹配前一个字符 1 或无限次，这样便可以匹配到所有的数字，数量词将在 4.1.3 节中详细讲解。

4.1.3 数量词

正则表达式中的数量词列表如表 4.3 所示。

表 4.3 数量词

数 量 词	含 义
*	匹配前一个字符0或无限次
+	匹配前一个字符1或无限次
?	匹配前一个字符0或1次
{m}	匹配前一个字符m次
{m,n}	匹配前一个字符m至n次

说明：

（1）“*”数量词匹配前一个字符 0 或无限次。例如，ab*c 匹配 ac、abc、abbc 和 abbbc 等。

（2）“+”与“*”很类似，只是至少匹配前一个字符一次。例如，ab+c 匹配 abc、abbc 和 abbbc 等。

（3）“？”数量词匹配前一个字符 0 或 1 次。例如，ab？c 匹配 ac 和 abc。

（4）“{m}”数量词匹配前一个字符 m 次。例如，ab{3}c 匹配 abbbc。

（5）“{m,n}”数量词匹配前一个字符 m 至 n 次。例如，ab{1,3}c 匹配 abc、abbc 和

abbbc。

4.1.4　边界匹配

边界匹配的关键符号如表 4.4 所示。

表 4.4　边界匹配

边 界 匹 配	含　　义
^	匹配字符串开头
$	匹配字符串结尾
\A	仅匹配字符串开头
\Z	仅匹配字符串结尾

说明：

（1）“^”匹配字符串的开头。例如，^abc 匹配 abc 开头的字符串。

（2）“$”匹配字符串的结尾。例如，abc$匹配 abc 结尾的字符串。

（3）“\A”匹配字符串的结尾。例如，\Aabc。

（4）“\Z”匹配字符串的结尾。例如，abc\Z。

边界匹配在爬虫实战中的使用较少，因为爬虫提取的数据大部分为标签中的数据，例如<span class="stats-vote"><i class="number">186</i> 好笑</span>中提取数字信息，边界匹配在这里没有任何作用。

最后介绍爬虫实战中常用的(.*?)，“()”表示括号的内容作为返回结果，“.*?”是非贪心算法，匹配任意的字符。例如，字符串'xxIxxjshdxxlovexxsffaxxpythonxx'，可以通过'xx(.*?)xx'匹配符合这种规则的字符串，代码如下：

```
import re
a = 'xxIxxjshdxxlovexxsffaxxpythonxx'
infos = re.findall('xx(.*?)xx',a)
print(infos)                                #findall 方法返回的为列表结构
```

程序运行结果如图 4.1 所示。

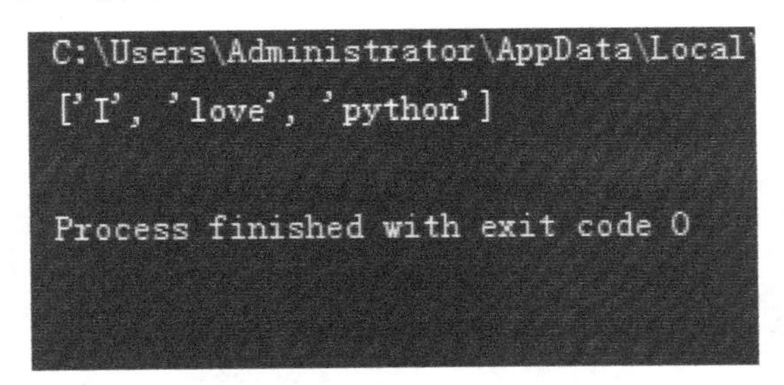

图 4.1　(.*?)的用法

注意：re 模块及其方法会在后面详细讲解。

4.2 re 模块及其方法

re 模块使 Python 语言拥有全部的正则表达式功能，本节主要介绍 Python 中 re 模块常用的 3 种函数使用方法。

4.2.1 search()函数

re 模块的 search()函数匹配并提取第一个符合规律的内容，返回一个正则表达式对象。search()函数的语法如下：

```
re.match(pattern, string, flags=0)
```

其中：

（1）pattern 为匹配的正则表达式。

（2）string 为要匹配的字符串。

（3）flags 为标志位，用于控制正则表达式的匹配方式，如是否区分大小写，多行匹配等。

例如：

```
import re
a = 'one1two2three3'
infos = re.search('\d+',a)
print(infos)                          #search 方法返回的是正则表达式对象
```

程序运行结果如图 4.2 所示。

可以看出，search()函数返回的是正则表达式对象，通过正则表达式匹配到了“1”这个字符串，可以通过下面的代码返回匹配到的字符串：

```
import re
a = 'one1two2three3'
infos = re.search('\d+',a)
print(infos.group())                  #group 方法获取信息
```

程序运行结果如图 4.3 所示。

```
C:\Users\Administrator\AppData\Local\Programs\Python\
<_sre.SRE_Match object; span=(3, 4), match='1'>

Process finished with exit code 0
```

图 4.2 search()函数方法

```
C:\Users\Administrator\AppData\Local\Programs\Python\
1

Process finished with exit code 0
```

图 4.3 返回匹配字符串

4.2.2　sub()函数

re 模块提供了 sub()函数用于替换字符串中的匹配项，sub()函数的语法如下：

```
re.sub(pattern, repl, string, count=0, flags=0)
```

其中：

（1）pattern 为匹配的正则表达式。

（2）repl 为替换的字符串。

（3）string 为要被查找替换的原始字符串。

（4）counts 为模式匹配后替换的最大次数，默认 0 表示替换所有的匹配。

（5）flags 为标志位，用于控制正则表达式的匹配方式，如是否区分大小写，多行匹配等。

例如，一个电话号码 123-4567-1234，通过 sub()函数把中间的“-”去除掉，可以通过如下代码实现：

```
import re
phone = '123-4567-1234'
new_phone = re.sub('\D','',phone)
print(new_phone)          #sub()方法用于替换
```

程序运行结果如图 4.4 所示。

```
C:\Users\Administrator\AppData\Local\Programs\Python\
12345671234

Process finished with exit code 0
```

图 4.4　sub()函数的用法

sub()函数的用途类似于字符串中的 replace()函数，但 sub()函数更加灵活，可以通过正则表达式来匹配需要替换的字符串，而 replace 却是不能做到的。在爬虫实战中，sub()函数的使用也是极少的，因为爬虫所需的是爬取数据，而不是替换数据。

4.2.3　findall()函数

findall()函数匹配所有符合规律的内容，并以列表的形式返回结果。例如，前面的 'one1two2three3'，通过 search()函数只能匹配到第一个符合规律的结果，而通过 findall()函数可以返回字符串所有的数字。

```
import re
a = 'one1two2three3'
infos = re.findall('\d+',a)
```

```
print(infos)
```

程序运行结果如图 4.5 所示。

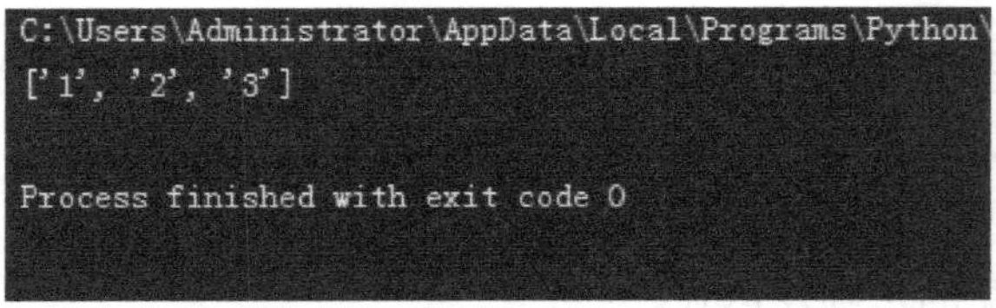

```
C:\Users\Administrator\AppData\Local\Programs\Python\
['1', '2', '3']

Process finished with exit code 0
```

图 4.5　findall()函数的用法

在爬虫实战中，findall()的使用频率最多，下面以第 3 章爬取北京地区短租房的价格为例（http://bj.xiaozhu.com/），看一下通过正则表达式如何提取所需的信息，通过观察网页源代码可以看出，短租房的价格都是在<span class="result_price">¥<i>（价格）</i>/晚</span>这个标签中，如图 4.6 所示。

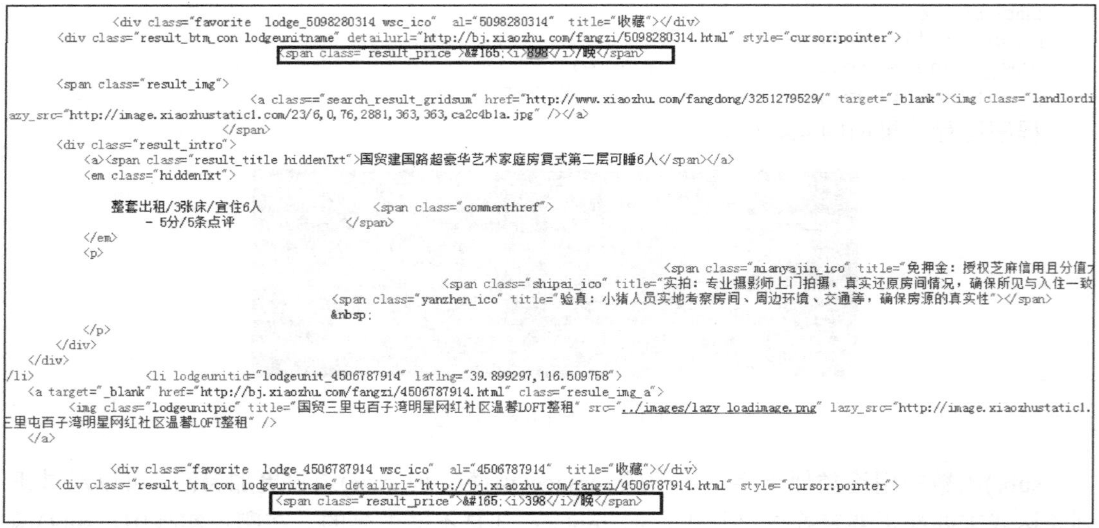

```
        <div class="favorite  lodge_5098280314 wsc_ico"  al="5098280314"  title="收藏"></div>
    <div class="result_btm_con lodgeunitname" detailurl="http://bj.xiaozhu.com/fangzi/5098280314.html" style="cursor:pointer">
                    <span class="result_price">&#165;<i>898</i>/晚</span>

    <span class="result_img">
                        <a class=="search_result_gridsum" href="http://www.xiaozhu.com/fangdong/3251279529/" target="_blank"><img class="landlordi
azy_src="http://image.xiaozhustatic1.com/23/6,0,76,2881,363,363,ca2c4b1a.jpg" /></a>
                    </span>
    <div class="result_intro">
        <a><span class="result_title hiddenTxt">国贸建国路超豪华艺术家庭房复式第二层可睡6人</span></a>
        <em class="hiddenTxt">

            整套出租/3张床/宜住6人              <span class="commenthref">
                - 5分/5条点评               </span>
        </em>
        <p>
                                                            <span class="mianyajin_ico" title="免押金：授权芝麻信用且分值大
                                            <span class="shipai_ico" title="实拍：专业摄影师上门拍摄，真实还原房间情况，确保所见与入住一致
                                    <span class="yanzhen_ico" title="验真：小猪人员实地考察房间、周边环境、交通等，确保房源的真实性"></span>
                                     

        </p>
    </div>
  </div>
/li>            <li lodgeunitid="lodgeunit_4506787914" latlng="39.899297,116.509758">
  <a target="_blank" href="http://bj.xiaozhu.com/fangzi/4506787914.html" class="resule_img_a">
      <img class="lodgeunitpic" title="国贸三里屯百子湾明星网红社区温馨LOFT整租" src="../images/lazy_loadimage.png" lazy_src="http://image.xiaozhustatic1.
三里屯百子湾明星网红社区温馨LOFT整租" />
  </a>

        <div class="favorite  lodge_4506787914 wsc_ico"  al="4506787914"  title="收藏"></div>
    <div class="result_btm_con lodgeunitname" detailurl="http://bj.xiaozhu.com/fangzi/4506787914.html" style="cursor:pointer">
                    <span class="result_price">&#165;<i>398</i>/晚</span>
```

图 4.6　小猪短租房价

这时就可以通过构建正则表达式和 findall()函数来获取房租价格：

```
import re
import requests

res = requests.get('http://bj.xiaozhu.com/')
prices  =  re.findall('<span  class="result_price">&#165;<i>(.*?)</i>/ 晚
</span>',res.text)                          #正则获取价格
for price in prices:
print(price)
```

程序运行结果如图 4.7 所示。

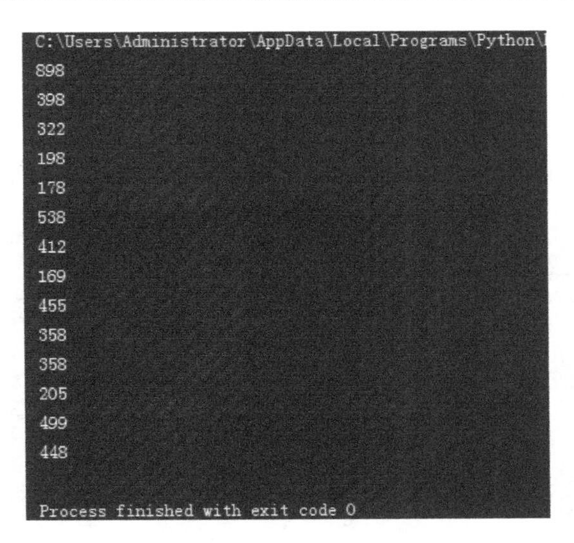

图 4.7　返回结果

不难看出，通过正则表达式的方法爬取数据，比之前的方法代码更少也更简单，那是因为少了解析数据这一步，通过 Requests 库请求返回的 HTML 文件就是字符串的类型，代码可以直接通过正则表达式来提取数据。

注意：第 5 章将详细讲解各种方法的优、缺点。

4.2.4　re 模块修饰符

re 模块中包含一些可选标志修饰符来控制匹配的模式，如表 4.5 所示。

表 4.5　re模块修饰符

修　饰　符	描　　述
re.I	使匹配对大小写不敏感
re.L	做本地化识别（locale-aware）匹配
re.M	多行匹配，影响 ^ 和 $
re.S	使匹配包括换行在内的所有字符
re.U	根据Unicode字符集解析字符。这个标志影响 \w, \W, \b, \B.
re.X	该标志通过给予更灵活的格式，以便将正则表达式写得更易理解

在爬虫中，re.S 是最常用的修饰符，它能够换行匹配。在这里举一个简单的例子，例如提取<div>指数</div>中的文字，可以通过以下代码实现：

```
import re
a = '<div>指数</div>'
word = re.findall('<div>(.*?)</div>',a)
print(word)
# result ['指数']
```

但如果字符串是下面这样的：

```
a = '''<div>指数
</div>'''
```

通过上面的代码则匹配不到 div 标签中的文字信息，如图 4.8 所示。

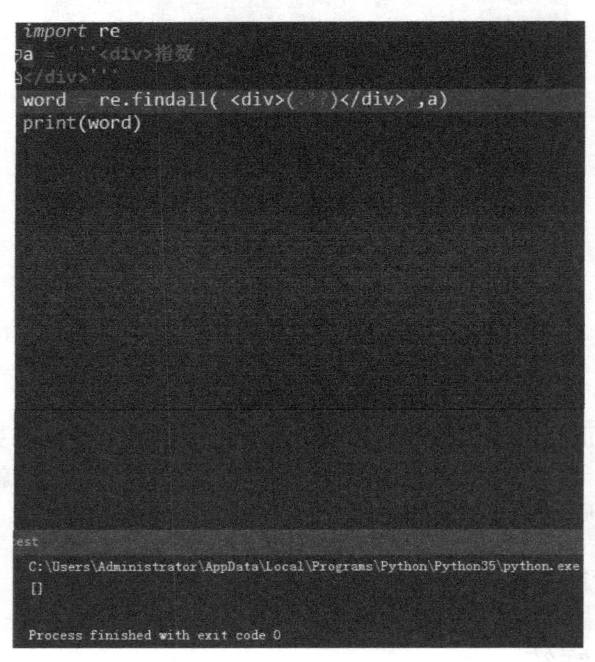

图 4.8　换行匹配

这是因为 findall()函数是逐行匹配的，当第 1 行没有匹配到数据时，就会从第 2 行开始重新匹配，这样就没法匹配到 div 标签中的文字信息，这时便可通过 re.S 来进行跨行匹配。

```
import re
a = '''<div>指数
</div>'''
word = re.findall('<div>(.*?)</div>',a,re.S)        #re.S 用于跨行匹配
print(word)
```

程序运行结果如图 4.9 所示。

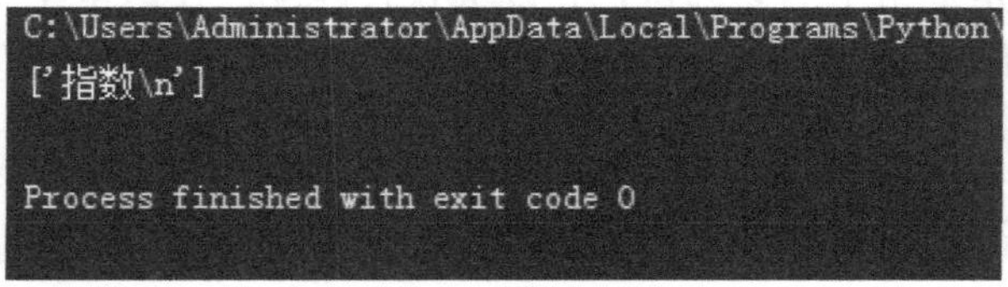

```
C:\Users\Administrator\AppData\Local\Programs\Python\
['指数\n']

Process finished with exit code 0
```

图 4.9　跨行匹配

从结果中可以看出，跨行匹配的结果会有一个换行符，这种数据需要清洗才能存入数据库，可以通过第 1 章中的 strip()方法去除换行符。

```
import re
a = '''<div>指数
</div>'''
word = re.findall('<div>(.*?)</div>',a,re.S)
print(word[0].strip())            #strip()方法去除换行符
# result 指数
```

4.3 综合案例 1——爬取《斗破苍穹》全文小说

本节将利用 Requests 库和正则表达式方法，爬取斗破苍穹小说网（http://www.doupoxs.com/doupocangqiong/）中该小说的全文信息，并把爬取的数据存储到本地文件中。

4.3.1 爬虫思路分析

（1）本节爬取的内容为斗破苍穹小说网的全文小说，如图 4.10 所示。

图 4.10 斗破苍穹小说网

（2）爬取所有章节的信息，通过手动浏览，以下为前 5 章的网址：

```
http://www.doupoxs.com/doupocangqiong/2.html
http://www.doupoxs.com/doupocangqiong/5.html
http://www.doupoxs.com/doupocangqiong/6.html
```

```
http://www.doupoxs.com/doupocangqiong/7.html
http://www.doupoxs.com/doupocangqiong/8.html
```

第 1 章与第 2 章没有明显规律，但第 2 章后的 URL 规律很明显，通过数字递加来分页。手动输入 http://www.doupoxs.com/doupocangqiong/3.html，会发现是 404 错误页面，如图 4.11 所示。所以具体的思路为：从第 1 章开始构造 URL，中间有 404 错误就跳过不爬取。

图 4.11　404 错误页面

（3）需要爬取的信息为全文的文字信息，如图 4.12 所示。

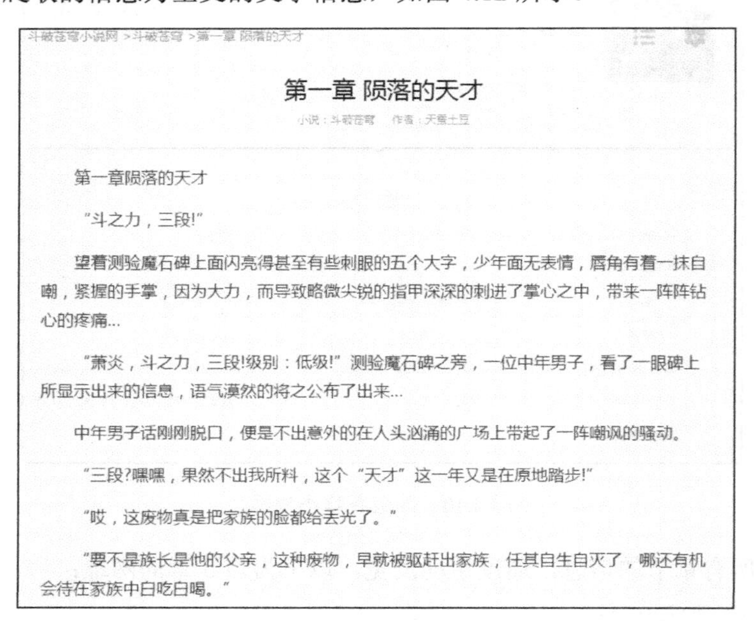

图 4.12　需爬取的内容

（4）运用 Python 对文件的操作，把爬取的信息存储在本地的 TXT 文本中。

4.3.2　爬虫代码及分析

爬虫代码如下：

```
01  import requests
02  import re
03  import time                                          #导入相应的库文件
04
05  headers = {
06      'User-Agent':'Mozilla/5.0 (Windows NT 6.1; WOW64) AppleWebKit/
07      537.36 (KHTML, like Gecko) Chrome/56.0.2924.87 Safari/537.36'
08  }                                                    #加入请求头
09
10  f = open('C:/Users/LP/Desktop/doupo.txt','a+') #新建 TXT 文档，追加的方式
11
12  def get_info(url):                                   #定义获取信息的函数
13      res = requests.get(url,headers=headers)
14      if res.status_code == 200:                       #判断请求码是否为 200
15          contents = re.findall('<p>(.*?)</p>',res.content.decode('utf-8'),
            re.S)
16          for content in contents:
17              f.write(content+'\n')                    #正则获取数据写入 TXT 文件中
18      else:
19          pass                                         #不为 200 就 pass 掉
20
21  if __name__ == '__main__':                           #程序主入口
22      urls = ['http://www.doupoxs.com/doupocangqiong/{}.html'.format
23      (str(i)) for i in range(2,1665)]     #构造多页 URL
24      for url in urls:
25          get_info(url)                                #循环调用 get_info()函数
26          time.sleep(1)                                #睡眠 1 秒
    f.close()                                                #关闭 TXT 文件
```

程序运行的结果保存在计算机，文件名为 doupo 的文档中，如图 4.13 所示。

代码分析：

（1）第 1~3 行导入程序需要的库，Requests 库用于请求网页获取网页数据。运用正则表达式不需要用 BeautifulSoup 解析网页数据，而是使用 Python 中的 re 模块匹配正则表达式。time 库的 sleep()方法可以让程序暂停。

（2）第 5~8 行通过 Chrome 浏览器的开发者工具，复制 User-Agent，用于伪装为浏览器，便于爬虫的稳定性。

（3）第 10 行新建 TXT 文档，用于存储小说的全文信息。

（4）第 12~19 行定义 get_info()函数，用于获取网页信息并存储信息。传入 URL 后，进行请求。通过正则表达式定位到小说的文本内容，并写入 TXT 文档中。

（5）第 21~26 行为程序的主入口。通过对网页 URL 的观察，使用列表的推导式构造

所有小说 URL，并依次调用 get_info()函数，time.sleep(1)的意思是每循环一次，让程序暂停 1 秒，防止请求网页频率过快而导致爬虫失败。

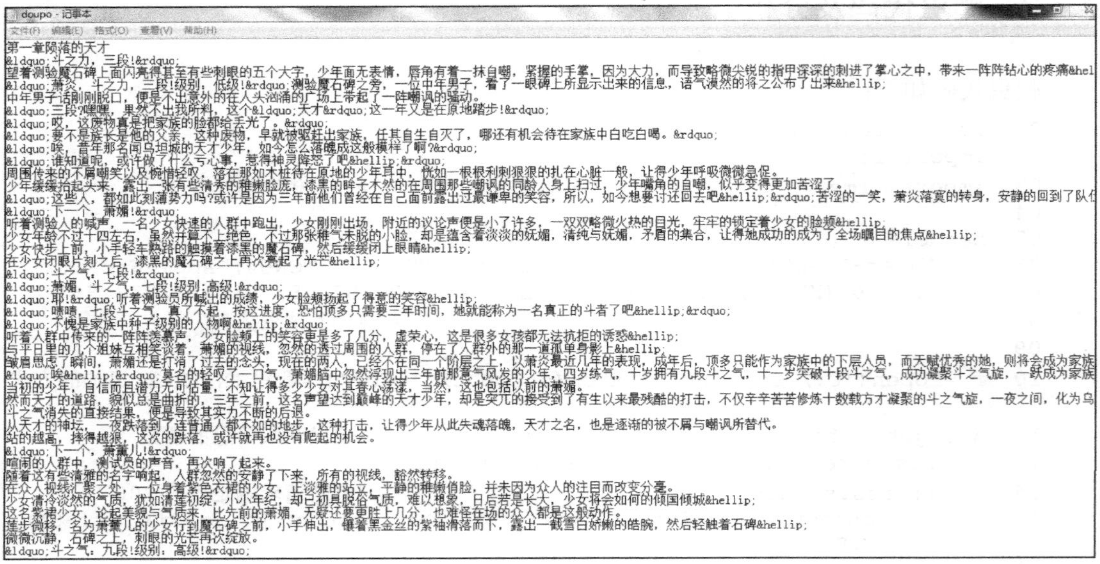

```
doupo - 记事本
文件(F) 编辑(E) 格式(O) 查看(V) 帮助(H)
第一章陨落的天才
&ldquo;斗之力，三段!&rdquo;
望着测验魔石碑上面闪亮得甚至有些刺眼的五个大字，少年面无表情，唇角有着一抹自嘲，紧握的手掌，因为大力，而导致略微尖锐的指甲深深的刺进了掌心之中，带来一阵阵钻心的疼痛&hel
&ldquo;萧炎，斗之力，三段!级别，低级!&rdquo;测验魔石碑之旁，一位中年男子，看了一眼碑上所显示出来的信息，语气漠然的将之公布了出来&hellip;
中年男子话刚刚脱口，便是不出意外的在人头汹涌的广场上带起了一阵嘲讽的骚动。
&ldquo;三段?嘿嘿，果然不出我所料，这个&ldquo;天才&rdquo;这一年又是在原地踏步!&rdquo;
&ldquo;哎，这废物真是把家族的脸都给丢光了。&rdquo;
&ldquo;要不是族长是他的父亲，这种废物，早就被驱赶出家族，任其自生自灭了，哪还有机会待在家族中白吃白喝。&rdquo;
&ldquo;唉，昔年那名闻乌坦城的天才少年，如今怎么落魄成这般模样了啊?&rdquo;
&ldquo;谁知道呢，或许做了什么亏心事，惹得神灵降怒了吧&hellip;&rdquo;
周围传来的不屑嘲笑以及惋惜轻叹，落在那如木桩待在原地的少年耳中，恍如一根根利刺狠狠的扎在心脏一般，让得少年呼吸微微急促。
少年缓缓抬起头来，露出一张有些清秀的稚嫩脸庞，漆黑的眸子木然的在周围那些嘲讽的同龄人身上扫过，少年嘴角的自嘲，似乎变得更加苦涩了。
&ldquo;这些人，都如此刻薄势力吗?或许是因为三年前他们曾经在自己面前露出过最谦卑的笑容，所以，如今想要讨还回去吧&hellip;&rdquo;苦涩的一笑，萧炎落寞的转身，安静的回到了队伍
&ldquo;下一个，萧媚!&rdquo;
听着测验人的喊声，一名少女快速的人群中跑出，少女刚刚出场，附近的议论声便是小了许多，一双双略微火热的目光，牢牢的锁定着少女的脸颊&hellip;
少女年龄不过十四左右，虽然并算不上绝色，不过那张稚气未脱的小脸，却是蕴含着淡淡的妩媚，清纯与妩媚，矛盾的集合，让得她成功的成为了全场瞩目的焦点&hellip;
少女快步上前，小手轻车熟路的触摸着漆黑的魔石碑，然后缓缓闭上眼睛&hellip;
在少女闭眼片刻之后，漆黑的魔石碑之上再次亮起了光芒&hellip;
&ldquo;斗之气：七段!&rdquo;
&ldquo;萧媚，斗之气：七段!级别:高级!&rdquo;
&ldquo;耶!&rdquo;听着测验员所喊出的成绩，少女脸颊扬起了得意的笑容&hellip;
&ldquo;啧啧，七段斗之气，真了不起，按这进度，恐怕顶多只需要三年时间，她就能称为一名真正的斗者了吧&hellip;&rdquo;
&ldquo;不愧是家族中种子级别的人物啊&hellip;&rdquo;
听着人群中传来的一阵阵羡慕声，少女脸颊上的笑容更是多了几分，虚荣心，这是很多女孩都无法抗拒的诱惑&hellip;
与平日里的几个姐妹互相笑谈着，萧媚的视线，忽然的透过周围的人群，停在了人群外的那一道孤单身影上&hellip;
皱眉思虑了瞬间，萧媚还是打消了过去的念头，现在的两人，已经不在同一个阶层之上，以萧炎最近几年的表现，成年后，顶多只能作为家族中的下层人员，而天赋优秀的她，则将会成为家族
&ldquo;唉&hellip;&rdquo;莫名的轻叹了一口气，萧媚脑中忽然浮现出三年前那意气风发的少年，四岁练气，十岁拥有九段斗之气，十一岁突破十段斗之气，成功凝聚斗之气旋，一跃成为家族
当初的少年，自信而且潜力无可估量，不知让得多少少女对其春心荡漾，当然，这也包括以前的萧媚。
然而天才的道路，貌似总是曲折的，三年之前，这名声望达到巅峰的天才少年，却是突兀的接受到了有生以来最残酷的打击，不仅辛辛苦苦修炼十数载方才凝聚的斗之气旋，一夜之间，化为乌
斗之气消失的直接结果，便是导致其实力不断的后退。
从天才的神坛，一夜跌落到了连普通人都不如的地步，这种打击，让得少年从此失魂落魄，天才之名，也是逐渐的被不屑与嘲讽所替代。
站的越高，摔得越狠，这次的跌落，或许就再也没有爬起的机会。
&ldquo;下一个，萧薰儿!&rdquo;
喧闹的人群中，测试员的声音，再次响了起来。
随着这有些清雅的名字响起，人群忽然的安静了下来，所有的视线，豁然转移。
在众人视线汇聚之处，一位身着紫色衣裙的少女，正淡雅的站立，平静的稚嫩俏脸，并未因为众人的注目而改变分毫。
少女清冷淡然的气质，犹如清莲初绽，小小年纪，却已初具脱俗气质，难以想象，日后若是长大，少女将会如何的倾国倾城&hellip;
这名紫裙少女，论起美貌与气质来，比先前的萧媚，无疑还要更胜上几分，也难怪在场的众人都是这般动作。
莲步微移，名为萧薰儿的少女行到魔石碑之前，小手伸出，镶着黑金丝的紫袖滑落而下，露出一截雪白娇嫩的皓腕，然后轻触着石碑&hellip;
微微沉静，石碑之上，刺眼的光芒再次绽放。
&ldquo;斗之气：九段!级别：高级!&rdquo;
```

图 4.13　程序运行结果

4.4　综合案例 2——爬取糗事百科网的段子信息

本节将利用 Requests 和正则表达式方法，爬取糗事百科网中"文字"专题的段子信息，并把爬取的数据存储在本地文件中。

4.4.1　爬虫思路分析

（1）爬取的内容为糗事百科网"文字"专题中的信息，如图 4.14 所示。

（2）爬取糗事百科文字 35 页的信息，通过手动浏览，以下为前 4 页的网址：

```
http://www.qiushibaike.com/text/
http://www.qiushibaike.com/text/page/2/?s=4964629
http://www.qiushibaike.com/text/page/3/?s=4964629
http://www.qiushibaike.com/text/page/4/?s=4964629
```

这里的"?s=4964629"应该只是从 Cookies 里提取的用户标识，去掉后依然能打开网页。然后把第一页的网址改为 http://www.qiushibaike.com/text/page/1/也能正常浏览，因此只需更改 page 后面的数字即可，以此来构造出 35 页的网址。

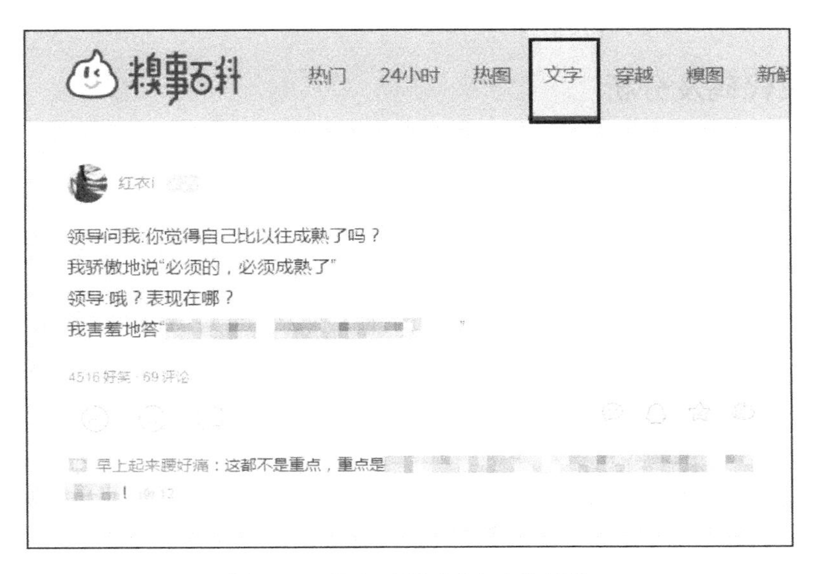

图 4.14　糗事百科网“文字”板块

（3）需要爬取的信息有：用户 ID、用户等级、用户性别、发表段子文字信息，好笑数量和评论数量，如图 4.15 所示。

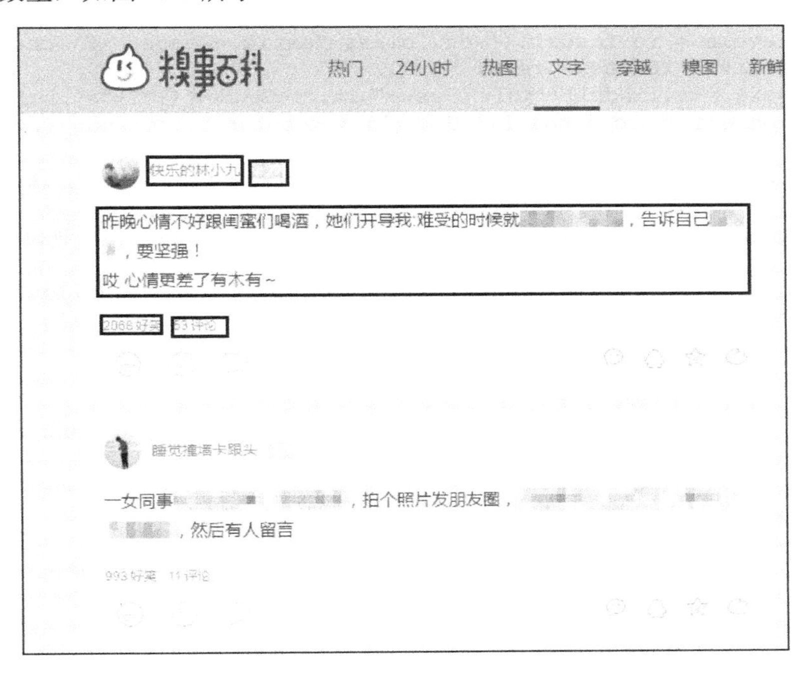

图 4.15　需获取的网页信息

（4）运用 Python 对文件的操作，把爬取的信息存储在本地的 TXT 文本中。

4.4.2 爬虫代码及分析

爬虫代码如下：

```
01  import requests
02  import re                                          #导入相应的库文件
03
04  headers = {
05      'User-Agent':'Mozilla/5.0 (Windows NT 6.1; WOW64) AppleWebKit/
06      537.36 (KHTML, like Gecko) Chrome/53.0.2785.143 Safari/537.36'
07  }                                                  #加入请求头
08
09  info_lists = []                                    #初始化列表，用于装入爬虫信息
10
11  def judgment_sex(class_name):                      #定义获取用户性别的函数
12    if class_name == 'womenIcon':
13          return '女'
14    else:
15          return  '男'
16
17  def get_info(url):
18      res = requests.get(url)
19      ids = re.findall('<h2>(.*?)</h2>',res.text,re.S)
20      levels = re.findall('<div class="articleGender \D+Icon">(.*?)
        </div>',res.text,re.S)
21      sexs = re.findall('<div class="articleGender (.*?)">',res.text,re.S)
22      contents = re.findall('<div class="content">.*?<span>(.*?)</span>',
        res.text,re.S)
23      laughs = re.findall('<span class="stats-vote"><i class="number">
        (\d+)</i>',res.text,re.S)
24      comments = re.findall('<i class="number">(\d+)</i> 评论',res.text,
        re.S)
25      for id,level,sex,content,laugh,comment in zip(ids,levels,sexs,
        contents,laughs,comments):
26          info = {
27              'id':id,
28              'level':level,
29              'sex':judgment_sex(sex),               #调用 judgment_sex()函数
30              'content':content,
31              'laugh':laugh,
32              'comment':comment
33          }
34          info_lists.append(info)                    #获取数据，并 append 到列表中
35
36  if __name__ == '__main__':                         #程序主入口
37      urls = ['http://www.qiushibaike.com/text/page/{}/'.format(str(i))
        for i in range(1,36)]
38      for url in urls:
39           get_info(url)                             #循环调用获取爬虫信息的函数
40      for info_list in info_lists:
```

```
41          f = open('C:/Users/Administrator//Desktop/qiushi.text','a+')
                                                    #遍历列表，创建 TXT 文件
42          try:
43              f.write(info_list['id']+'\n')
44              f.write(info_list['level'] + '\n')
45              f.write(info_list['sex'] + '\n')
46              f.write(info_list['content'] + '\n')
47              f.write(info_list['laugh'] + '\n')
48              f.write(info_list['comment'] + '\n\n')
49              f.close()                               #写入数据到 TXT 中
50          except UnicodeEncodeError:
51             pass                                   #pass 掉错误编码
```

程序运行的结果保存在计算机中，文件名为 qiushi 的文档中，如图 4.16 所示。

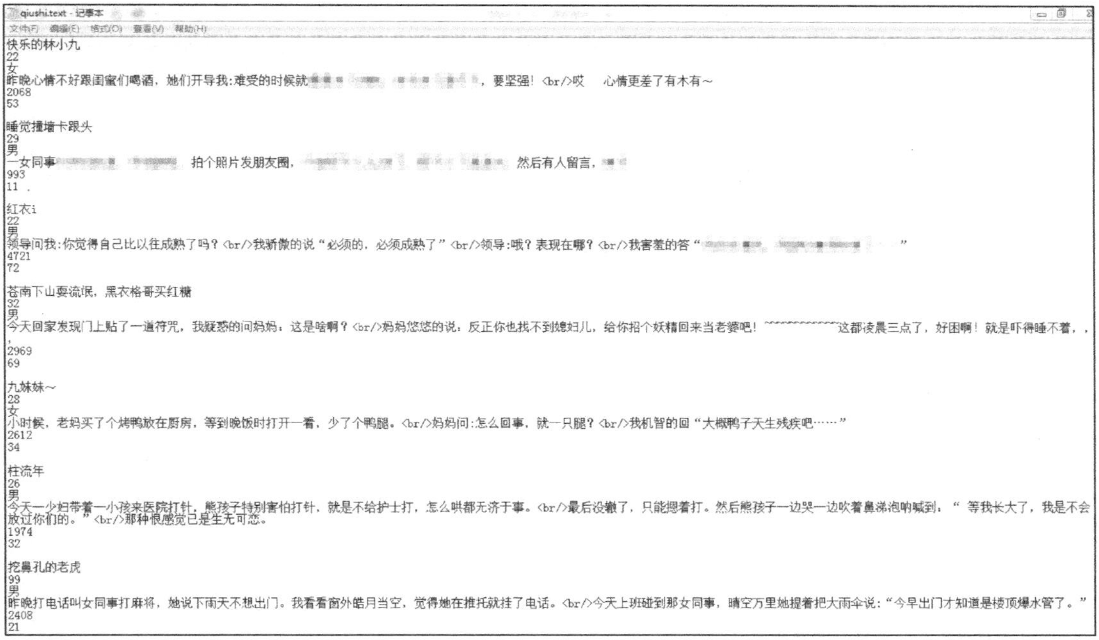

```
qiushi.text - 记事本
文件(F) 编辑(E) 格式(O) 查看(V) 帮助(H)
快乐的林小九
22
女
昨晚心情不好跟闺蜜们喝酒，她们开导我:难受的时候就，要坚强！<br/>哎　心情更差了有木有~
2068
53

睡觉撞墙卡跟头
29
男
一女同事　拍个照片发朋友圈，　然后有人留言，
993
11 .

红衣i
22
男
领导问我:你觉得自己比以往成熟了吗？<br/>我骄傲的说“必须的，必须成熟了”<br/>领导:哦？表现在哪？<br/>我害羞的答“　”
4721
72

苍南下山耍流氓，黑衣格哥买红糖
32
男
今天回家发现门上贴了一道符咒，我疑惑的问妈妈：这是啥啊？<br/>妈妈悠悠的说：反正你也找不到媳妇儿，给你招个妖精回来当老婆吧！~~~~~~~~~~~~这都凌晨三点了，好困啊！就是吓得睡不着，，
，
2969
69

九妹妹~
28
女
小时候，老妈买了个烤鸭放在厨房，等到晚饭时打开一看，少了个鸭腿。<br/>妈妈问:怎么回事，就一只腿？<br/>我机智的回“大概鸭子天生残疾吧……”
2612
34

枉流年
26
男
今天一少妇带着一小孩来医院打针，熊孩子特别害怕打针，就是不给护士打，怎么哄都无济于事。<br/>最后没辙了，只能摁着打。然后熊孩子一边哭一边吹着鼻涕泡呐喊到：“ 等我长大了，我是不会放过你们的。”<br/>那种恨感觉已是生无可恋。
1974
32

挖鼻孔的老虎
99
男
昨晚打电话叫女同事打麻将，她说下雨天不想出门。我看看窗外皓月当空，觉得她在推托就挂了电话。<br/>今天上班碰到那女同事，晴空万里她提着把大雨伞说:“今早出门才知道是楼顶爆水管了。”
2408
21
```

图 4.16　程序运行结果

代码分析：

（1）第 1、2 行导入程序需要的库，Requests 库用于请求网页获取网页数据。运用正则表达式不需要用 BeautifulSoup 解析网页数据，而是使用 Python 中的 re 模块匹配正则表达式。

（2）第 4~7 行通过 Chrome 浏览器的开发者工具，复制 User-Agent，用于伪装为浏览器，便于爬虫的稳定性。

（3）第 9 行定义了一个 info_lists 空列表，用于存放爬取的信息，每条数据为字典结构，如图 4.17 所示。

```
{'level': '99', 'comment': '29', 'sex': '女', 'laugh': '850', 'content': '女神节晚上，一个男孩子打电话让我下楼，说在我家门口等我。我心里偷想:这木头疙瘩开窍了啊，肯定是买了礼物给我或者带我去看电影……<br/>结果下去看到他两手空空，<br/>他看到我高兴的说：我又买了新的英雄，走网吧带你飞……', 'id': '红尘一笑醉红颜~'}
{'level': '21', 'comment': '7', 'sex': '男', 'laugh': '930', 'content': '今天和一同事骑自行车上班，然后路上看见一个跑步的!!!和我们擦肩而过的时候，我和同事俩人恋恋不舍的扭头看了一眼。我跟你说，要不是我自行车前轱辘卡下水道里我飞了出去。我能看!!!', 'id': '起个昵称很费劲'}
{'level': '68', 'comment': '18', 'sex': '女', 'laugh': '1196', 'content': '吃完饭全家坐着看电视，可爱的小侄子跑到他爸爸妈妈面前一本正经的说:爸爸妈妈以后我长大了天天挣钱给你们花，还给你们买大房子。我在旁边听了感动得不行就逗他:以后你挣的钱要不要给小姑花呢？小侄子转头大声说:你自己不会生个宝宝挣钱给你花呀，我哪有钱给你！<br/>尼煤，熊孩子，你骗骗我开心也好啊，瞬间没爱了……', 'id': '青丘丶小木兰'}
{'level': '29', 'comment': '1', 'sex': '男', 'laugh': '874', 'content': '小女儿晚上睡不着，缠着我讲故事。<br/>我就讲啊“从前森林里有只小猪，长得丑吃的还多，不叠被子不刷碗，不好好学习，就知道问父母要钱买玩具……”<br/>然后，女儿哭着说，更睡不着了……', 'id': '美丽鄙阳'}
{'level': '68', 'comment': '13', 'sex': '女', 'laugh': '973', 'content': '一大早闺蜜就火急火撩的跑来敲我房门，刚把门打开她立刻抓住我惊恐的说:你知道吗，我碰到灵异事件了。，瞬间吓的我一激灵，只听见她接着说:早上起来发现体重又增加了，我肯定是被肉附身了！<br/>看着她那九十多斤的身材，我觉得她就是单纯的来嘲笑我的……', 'id': '青丘丶小木兰'}
{'level': '24', 'comment': '8', 'sex': '男', 'laugh': '687', 'content': '昨天晚饭后，在客厅和老爸看球。<br/>突然，然后老爸拿起手机看信息……<br/>我吃惊得问“”<br/>老爸:那天你拉肚子时，我恰巧路过，就录下来了……', 'id': '逗，是我弟'}
{'level': '27', 'comment': '16', 'sex': '男', 'laugh': '885', 'content': '很久前认识一个女孩 经过狂轰乱炸终于确定关系 有一次下大雪我俩在雪地里闹着 她握了一个小雪球 轻轻的击中我 握了一个大的 还沾了点水 然后跑得挺远 一个远投 漂亮 爆头 然后她就疼的哭了 再然后我俩就分开了……', 'id': '逍遥丶太一'}
{'level': '83', 'comment': '14', 'sex': '女', 'laugh': '1100', 'content': '春天来了，老师让画小燕子。我哥搜了些燕子的图片给侄子看……<br/>我哥指着燕窝说：儿子，你别去捅，别去破坏燕窝…………<br/>侄子懵了：爸，你这眼不是好好的吗？<br/>我哥：唉，<br/>话音未落，嫂子拿着平底锅出来了……', 'id': '芊言……'}
{'level': '99', 'comment': '9', 'sex': '男', 'laugh': '855', 'content': '想要个女儿，老婆却生个儿子，一直对此耿耿于怀，终于这天老婆怒了：“你上辈子，还怨我了？”我*#$@4%%&amp;', 'id': '采蘑菇的坏大叔'}
{'level': '26', 'comment': '8', 'sex': '男', 'laugh': '585', 'content': '睡觉前老婆问我：“”我：“当然不一样了，完全不同的。””', 'id': '刘灌'}
{'level': '30', 'comment': '38', 'sex': '男', 'laugh': '1279', 'content': '？太写的囧……', 'id': '邻村老王是我'}
{'level': '100', 'comment': '17', 'sex': '女', 'laugh': '993', 'content': '早晨老公被梦气醒了，问我：“哈哈哈……我就特想知道他长得帅不帅？', 'id': '纳梦若尘'}
```


图 4.17　info_lists 列表结构

（4）第 11~15 行定义了 judgment_sex()函数，用于判断用户的性别。

```
11  def judgment_sex(class_name):
12    if class_name == 'womenIcon':
13          return '女'
14    else:
15          return  '男'
```

如图 4.18 和图 4.19 所示，可以看出用户的性别区分。

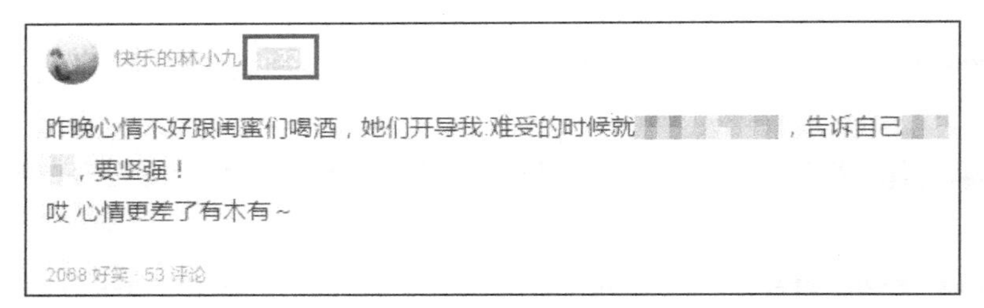

图 4.18　用户性别判断 1

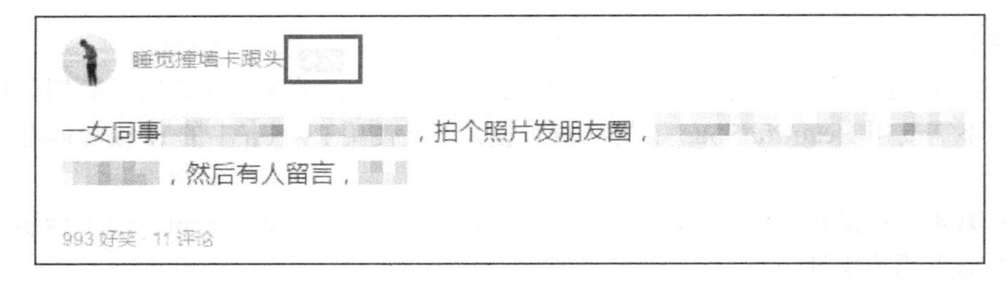

图 4.19　用户性别判断 2

在图 4.18 和图 4.19 中所示区域，通过 Chrome 浏览器的“检查”可以发现，女用户的信息为<div class="articleGender womenIcon">，男用户的信息为<div class="articleGender manIcon">，这时就可以通过正则表达式来提取 class 标签判断用户的性别了。

（5）第 17~34 行定义了 get_info()函数，用于获取网页信息并把数据传入 info_lists 列表中。传入 URL 后，进行请求。以获取用户 ID 信息为例，通过 Chrome 浏览器的“查看网页源代码”，使用查找命令（Ctrl+F），然后输入用户的 ID，查看在网页源代码中的相应位置，如图 4.20 所示。

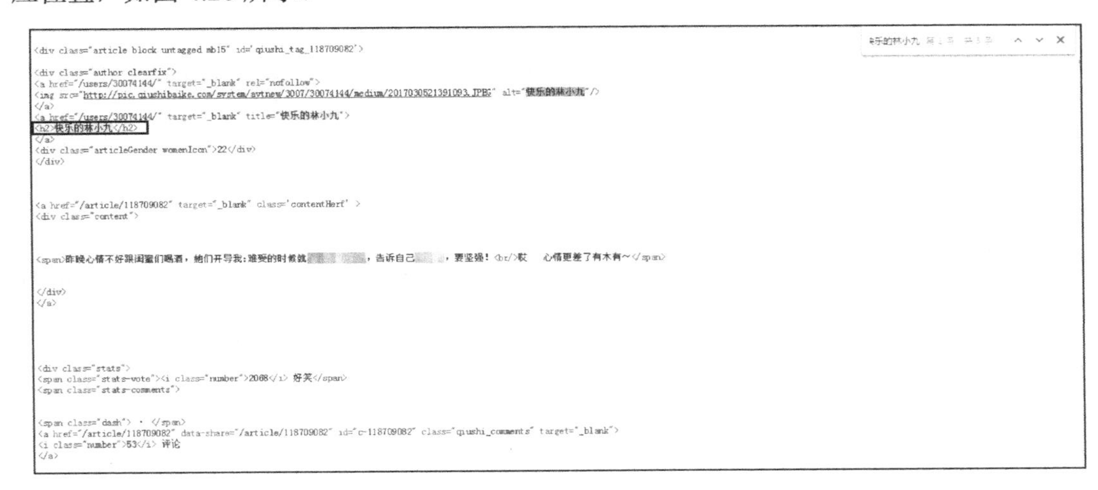

图 4.20　查找元素所在位置

可以看出，用户 ID 在 h2 标签中，即可通过下面的代码完成元素的提取。

```
ids = re.findall('<h2>(.*?)</h2>',res.text,re.S)
```

其他信息的处理与之类似，但用户发表的段子信息处理方法有些不同。通过上述步骤，查看段子信息在源码中的相应位置如图 4.21 所示。

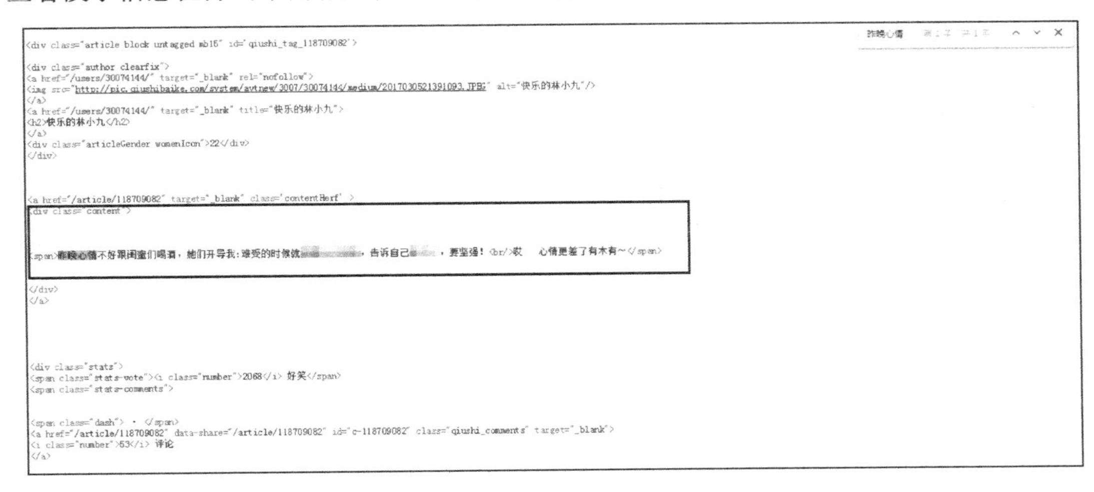

图 4.21　段子信息所在位置

通过图 4.21 可以看出，段子信息在 span 标签中，如果使用下面的代码提取信息，会提取到其他符合规律但不是段子信息的内容。

```
contents = re.findall('<span>(.*?)</span>',res.text,re.S)
```

这就需要把匹配的正则表达式写得更为详细，把 div 标签也加上。由于 div 标签与 span 标签留有几行空格，通过“.*?”进行匹配，代码就可以写为以下这样：

```
contents = re.findall('<div class="content">.*?<span>(.*?)</span>',res.
text,re.S)
```

由于信息数据为列表数据结构，因此可以通过多重循环构造出字典数据结构，输出并打印出来。

注意：字典中的 sex 调用了 judgment_sex()函数。

（6）第 36~51 行为程序的主入口。通过对网页 URL 的观察，利用列表的推导式构造 35 个 URL，并依次调用 get_info()函数循环遍历 info_lists 列表，存入文件名为 qiushi 的 TXT 文档中。

注意：程序运行中如出现编码错误，可利用 try 处理异常。

第 5 章　Lxml 库与 Xpath 语法

Lxml 库是基于 libxm12 的 XML 解析库的 Python 封装。该模块使用 C 语言编写，解析速度比 BeautifulSoup 更快。Lxml 库使用 Xpath 语法解析定位网页数据。本章将讲解 Lxml 库在 Mac 和 Linux 环境中的安装方法，还将介绍 Lxml 库的使用方法及 Xpath 的语法知识，而且通过案例对正则表达式、BeautifulSoup 和 Lxml 进行性能对比，最后通过一个综合案例巩固 Xpath 语言的学习。

本章涉及的主要知识点如下。

- Lxml 库：学会各个系统下 Lxml 库的安装和使用方法。
- Xpath 语法：学会 Xpath 语法并通过 Xpath 语法提取所需的网页信息。
- 性能对比：通过案例对正则表达式、BeautifulSoup 和 Lxml 进行性能对比。
- Requests 和 Lxml 库组合应用：通过本章最后的案例，演示如何利用这两大库进行爬虫的方法和技巧。

5.1　Lxml 库的安装与使用方法

Lxml 库解析网页数据快，但安装过程却相对困难。本节主要讲解 Lxml 库在 Mac 和 Linux 环境下的安装方法及 Lxml 库的简单用法。

5.1.1　Lxml 库的安装（Mac、Linux）

1．Mac系统

安装 Lxml 之前需要安装 Command Line Tools，其中一种安装方法为，在终端输入：

```
xcode-select -install
```

如果安装成功，会提示 Successful 的字样。如果安装失败，还可以使用 brew 或者下载 dmg 的方式进行安装，具体方法这里不做详细介绍。

然后就可以安装 Lxml 库了，在终端输入：

```
pip3 install lxml
```

这样就完成了 Mac 系统下 Lxml 库的安装。

2. Linux系统

Linux 系统安装 Lxml 库最简单，在终端输入：

```
sudo apt-get install Python 3-lxml
```

这样就完成了 Linux 系统下 Lxml 库的安装。

注意：Windows 7 下安装 Lxml 库已在前面讲过，这里不再赘述。

5.1.2 Lxml 库的使用

1. 修正HTML代码

Lxml 为 XML 解析库，但也很好地支持了 HTML 文档的解析功能，这为使用 Lxml 库爬取网络信息提供了支持条件，如图 5.1 所示。

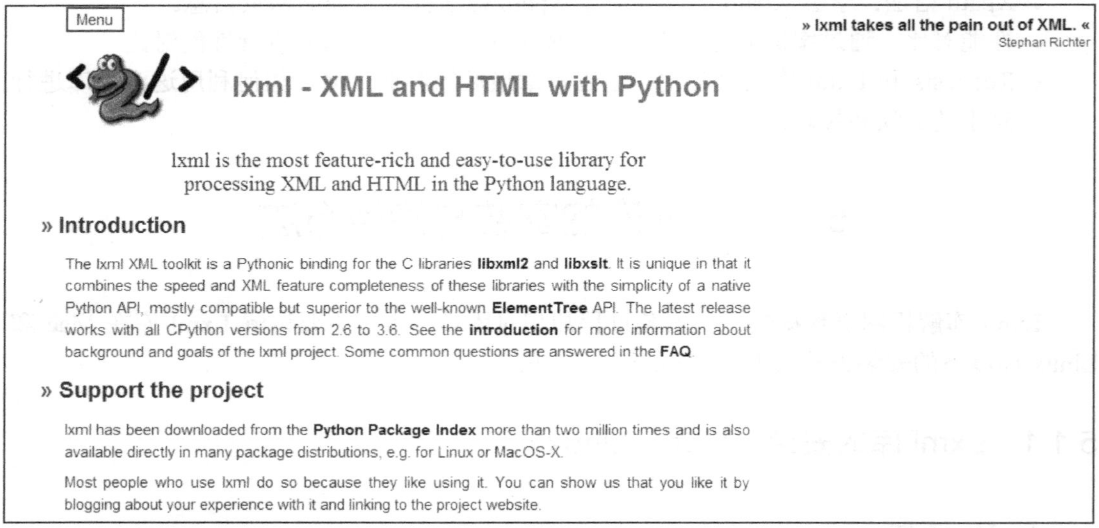

Menu

» lxml takes all the pain out of XML. «
Stephan Richter

lxml - XML and HTML with Python

lxml is the most feature-rich and easy-to-use library for processing XML and HTML in the Python language.

» Introduction

The lxml XML toolkit is a Pythonic binding for the C libraries **libxml2** and **libxslt**. It is unique in that it combines the speed and XML feature completeness of these libraries with the simplicity of a native Python API, mostly compatible but superior to the well-known **ElementTree** API. The latest release works with all CPython versions from 2.6 to 3.6. See the **introduction** for more information about background and goals of the lxml project. Some common questions are answered in the **FAQ**.

» Support the project

lxml has been downloaded from the **Python Package Index** more than two million times and is also available directly in many package distributions, e.g. for Linux or MacOS-X.

Most people who use lxml do so because they like using it. You can show us that you like it by blogging about your experience with it and linking to the project website.

图 5.1　Lxml 官方文档

这样就可以通过 Lxml 库来解析 HTML 文档了：

```
from lxml import etree
text = '''
<div>
    <ul>
         <li class="red"><h1>red flowers</h1</li>
         <li class="yellow"><h2>yellow flowers item</h2></li>
         <li class="white"><h3>white flowers</h3></li>
         <li class="black"><h4>black flowers</h4></li>
```

```
        <li class="blue"><h5>blue flowers</h5>
    </ul>
 </div>
'''
html = etree.HTML(text)
print(html)                       #Lxml 库解析数据，为 Element 对象
```

打印结果如图 5.2 所示。

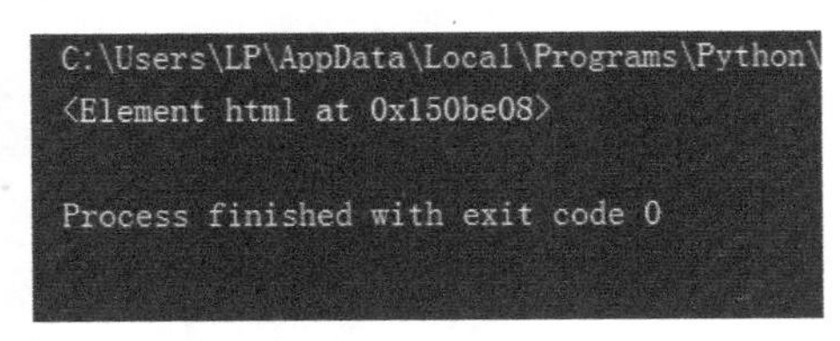

图 5.2　解析 HTML 文档

首先导入 Lxml 中的 etree 库，然后利用 etree.HTML 进行初始化，最后把结果打印出来。可以看出，etree 库把 HTML 文档解析为 Element 对象，可以通过以下代码输出解析过的 HTML 文档。

```
from lxml import etree
text = '''
<div>
    <ul>
         <li class="red"><h1>red flowers</h1</li>
         <li class="yellow"><h2>yellow flowers item</h2></li>
         <li class="white"><h3>white flowers</h3></li>
         <li class="black"><h4>black flowers</h4></li>
         <li class="blue"><h5>blue flowers</h5>
    </ul>
 </div>
'''
html = etree.HTML(text)
result = etree.tostring(html)
print(result)                     #Lxml 库解析可自动修正 HTML
```

打印结果如图 5.3 所示。

```
C:\Users\LP\AppData\Local\Programs\Python\Python35\python.exe H:/最近用（笔记本）/python零基础学爬虫/写书代码/test.py
b'<html><body><div>\n    <ul>\n         <li class="red"><h1>red flowers</h1>\n         </li><li class="yellow"><h2>yellow flowers
 item</h2></li>\n         <li class="white"><h3>white flowers</h3></li>\n         <li class="black"><h4>black flowers</h4></li>\n
 <li class="blue"><h5>blue flowers</h5>\n    </li></ul>\n </div>\n</body></html>'

Process finished with exit code 0
```

图 5.3　Lxml 解析后的文档

这里体现了 Lxml 库一个非常实用的功能就是自动修正 HTML 代码，读者应该注意到了最后一个 li 标签，其实笔者把尾标签删掉了，是不闭合的。不过，Lxml 因为继承了 libxml2 的特性，具有自动修正 HTML 代码的功能，这里不仅补齐了 li 标签，而且还添加了 html 和 body 标签。

2. 读取HTML文件

除了直接读取字符串，Lxml 库还支持从文件中提取内容。我们可以通过 PyCharm 新

建一个 flower.html 文件。在所需建立文件的位置右击，在弹出的快捷菜单中选择 New | HTML File 命令，如图 5.4 所示。

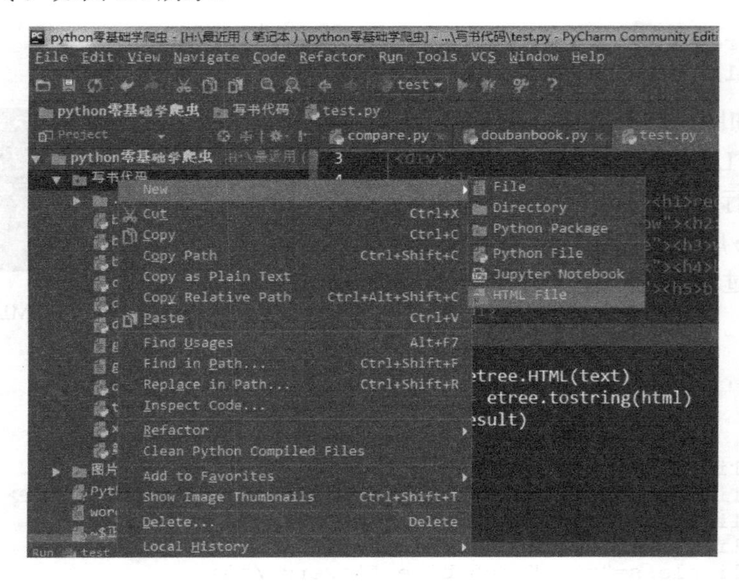

图 5.4　新建 HTML 文件

新建好的 HTML 文件，已经自动生成了 html、head 和 body 标签，也可以通过单击 PyCharm 右上角的浏览器符号，在本地打开制作好的 HTML 文件，如图 5.5 所示。

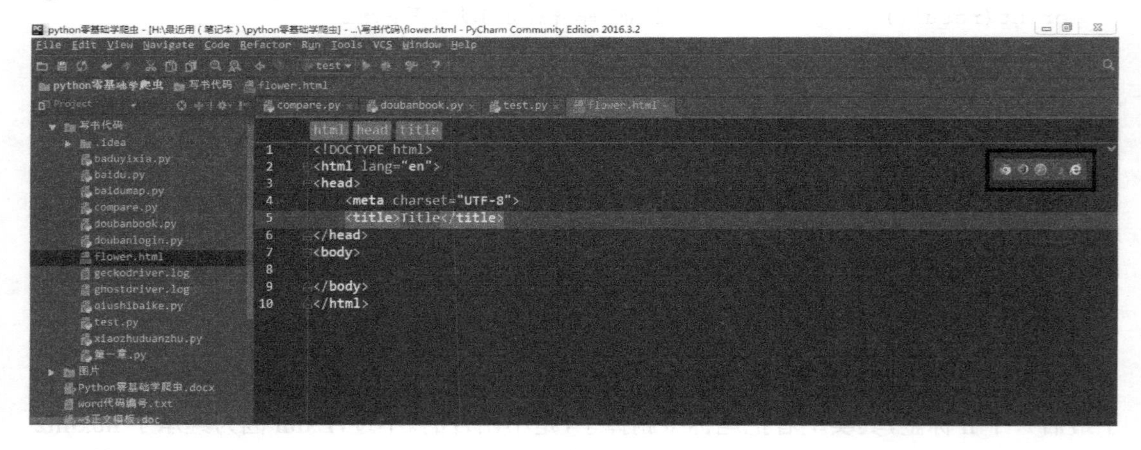

图 5.5　HTML 文件格式

把前面的字符串复制在 HTML 文档中，如图 5.6 所示。

最后通过浏览器打开制作好的 HTML 文件，如图 5.7 所示。

```
html body div
1  <!DOCTYPE html>
2  <html lang="en">
3  <head>
4      <meta charset="UTF-8">
5      <title>flower</title>
6  </head>
7  <body>
8  <div>
9      <ul>
10         <li class="red"><h1>red flowers</h1></li>
11         <li class="yellow"><h2>yellow flowers item</h2></li>
12         <li class="white"><h3>white flowers</h3></li>
13         <li class="black"><h4>black flowers</h4></li>
14         <li class="blue"><h5>blue flowers</h5></li>>
15     </ul>
16  </div>
17 </body>
18 </html>
```

图 5.6　写入 HTML 文件

- red flowers
- yellow flowers item
- white flowers
- black flowers
- blue flowers

图 5.7　打开 HTML 文件

注意：该 HTML 文件只能在本地打开。

这样便可通过 Lxml 库读取 HTML 文件中的内容了，可以通过下面的代码读取：

```
from lxml import etree
html = etree.parse('flower.html')
result = etree.tostring(html,pretty_print=True)
print(result)
```

利用 parse()方法，也可以得到相同的结果。

注意：HTML 文件与代码文件在同一层时，用相对路径就可以进行读取，如果不在同一层，使用绝对路径即可。

3. 解析HTML文件

完成了前面的步骤后，便可利用 requests 库获取 HTML 文件，用 Lxml 库来解析 HTML 文件了。

```
import requests
from lxml import etree

headers = {
    'User-Agent':'Mozilla/5.0 (Windows NT 6.1; WOW64) AppleWebKit/537.36
    (KHTML, like Gecko) Chrome/56.0.2924.87 Safari/537.36'
}

res = requests.get('https://book.douban.com/top250',headers=headers)
html = etree.HTML(res.text)
result = etree.tostring(html)
print(result)
```

注意：该网站为豆瓣图书 TOP250 第 1 页。

程序运行结果如图 5.8 所示。

```
C:\Users\LP\AppData\Local\Programs\Python\Python35\python.exe H:/最近用（笔记本）/python零基础学爬虫/写书代码/test.py
b'<html lang="zh-cmn-Hans" class="ua-windows ua-webkit book-new-nav">\n<head>\n  <meta http-equiv="Content-Type" content="text/html;
 charset=utf-8"/>\n  <title>&#35910;&#29923;&#22270;&#20070; Top250</title>\n  \n<script>!function(e){var o=function(o,n,t){var c,i,r=new
 Date;n=n||30,t=t||"/",r.setTime(r.getTime()+24*n*60*60*1e3),c="; expires="+r.toGMTString();for(i in o)e.cookie=i+"="+o[i]+c+"; path="+t},
 n=function(o){var n,t,c,i=o+"=",r=e.cookie.split(";");for(t=0,c=r.length;t&lt;c;t++)if(n=r[t].replace(/^\\s+|\\s+$/g,""),0==n.indexOf(i))
 return n.substring(i.length,n.length).replace(/\\"/g,"");return null},t=e.write,c={"douban.com":1,"douban.fm":1,"google.com":1,"google
 .cn":1,"googleapis.com":1,"gmaptiles.co.kr":1,"gstatic.com":1,"gstatic.cn":1,"google-analytics.com":1,"googleadservices.com":1},i=function
 (e,o){var n=new Image;n.onload=function(){},n.src="https://www.douban.com/j/except_report?kind=ra022&amp;reason="+encodeURIComponent(e)
 +"&amp;environment="+encodeURIComponent(o)},r=function(o){try{t.call(e,o)}catch(e){t(o)}},a=/&lt;script.*?src\\=["\']?([^"\'\\s&gt;]+)/gi,
 g=/http:\\/\\/(.+?)\\.([^\\/]+).+/i,e.writeln=e.write=function(e){var t,l=a.exec(e);return l&amp;&amp;(t=g.exec(l[1]))?c[t[2]]?void
 r(e):void("tqs"!==n("hj")&amp;&amp;(i(l[1],location.href),o({hj:"tqs"},1),setTimeout(function(){location.replace(location.href)},50))):void
 r(e)}}(document);\n</script>\n\n  \n  <meta http-equiv="Pragma" content="no-cache"/>\n  <meta http-equiv="Expires" content="Sun, 6 Mar
 2005 01:00:00 GMT"/>\n  \n  <script>var _head_start = new Date();</script>\n  \n  <link href="https://img3.doubanio
 .com/f/book/66e9cbc4a683454ed4ace0656fd3972ec21a2c50/css/book/master.css" rel="stylesheet" type="text/css"/>\n\n  <style
 type="text/css"/>\n  <script src="https://img3.doubanio.com/f/book/0495cb173e298c28593766009c7b0a953246c5b5/js/book/lib/jquery/jquery
 .js"/>\n  <script src="https://img3.doubanio.com/f/book/a6b474eb1725d602421859d928f439c018741a99/js/book/master.js"/>\n  \n\n  \n
 <script>  </script>\n  <link rel="stylesheet" href="https://img3.doubanio.com/misc/mixed_static/12426b91c8a39d42.css"/>\n\n  <link
 rel="shortcut icon" href="https://img3.doubanio.com/favicon.ico" type="image/x-icon"/>\n</head>\n<body>\n  \n    <script>var _body_start =
 new Date();</script>\n    \n  \n  \n  \n\n\n\n\n\n\n<div id="db-global-nav" class="global-nav">\n  <div class="bd">\n    \n\n\n\n\n\n<div
 class="top-nav-info">\n      \n      <a href="https://www.douban.com/accounts/login?source=book" class="nav-login" rel="nofollow">&#30331;
```

图 5.8 解析网页数据

5.2 Xpath 语法

XPath 是一门在 XML 文档中查找信息的语言，对 HTML 文档也有很好的支持。本节将介绍 Xpath 的常用语法，讲解 Xpath 语法在爬虫中的使用技巧，最后通过案例对正则表达式、BeautifulSoup 和 Lxml 进行性能对比。

5.2.1 节点关系

1. 父节点

每个元素及属性都有一个父节点，在下面的例子中，user 元素是 name、sex、id 及 goal 元素的父节点：

```
<user>
  <name>xiao ming</name>
  <sex>J K. Rowling</sex>
  <id>34</id>
  <goal>89</goal>
</user>
```

2. 子节点

元素节点可有 0 个、一个或多个子节点，在下面的例子中，name、sex、id 及 goal 元素都是 user 元素的子节点：

```
<user>
  <name>xiao ming</name>
  <sex>J K. Rowling</sex>
  <id>34</id>
  <goal>89</goal>
</user>
```

3．同胞节点

同胞节点拥有相同的父节点，在下面的例子中，name、sex、id 及 goal 元素都是同胞节点：

```
<user>
  <name>xiao ming</name>
  <sex>J K. Rowling</sex>
  <id>34</id>
  <goal>89</goal>
</user>
```

4．先辈节点

先辈节点指某节点的父、父的父节点等，在下面的例子中，name 元素的先辈是 user 元素和 user_database 元素：

```
<user_database>

<user>
  <name>xiao ming</name>
  <sex>J K. Rowling</sex>
  <id>34</id>
  <goal>89</goal>
</user>

</user_database>
```

5．后代节点

后代节点指某个节点的子节点，子节点的子节点等，在下面的例子中，user_database 的后代是 user、name、sex、id 及 goal 元素：

```
<user_database>

<user>
  <name>xiao ming</name>
  <sex>J K. Rowling</sex>
  <id>34</id>
  <goal>89</goal>
</user>

</user_database>
```

5.2.2 节点选择

XPath 使用路径表达式在 XML 文档中选取节点。节点是通过沿着路径或者 step 来选取的，如表 5.1 所示。

表 5.1 节点选择

表 达 式	描 述
nodename	选取此节点的所有子节点
/	从根节点选取
//	从匹配选择的当前节点选择文档中的节点，而不考虑它们的位置
.	选取当前节点
..	选取当前节点的父节点
@	选取属性

通过前面的例子进行举例，如表 5.2 所示。

表 5.2 节点选择实例

路径表达式	结 果
user_database	选取元素user_database的所有子节点
/user_database	选取根元素user_database。注释：假如路径起始于正斜杠(/)，则此路径始终代表到某元素的绝对路径
user_database/user	选取属于user_database的子元素的所有user元素
//user	选取所有user子元素，而不管它们在文档中的位置
user_database//user	选择属于user_database元素的后代的所有user元素，而不管它们位于user_database之下的什么位置
//@attribute	选取名为 attribute 的所有属性

Xpath 语法中的谓语用来查找某个特定的节点或者包含某个指定值的节点，谓语被嵌在方括号中。常见的谓语如表 5.3 所示。

表 5.3 谓语

路径表达式	结 果
/user_database/user[1]	选取属于user_database子元素的第一个user元素
//li[@attribute]	选取所有拥有名为attribute属性的li元素
//li[@attribute='red']	选取所有li元素，且这些元素拥有值为red的attribute属性

Xpath 中也可以使用通配符来选取位置的元素，常用的就是“*”通配符，它可以匹配任何元素节点。

5.2.3 使用技巧

在爬虫实战中，Xpath 路径可以通过 Chrome 复制得到，如图 5.9 所示。

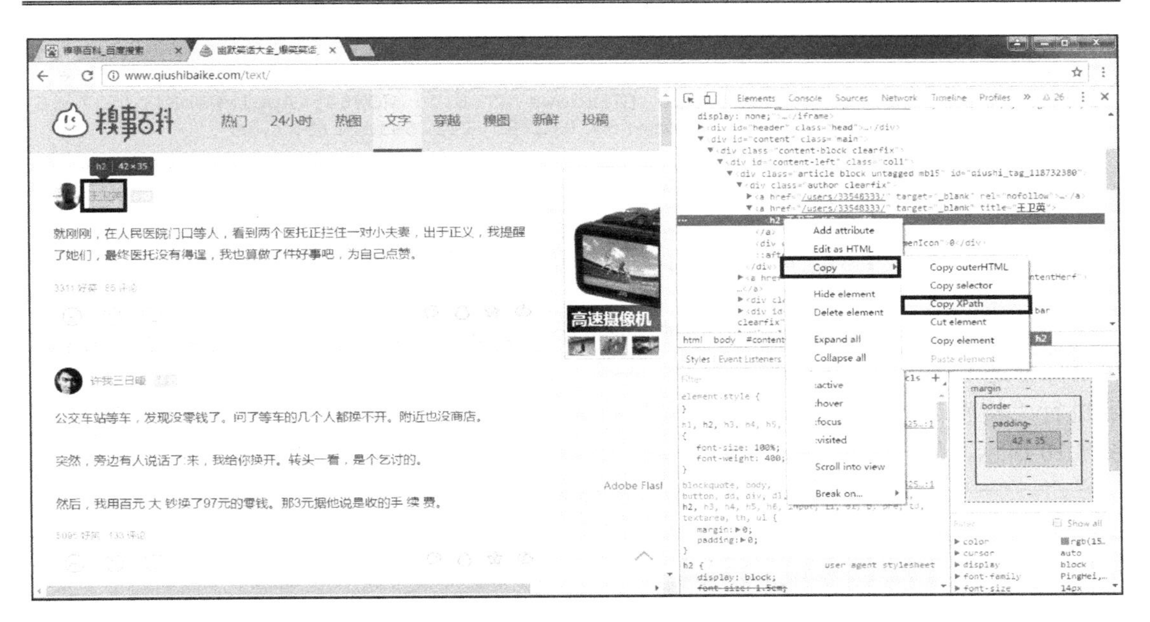

图 5.9 复制 Xpath

（1）鼠标光标定位到想要提取的数据位置，右击，从弹出的快捷菜单中选择“检查”命令。

（2）在网页源代码中右击所选元素。

（3）从弹出的快捷菜单中选择 Copy Xpath 命令。这时便能得到：

```
//*[@id="qiushi_tag_118732380"]/div[1]/a[2]/h2
```

通过代码即可得到用户 id：

```
import requests
from lxml import etree
headers = {
    'User-Agent':'Mozilla/5.0 (Windows NT 6.1; WOW64) AppleWebKit/537.36
    (KHTML, like Gecko) Chrome/53.0.2785.143 Safari/537.36'
}
url = 'http://www.qiushibaike.com/text/'
res = requests.get(url,headers=headers)
selector = etree.HTML(res.text)
id = selector.xpath('//*[@id="qiushi_tag_118732380"]/div[1]/a[2]/h2/text()')
print(id)
```

注意：通过/text()可以获取标签中的文字信息。

结果为：

```
['王卫英']
```

上面的结果为列表的数据结构，可以通过切片获取为字符串数据结构：

```
import requests
```

```
from lxml import etree
headers = {
    'User-Agent':'Mozilla/5.0 (Windows NT 6.1; WOW64) AppleWebKit/537.36
     (KHTML, like Gecko) Chrome/53.0.2785.143 Safari/537.36'
}
url = 'http://www.qiushibaike.com/text/'
res = requests.get(url,headers=headers)
selector = etree.HTML(res.text)
id = selector.xpath('//*[@id="qiushi_tag_118732380"]/div[1]/a[2]/h2/text()')[0]
print(id)
```

当需要进行用户 ID 的批量爬取时，通过类似于 BeautifulSoup 中的 selector()方法删除谓语部分是不可行的。这时的思路为“先抓大后抓小，寻找循环点”。打开 Chrome 浏览器进行“检查”，通过“三角形符号”折叠元素，找到每个段子完整的信息标签，如图 5.10 所示，每一个 div 标签为一个段子信息。

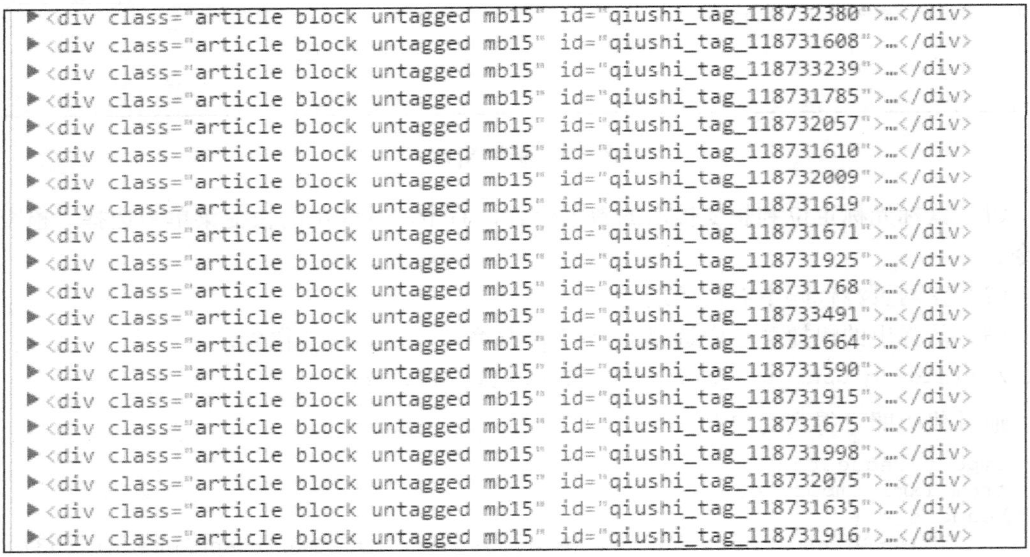

```
▶<div class="article block untagged mb15" id="qiushi_tag_118732380">…</div>
▶<div class="article block untagged mb15" id="qiushi_tag_118731608">…</div>
▶<div class="article block untagged mb15" id="qiushi_tag_118733239">…</div>
▶<div class="article block untagged mb15" id="qiushi_tag_118731785">…</div>
▶<div class="article block untagged mb15" id="qiushi_tag_118732057">…</div>
▶<div class="article block untagged mb15" id="qiushi_tag_118731610">…</div>
▶<div class="article block untagged mb15" id="qiushi_tag_118732009">…</div>
▶<div class="article block untagged mb15" id="qiushi_tag_118731619">…</div>
▶<div class="article block untagged mb15" id="qiushi_tag_118731671">…</div>
▶<div class="article block untagged mb15" id="qiushi_tag_118731925">…</div>
▶<div class="article block untagged mb15" id="qiushi_tag_118731768">…</div>
▶<div class="article block untagged mb15" id="qiushi_tag_118733491">…</div>
▶<div class="article block untagged mb15" id="qiushi_tag_118731664">…</div>
▶<div class="article block untagged mb15" id="qiushi_tag_118731590">…</div>
▶<div class="article block untagged mb15" id="qiushi_tag_118731915">…</div>
▶<div class="article block untagged mb15" id="qiushi_tag_118731675">…</div>
▶<div class="article block untagged mb15" id="qiushi_tag_118731998">…</div>
▶<div class="article block untagged mb15" id="qiushi_tag_118732075">…</div>
▶<div class="article block untagged mb15" id="qiushi_tag_118731635">…</div>
▶<div class="article block untagged mb15" id="qiushi_tag_118731916">…</div>
```

图 5.10　寻找循环点

（1）首先通过复制构造 div 标签路径，此时的路径为：

```
'//div[@class="article block untagged mb15"]'
```

这样就定位到了每个段子信息，这就是“循环点”。

（2）通过 Chrome 浏览器进行“检查”定位用户 ID，复制 Xpath 到记事本中：

```
//*[@id="qiushi_tag_118732380"]/div[1]/a[2]/h2
```

因为第一部分为循环部分，将其删除得到：

```
div[1]/a[2]/h2
```

这便是用户 ID 的信息。

注意：这里就不需要斜线作为开头了。

完整获取用户 ID 的代码如下：

```
import requests
from lxml import etree
headers = {
    'User-Agent':'Mozilla/5.0 (Windows NT 6.1; WOW64) AppleWebKit/537.36
     (KHTML, like Gecko) Chrome/53.0.2785.143 Safari/537.36'
}
url = 'http://www.qiushibaike.com/text/'
res = requests.get(url, headers=headers)
selector = etree.HTML(res.text)
url_infos = selector.xpath('//div[@class="article block untagged mb15"]')
for url_info in url_infos:
    id = url_info.xpath('div[1]/a[2]/h2/text()')[0]
print(id)
```

程序运行结果如图 5.11 所示。

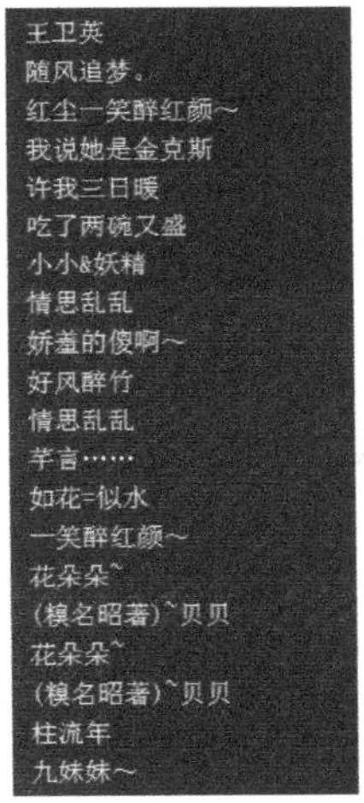

```
王卫英
随风追梦。
红尘一笑醉红颜~
我说她是金克斯
许我三日暖
吃了两碗又盛
小小&妖精
情思乱乱
娇羞的傻啊~
好风醉竹
情思乱乱
芋言……
如花=似水
一笑醉红颜~
花朵朵~
(模名昭著)~贝贝
花朵朵~
(模名昭著)~贝贝
柱流年
九妹妹~
```

图 5.11　代码运行结果

有时候会遇到相同的字符开头的多个标签：

```
<li class="tag-1">需要的内容 1</li>
<li class="tag-2">需要的内容 2</li>
<li class="tag-3">需要的内容 3</li>
```

想同时爬取时，不需要构造多个 Xpath 路径，通过 starts-with()便可以获取多个标签内容：

```
from lxml import etree
html1 = '''
<li class="tag-1">需要的内容 1</li>
<li class="tag-2">需要的内容 2</li>
<li class="tag-3">需要的内容 3</li>
'''
selector = etree.HTML(html1)
contents = selector.xpath('//li[starts-with(@class,"tag")]/text()')
for content in contents:
    print(content)          # starts-with()可获取类似标签的信息
```

程序运行结果如图 5.12 所示。

当遇到标签套标签情况时：

```
<div class="red">需要的内容 1
    <h1>需要的内容 2</h1>
</div>
```

想同时爬取文本内容，可以通过 string(.)完成：

```
from lxml import etree
html2 = '''
<div class="red">需要的内容 1
    <h1>需要的内容 2</h1>
</div>
'''
```

```
selector = etree.HTML(html2)
content1 = selector.xpath('//div[@class="red"]')[0]
content2 = content1.xpath('string(.)')
print(content2)              # string(.)方法可用于标签套标签情况
```

程序运行结果如图 5.13 所示。

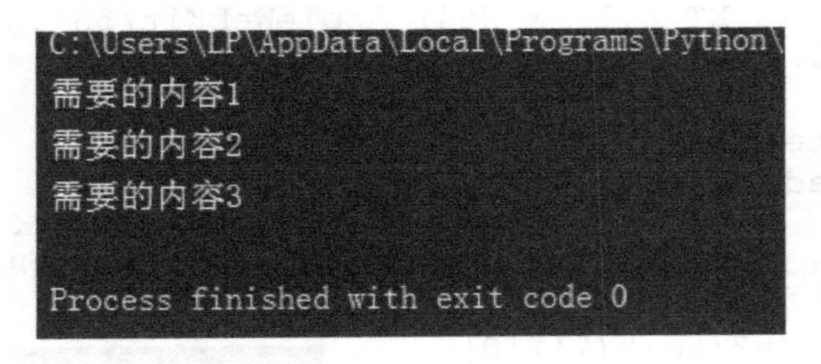

图 5.12　starts-with()用法

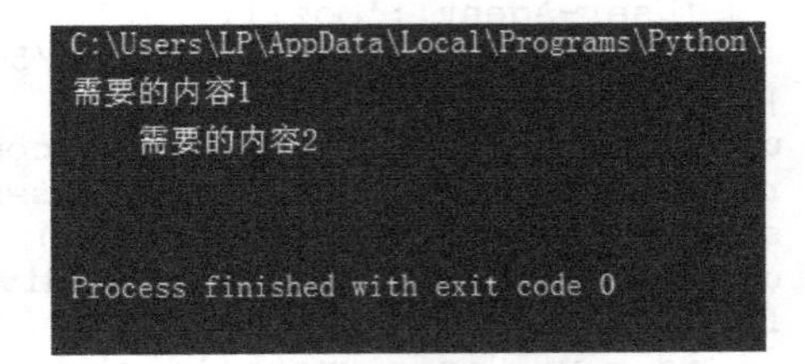

图 5.13　string(.)用法

5.2.4　性能对比

前面提到 Lxml 库的解析速度快，但是“口说无凭”，本节将会通过代码对正则表达式、BeautifulSoup、Lxml 进行性能对比。

（1）通过 3 种方法爬取糗事百科文字内容中的信息，如图 5.14 所示。

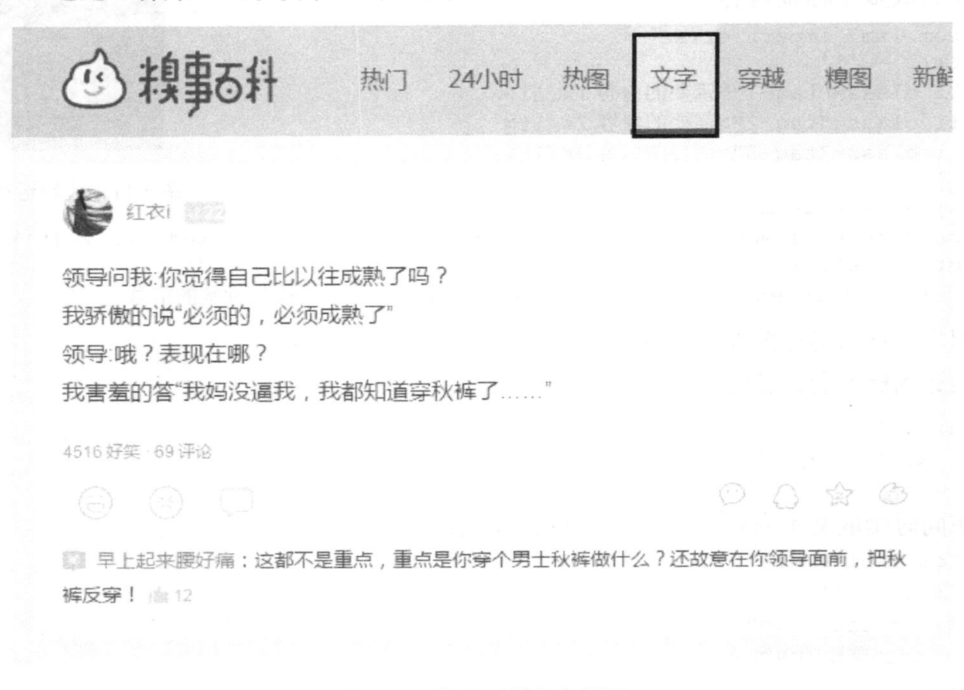

图 5.14　糗事百科文字界面

（2）由于是比较性能，爬取的信息并不是很多，爬取的信息有：用户 ID、发表段子文字信息、好笑数量和评论数量，如图 5.15 所示。

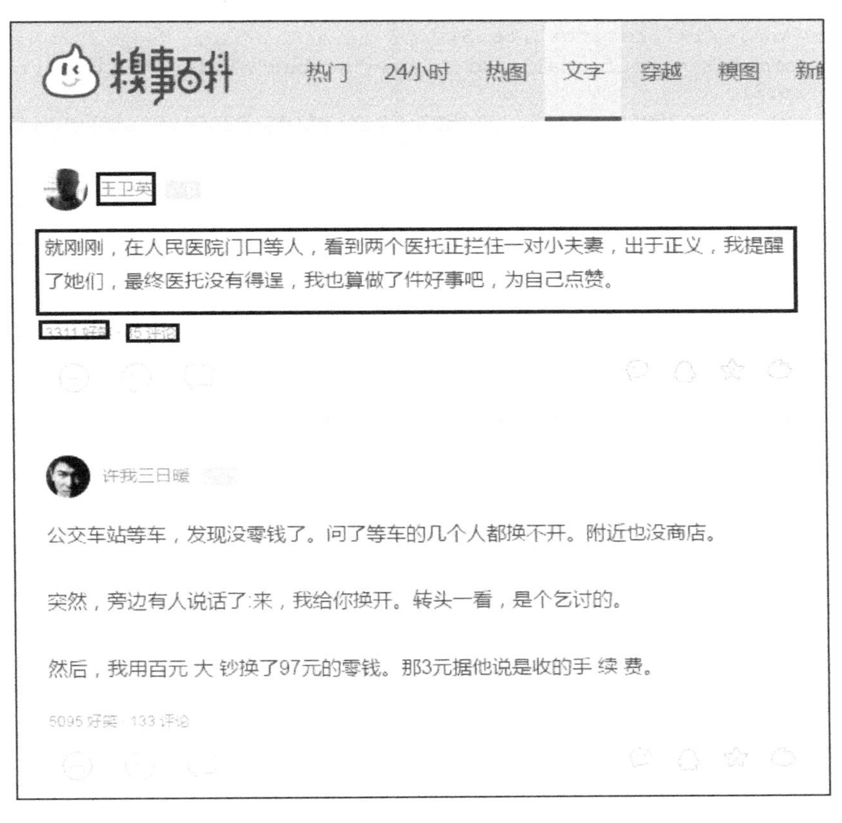

图 5.15　获取的网页信息

（3）爬取的数据只做返回，不存储。代码如下：

```
01  import requests
02  import re
03  from bs4 import BeautifulSoup
04  from lxml import etree
05  import time                                  #导入相应库文件
06
07  headers = {
08      'User-Agent':'Mozilla/5.0 (Windows NT 6.1; WOW64) AppleWebKit/ 537.36
09       (KHTML, like Gecko) Chrome/53.0.2785.143 Safari/537.36'
10  }                                            #加入请求头
11
12  urls = ['http://www.qiushibaike.com/text/page/{}/'.format(str(i)) for
    i in range(1,36)]                            #构造 urls
13
14  def re_scraper(url):                         #用正则爬虫
15      res = requests.get(url,headers=headers)
```

```
16        ids = re.findall('<h2>(.*?)</h2>',res.text,re.S)
17        contents = re.findall('<div class="content">.*?<span>(.*?)</span>',
          res.text,re.S)
18        laughs = re.findall('<span class="stats-vote"><i class="number">
          (\d+)</i>',res.text,re.S)
19        comments = re.findall('<i class="number">(\d+)</i> 评论',res.text,
          re.S)
20        for id,content,laugh,comment in zip(ids,contents,laughs,comments):
21            info = {
22                'id':id,
23                'content':content,
24                'laugh':laugh,
25                'comment':comment
26            }
27            return info                          #只返回数据，不存储
28
29    def bs_scraper(url):                         #Beautifulsoup 爬虫
30        res = requests.get(url, headers=headers)
31        soup = BeautifulSoup(res.text,'lxml')
32        ids = soup.select('a > h2')
33        contents = soup.select('div > span')
34        laughs = soup.select('span.stats-vote > i')
35        comments = soup.select('i.number')
36        for id,content,laugh,comment in zip(ids,contents,laughs,comments):
37            info = {
38                'id':id.get_text(),
39                'content':content.get_text(),
40                'laugh':laugh.get_text(),
41                'comment':comment.get_text()
42            }
43            return info
44
45    def lxml_scraper(url):                       #Lxml 爬虫
46        res = requests.get(url, headers=headers)
47        selector = etree.HTML(res.text)
48        url_infos = selector.xpath('//div[@class="article block untagged
          mb15"]')
49        try:
50            for url_info in url_infos:
51                id = url_info.xpath('div[1]/a[2]/h2/text()')[0]
52                content = url_info.xpath('a[1]/div/span/text()')[0]
53                laugh = url_info.xpath('div[2]/span[1]/i/text()')[0]
54                comment = url_info.xpath('div[2]/span[2]/a/i/text()')[0]
55                info = {
56                    'id':id,
57                    'content':content,
58                    'laugh':laugh,
59                    'comment':comment
60                }
61                return info
62        except IndexError:                       #pass 掉 IndexError 异常
63            pass
64
65    if __name__ == '__main__':                   #程序主入口
```

```
66     for name,scraper in [('Regular
67 expressions',re_scraper),('BeautifulSoup',bs_scraper),('Lxml',lxml_
   scraper)]:                              #循环三种方法
68         start = time.time()             #开始计时
69         for url in urls:
70             scraper(url)
71         end = time.time()               #结束计时
72        print(name,end-start)            #结束时间与开始时间相减，即为运行时间
```

程序运行结果如图 5.16 所示。

```
C:\Users\LP\AppData\Local\Programs\Python\Python35\
Regular expressions 3.117178440093994
BeautifulSoup 6.549374580383301
Lxml 3.1461799144744873

Process finished with exit code 0
```

图 5.16 性能对比

代码分析：

（1）第 1~5 行导入相应的库。

（2）第 7~10 行通过 Chrome 浏览器的开发者工具，复制 User-Agent，用于伪装为浏览器，便于爬虫的稳定性。

（3）第 12 行构造所有 URL。

（4）第 14~63 行定义 3 种爬虫方法函数。

（5）第 65~72 行为程序的主入口，通过循环依次调用 3 种爬虫方法函数，记录开始时间，循环爬取数据，记录结束时间，最后打印出所需时间。

由于硬件条件的不同，执行的结果会存在一定的差异性。不过 3 种爬虫方法之间的相互差异性是相当的，表 5.4 中总结了每种爬虫方法的优缺点。

表 5.4 性能对比

爬 取 方 法	性　能	使 用 难 度	安 装 难 度
正则表达式	快	困难	简单（内置模块）
BeautifulSoup	慢	简单	简单
Lxml	快	简单	相对困难

当网页结构简单并且想要避免额外依赖的话（不需要安装库），使用正则表达式更为合适。当需要爬取的数据量较少时，使用较慢的 BeautifulSoup 也不成问题。当数据量大，需要追求效益时，Lxml 是最好的选择。

5.3 综合案例 1——爬取豆瓣网图书 TOP250 的数据

本节将利用 Requests 和 Lxml 第三方库，爬取豆瓣网图书 TOP250 数据，并存储到 CSV 格式的文件中。

5.3.1 将数据存储到 CSV 文件中

前面爬取的数据要么打印到屏幕上，要么存储到 TXT 文档中，这些格式并不利于数

据的存储。那么大家平时是用什么来存储数据的呢？大部分读者可能是使用微软公司的 Excel 来储存数据，大规模的数据则是使用数据库（后面将会详细讲解）。CSV 是存储表格数据的常用文件格式，Excel 和很多应用都支持 CSV 格式，因为它很简洁。下面就是一个 CSV 文件的例子：

```
id,name
1,xiaoming
2,zhangsan
3,Peter
```

Python 中的 csv 库可以创建 CSV 文件，并写入数据：

```
import csv
fp = open('C://Users/LP/Desktop/test.csv','w+')                    #创建 CSV 文件
writer = csv.writer(fp)
writer.writerow(('id','name'))
writer.writerow(('1','xiaoming'))
writer.writerow(('2','张三'))
writer.writerow(('3','李四'))                                        #写入行
```

这时的本机桌面上会生成名为 test 的 CSV 文件，用记事本打开，效果如图 5.17 所示。

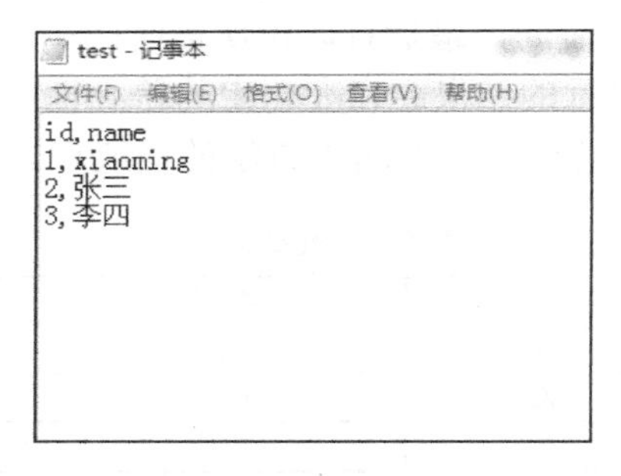

图 5.17　CSV 文件

5.3.2　爬虫思路分析

（1）本节爬取的内容为豆瓣网图书 TOP250 的信息，如图 5.18 所示。

（2）爬取豆瓣网图书 TOP250 的 10 页信息，通过手动浏览，以下为前 4 页的网址：

```
https://book.douban.com/top250
https://book.douban.com/top250?start=25
https://book.douban.com/top250?start=50
https://book.douban.com/top250?start=75
```

然后把第 1 页的网址改为 https://book.douban.com/top250?start=0 也能正常浏览，因此只需更改 start=后面的数字即可，以此来构造出 10 页的网址。

（3）需要爬取的信息有：书名、书本的 URL 链接、作者、出版社和出版时间，书本

价格、评分和评价，如图 5.19 所示。

图 5.18　豆瓣图书 TOP250

图 5.19　需获取的网页信息

注意：这里只爬取了第一作者。

（4）运用 Python 中的 csv 库，把爬取的信息存储在本地的 CSV 文本中。

5.3.3 爬虫代码及分析

爬虫代码如下：

```
01  01  from lxml import etree
02  02  import requests
03  03  import csv                                    #导入相应的库文件
04
05  fp = open('C://Users/LP/Desktop/doubanbook.csv','wt',newline='',
    encoding='utf-8')                                 #创建 csv
06  writer = csv.writer(fp)
07  writer.writerow(('name', 'url',  'author', 'publisher', 'date', 'price',
    'rate', 'comment'))                               #写入 header
08
09  urls = ['https://book.douban.com/top250?start={}'.format(str(i)) for
    i in range(0,250,25)]                             #构造 urls
10
11  headers = {
12      'User-Agent':'Mozilla/5.0 (Windows NT 6.1; WOW64) AppleWebKit/537.36
13      (KHTML, like Gecko) Chrome/55.0.2883.87 Safari/537.36'
14  }                                                 #加入请求头
15
16  for url in urls:
17      html = requests.get(url,headers=headers)
18      selector = etree.HTML(html.text)
19      infos = selector.xpath('//tr[@class="item"]')   #取大标签，以此循环
20      for info in infos:
21          name = info.xpath('td/div/a/@title')[0]
22          url = info.xpath('td/div/a/@href')[0]
23          book_infos = info.xpath('td/p/text()')[0]
24          author = book_infos.split('/')[0]
25          publisher = book_infos.split('/')[-3]
26          date = book_infos.split('/')[-2]
27          price = book_infos.split('/')[-1]
28          rate = info.xpath('td/div/span[2]/text()')[0]
29          comments = info.xpath('td/p/span/text()')
30          comment = comments[0] if len(comments) != 0 else "空"
31          writer.writerow((name,url,author,publisher,date,price,rate,
comment))                                                 #写入数据
32
33  fp.close()                                        #关闭 csv 文件
```

程序运行的结果保存在计算机里文件名为 doubanbook 的 CSV 文件中，如通过 Excel 打开会出现乱码错误，如图 5.20 所示。

name	url	author	publisher	date	price	rate	comment
[illegible]	[illegible]	[illegible]	[illegible]	2006-5	29.00	[illegible]	[illegible]
[illegible]	[illegible]	[illegible]	[illegible]	2003-8	22.00	[illegible]	[illegible]
[illegible]	https://t	[illegible]	[illegible]	1991-2	19	8.9	[illegible]
[illegible]	https://t	[illegible]	[illegible]	1998-5	12.00	[illegible]	[illegible]
[illegible]	[illegible]	[illegible]	[illegible]	2014-5	39.50	[illegible]	[illegible]
[illegible]	[illegible]	[illegible]	[illegible]	2008-9	29.80	[illegible]	[illegible]
[illegible]	[illegible]	[illegible]	[illegible]	2001-2	18.80	[illegible]	[illegible]
[illegible]	[illegible]	[illegible]	[illegible]	2003-7	23.00	[illegible]	[illegible]
[illegible]	https://t	[illegible]	[illegible]	2008-1	23	8.8	[illegible]
[illegible]	[illegible]	[illegible]	[illegible]	1996-12	59.70	[illegible]	[illegible]
[illegible]	[illegible]	[illegible]	[illegible]	2008-9	28	8.9	[illegible]
[illegible]	[illegible]	[illegible]	[illegible]	2003-11	20.00	[illegible]	[illegible]
[illegible]	[illegible]	[illegible]	[illegible]	2004-2	28.00	[illegible]	[illegible]
[illegible]	https://t	[illegible]	[illegible]	2013-1-1	39.80	[illegible]	[illegible]
1988[illegible]	https://t	[illegible]	[illegible]	2010-9	25.00	[illegible]	[illegible]
[illegible]	[illegible]	[illegible]	[illegible]	2007-4	15.00	[illegible]	[illegible]
[illegible]	https://t	[illegible]	[illegible]	2011-6	39.50	[illegible]	[illegible]
[illegible]	https://t	[illegible]	[illegible]	2005-1	64.00	[illegible]	[illegible]
[illegible]	[illegible]	[illegible]	[illegible]	2003-11	18.00	[illegible]	[illegible]
[illegible]	https://t	[illegible]	[illegible]	2000-9	19.50	[illegible]	[illegible]
[illegible]	[illegible]	[illegible]	[illegible]	2000-9	40.00	[illegible]	[illegible]
[illegible]	[illegible]	[illegible]	[illegible]	2010-1	25.00	[illegible]	[illegible]
[illegible]	[illegible]	[illegible]	[illegible]	1993-7	13.00	[illegible]	[illegible]
[illegible]	https://t	[illegible]	[illegible]	1997-3-1	11	8.5	[illegible]
[illegible]	https://t	[illegible]	[illegible]	2010-2	29.80	[illegible]	[illegible]

图 5.20 乱码错误

可以通过记事本打开，将其另存为编码为 UTF-8 的文件，便不会出现乱码问题，如图 5.21 所示。

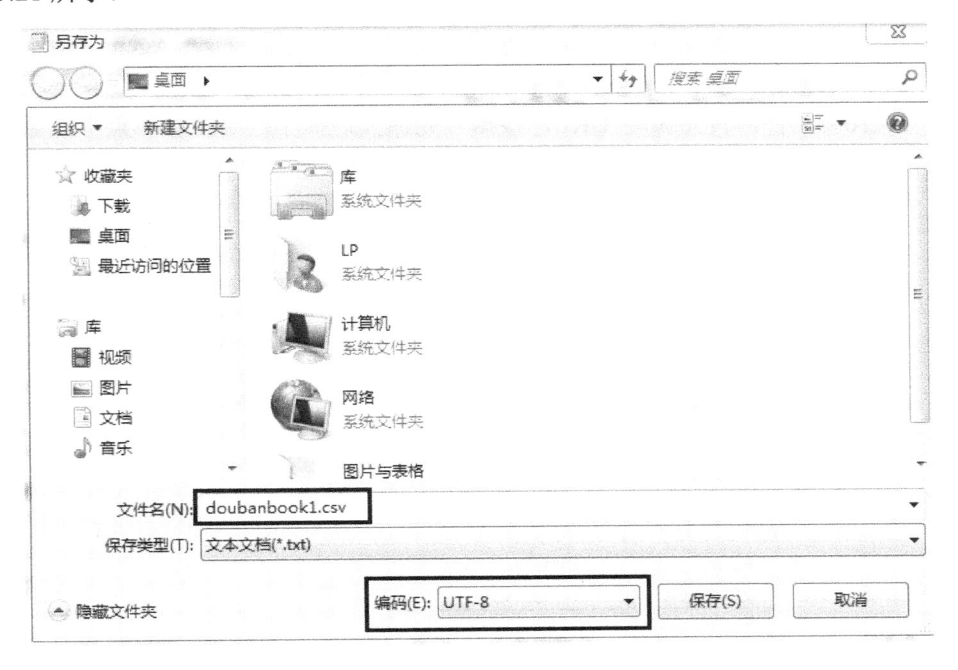

图 5.21 解决乱码问题

这时再通过 Excel 打开文件，便不会出现乱码问题了，如图 5.22 所示。

name	url	author	publisher	date	price	rate	comment
追风筝的	https://book.douban.com/su	[美] 卡勒德·胡赛尼	上海人民出版社	2006-5	29.00元	8.8	为你，千千万万遍
小王子	https://book.douban.com/su	[法] 圣埃克苏佩里	人民文学出版社	2003-8	22.00元	9	献给长成了大人的孩子们
围城	https://book.douban.com/su	钱锺书	人民文学出版社	1991-2	19	8.9	对于"人艰不拆"四个字最彻底的违抗
活着	https://book.douban.com/su	余华	南海出版公司	1998-5	12.00元	9.1	活着本身就是人生最大的意义
解忧杂货店	https://book.douban.com/su	[日] 东野圭吾	南海出版公司	2014-5	39.50元	8.6	一碗精心熬制的东野牌鸡汤，拒绝很难
白夜行	https://book.douban.com/su	[日] 东野圭吾	南海出版公司	2008-9	29.80元	9.1	暗夜独行的残破灵魂，爱与恶本就难分难舍
挪威的森林	https://book.douban.com/su	[日] 村上春树	上海译文出版社	2001-2	18.80元	8	村上之发轫，多少人的青春启蒙
不能承受的	https://book.douban.com/su	[捷克] 米兰·昆德拉	上海译文出版社	2003-7	23.00元	8.5	朝向媚俗的一次伟大的进军
三体	https://book.douban.com/su	刘慈欣	重庆出版社	2008-1	23	8.8	你我不过都是虫子
红楼梦	https://book.douban.com/su	[清] 曹雪芹 著	人民文学出版社	1996-12	59.70元	9.5	谁解其中味？
嫌疑人X的	https://book.douban.com/su	[日] 东野圭吾	南海出版公司	2008-9	28	8.9	数学好是一种极致的浪漫
梦里花落知	https://book.douban.com/su	郭敬明	春风文艺出版社	2003-11	20.00元	7.2	只是青春留下的余烬
达·芬奇密	https://book.douban.com/su	[美] 丹·布朗	上海人民出版社	2004-2	28.00元	8.2	一切畅销的因素都有了
看见	https://book.douban.com/su	柴静	广西师范大学出版社	2013-1-1	39.80元	8.8	在这里看见中国
1988：我	https://book.douban.com/su	韩寒	国际文化出版公司	2010-9	25.00元	7.9	车手韩寒的公路小说
何以笙箫默	https://book.douban.com/su	顾漫	朝华出版社	2007-4	15.00元	8	倒追有风险，入行需谨慎
百年孤独	https://book.douban.com/su	[哥伦比亚] 加西亚·马尔	南海出版公司	2011-6	39.50元	9.2	尼采所谓的永劫复归，一场无始无终的梦魇
平凡的世界	https://book.douban.com/su	路遥	人民文学出版社	2005-1	64.00元	9	中国当代城乡生活全景
简爱	https://book.douban.com/su	[英] 夏洛蒂·勃朗特	世界图书出版公司	2003-11	18.00元	8.5	灰姑娘在十九世纪
哈利·波特	https://book.douban.com/su	[英] J. K. 罗琳	人民文学出版社	2000-9	19.50元	9	羽加迪姆勒维奥萨！
飘	https://book.douban.com/su	[美国] 玛格丽特·米切尔	译林出版社	2000-9	40.00元	9.3	革命时期的爱情，随风而逝
送你一颗子	https://book.douban.com/su	刘瑜	上海三联书店	2010-1	25.00元	8.6	犀利又温柔，穿过胸口隐隐作痛
傲慢与偏见	https://book.douban.com/su	[英] 奥斯丁	人民文学出版社	1993-7	13.00元	8.8	所有现代言情小说的母体
倾城之恋	https://book.douban.com/su	张爱玲	花城出版社	1997-3-1	11	8.5	一段姻缘，需要一座城的倾覆来成全
天才在左	https://book.douban.com/su	高铭	武汉大学出版社	2010-2	29.80元	8.3	简称"疯癫与文明"

图 5.22　解决结果

代码分析：

（1）第 1~3 行导入程序需要的库，Requests 库用于请求网页获取网页数据，Lxml 库永远解析提取数据，csv 库用于存储数据。

（2）第 5~7 行，创建 CSV 文件，并且写入表头信息。

（3）第 9 行，构造所有的 URL 链接。

（4）第 11~14 行，通过 Chrome 浏览器的开发者工具，复制 User-Agent，用于伪装为浏览器，便于爬虫的稳定性。

（5）第 16~31 行，首先循环 URL，根据"先抓大后抓小，寻找循环点"的原则，找到每条信息的标签，如图 5.23 所示。

```
▶<tbody>…</tbody>
</table>
<p class="ul"></p>
▼<table width="100%">
  ▼<tbody>
    ▼<tr class="item">
      ▶<td width="100" valign="top">…</td>
      ▶<td valign="top">…</td>
     </tr>
   </tbody>
</table>
<p class="ul"></p>
▼<table width="100%">
  ▼<tbody>
    ▶<tr class="item">…</tr>
   </tbody>
</table>
<p class="ul"></p>
```

图 5.23　循环点

然后再爬取详细信息，最后存入 CSV 文件中。

（6）第 33 行关闭文件。

5.4　综合案例 2——爬取起点中文网小说信息

本节将利用 Requests 和 Lxml 第三方库，爬取起点中文网小说信息，并存储到 Excel 文件中。

5.4.1　将数据存储到 Excel 文件中

使用 Python 的第三方库 xlwt，可将数据写入 Excel 中，通过 PIP 进行安装即可：

```
pip3 install xlwt
```

执行结果如图 5.24 所示。

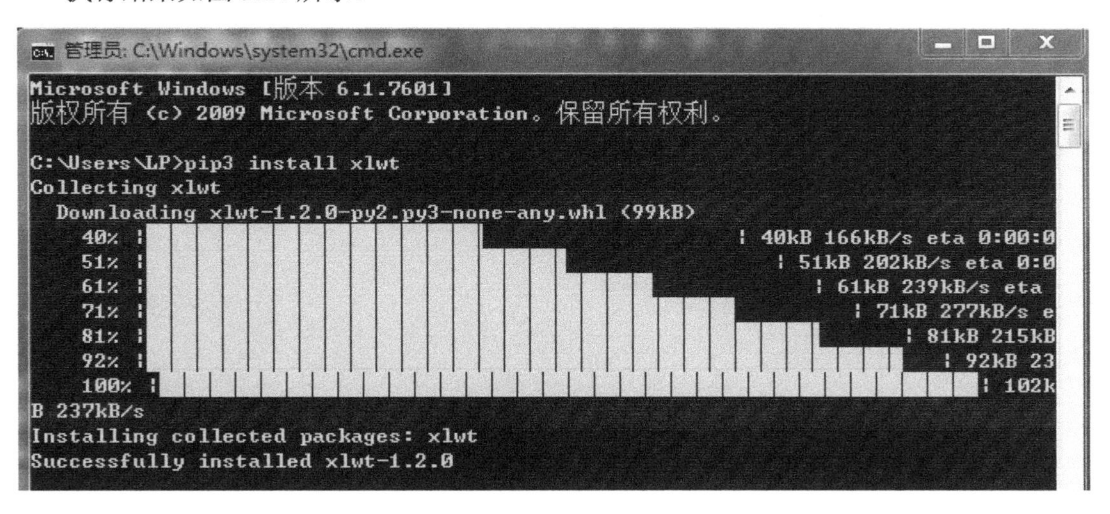

图 5.24　安装 xlwt 库

通过下面的代码，便可将数据写入 Excel 中：

```
import xlwt                                    #将数据写入 Excel 的库文件中
book = xlwt.Workbook(encoding='utf-8')         #创建工作簿
sheet = book.add_sheet('Sheet1')               #创建工作表
sheet.write(0,0,'python')                      #在相应单元格写入数据
sheet.write(1,1,'love')
book.save('test.xls')                          #保存到文件中
```

程序运行后，可在本地找到该 Excel 文件，结果如图 5.25 所示。

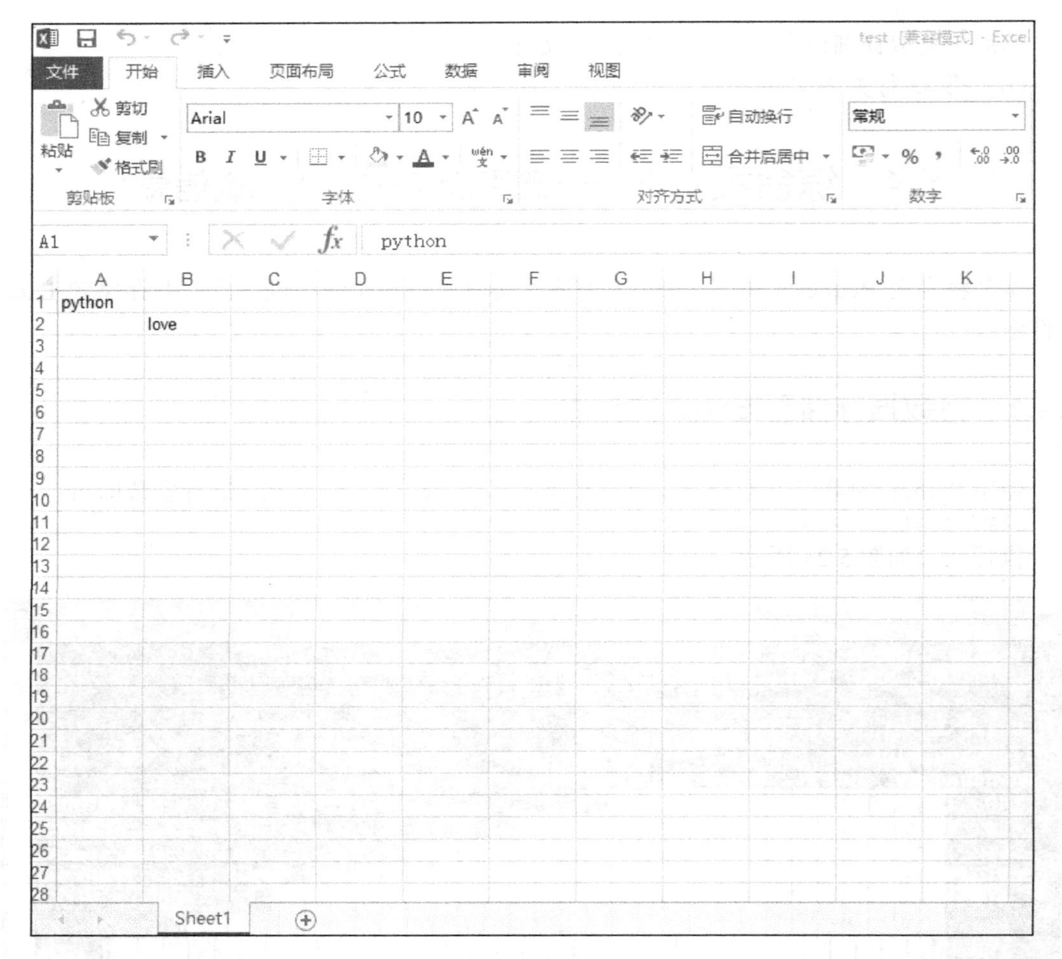

图 5.25　程序运行结果

代码说明如下：

（1）导入 xlwt 库。

（2）通过 Workbook()方法创建一个工作簿。

（3）创建一个名字为 Sheet1 的工作表。

（4）写入数据，可以看出第一个和第二个参数为 Excel 表格的单元格位置，第三个为写入内容。

（5）保存到文件中。

5.4.2　爬虫思路分析

（1）爬取的内容为起点中文网的全部作品信息（http://a.qidian.com/），如图 5.26 所示。

图 5.26　起点中文网全部作品

（2）爬取起点中文网的全部作品信息的前 100 页，通过手动浏览，下面为第 2 页的网址：

```
http://a.qidian.com/?size=-1&sign=-1&tag=-1&chanId=-1&subCateId=-1&orde
rId=&update=-1&page=2&month=-1&style=1&action=-1&vip=-1
```

猜想这些字段是用来控制作品分类的，我们爬取的为全部作品，依次删掉一些参数检查，发现将网址改为 http://a.qidian.com/?page=2 后，也可以访问相同的信息，通过多页检验，证明了修改的合理性，以此来构造前 100 页 URL。

（3）需要爬取的信息有：小说名、作者 ID、小说类型、完成情况、摘要和字数，如图 5.27 所示。

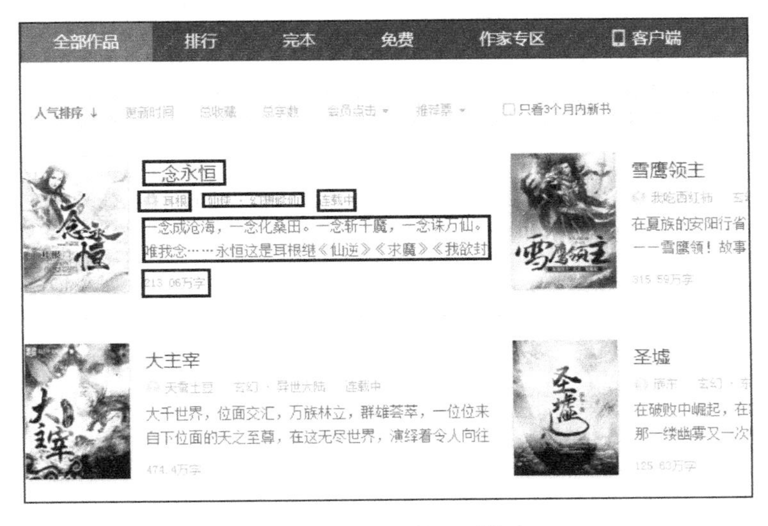

图 5.27　需获取的网页信息

（4）运用 xlwt 库，把爬取的信息存储在本地的 Excel 表格中。

5.4.3 爬虫代码及分析

爬虫代码如下：

```
01  import xlwt
02  import requests
03  from lxml import etree
04  import time                                          #导入相应的库文件
05
06  all_info_list = []                                   #初始化列表，存入爬虫数据
07
08  def get_info(url):                                   #定义获取爬虫信息的函数
09      html = requests.get(url)
10      selector = etree.HTML(html.text)
11      infos = selector.xpath('//ul[@class="all-img-list cf"]/li')
                                                         #定位大标签，以此循环
12      for info in infos:
13          title = info.xpath('div[2]/h4/a/text()')[0]
14          author = info.xpath('div[2]/p[1]/a[1]/text()')[0]
15          style_1 = info.xpath('div[2]/p[1]/a[2]/text()')[0]
16          style_2 = info.xpath('div[2]/p[1]/a[3]/text()')[0]
17          style = style_1+'·'+style_2
18          complete = info.xpath('div[2]/p[1]/span/text()')[0]
19          introduce = info.xpath('div[2]/p[2]/text()')[0].strip()
20          word = info.xpath('div[2]/p[3]/span/text()')[0].strip('万字')
21          info_list = [title,author,style,complete,introduce,word]
22          all_info_list.append(info_list)      #把数据存入列表
23      time.sleep(1)                                    #睡眠 1 秒
24
25  if __name__ == '__main__':                           #程序主入口
26      urls = ['http://a.qidian.com/?page={}'.format(str(i)) for i in
        range(1,29655)]
27      for url in urls:
28          get_info(url)
29      header = ['title','author','style','complete','introduce','word']
                                                         #定义表头
30      book = xlwt.Workbook(encoding='utf-8')  #创建工作簿
31      sheet = book.add_sheet('Sheet1')         #创建工资表
32      for h in range(len(header)):
33          sheet.write(0, h, header[h])         #写入表头
34      i = 1
35      for list in all_info_list:
36          j = 0
37          for data in list:
38              sheet.write(i, j, data)
39              j += 1
40          i += 1                                       #写入爬虫数据
41  book.save('xiaoshuo.xls')                            #保存文件
```

程序运行后，将会存入数据到 Excel 表格中，如图 5.28 所示。

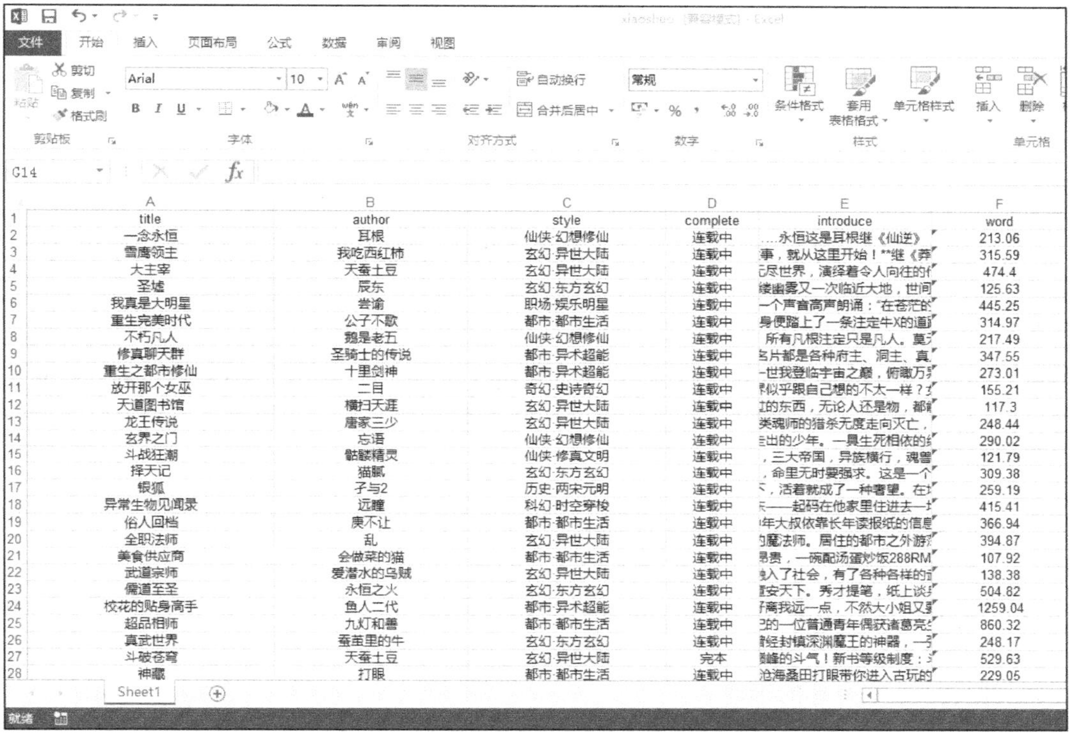

	title	author	style	complete	introduce	word
2	一念永恒	耳根	仙侠·幻想修仙	连载中	……永恒这是耳根继《仙逆》	213.06
3	雪鹰领主	我吃西红柿	玄幻·异世大陆	连载中	事，就从这里开始！**继《莽	315.59
4	大主宰	天蚕土豆	玄幻·异世大陆	连载中	尽世界，演绎着令人向往的	474.4
5	圣墟	辰东	玄幻·东方玄幻	连载中	缕幽雾又一次临近大地，世间	125.63
6	我真是大明星	尝谕	职场·娱乐明星	连载中	一个声音高声朗诵："在苍茫的	445.25
7	重生完美时代	公子不歇	都市·都市生活	连载中	身便踏上了一条注定牛X的道	314.97
8	不朽凡人	鹅是老五	仙侠·幻想修仙	连载中	所有凡根注定只是凡人。莫	217.49
9	修真聊天群	圣骑士的传说	都市·异术超能	连载中	片都是各种府主、洞主、真	347.55
10	重生之都市修仙	十里剑神	都市·异术超能	连载中	世我登临宇宙之巅，俯瞰万	273.01
11	放开那个女巫	二目	奇幻·史诗奇幻	连载中	似乎跟自己想的不太一样？	155.21
12	天道图书馆	横扫天涯	玄幻·异世大陆	连载中	的东西，无论人还是物，都	117.3
13	龙王传说	唐家三少	玄幻·异世大陆	连载中	类魂师的猎杀无度走向灭亡，	248.44
14	玄界之门	忘语	仙侠·幻想修仙	连载中	出的少年。一具生死相依的	290.02
15	斗战狂潮	骷髅精灵	仙侠·修真文明	连载中	，三大帝国，异族横行，魂兽	121.79
16	择天记	猫腻	玄幻·东方玄幻	连载中	，命里无时要强求。这是一个	309.38
17	银狐	孑与2	历史·两宋元明	连载中	，活着就成了一种奢望。在	259.19
18	异常生物见闻录	远瞳	科幻·时空穿梭	连载中	——起码在他家里住进去一	415.41
19	俗人回档	庚不让	都市·都市生活	连载中	年大叔依靠长年读报纸的信息	366.94
20	全职法师	乱	玄幻·异世大陆	连载中	魔法师。居住的都市之外游	394.87
21	美食供应商	会做菜的猫	都市·都市生活	连载中	贵，一碗配汤蛋炒饭288RM	107.92
22	武道宗师	爱潜水的乌贼	玄幻·异世大陆	连载中	入了社会，有了各种各样的	138.38
23	儒道至圣	永恒之火	玄幻·东方玄幻	连载中	安天下。秀才提笔，纸上谈	504.82
24	校花的贴身高手	鱼人二代	都市·异术超能	连载中	离我远一点，不然大小姐又	1259.04
25	超品相师	九灯和善	都市·都市生活	连载中	的一位普通青年偶获诸葛亮	860.32
26	真武世界	蚕茧里的牛	玄幻·东方玄幻	连载中	经封镇深渊魔王的神器，一	248.17
27	斗破苍穹	天蚕土豆	玄幻·异世大陆	完本	巅峰的斗气！新书等级制度：	529.63
28	神藏	打眼	都市·都市生活	连载中	沧海桑田打眼带你进入古玩的	229.05

图 5.28　程序运行结果

代码分析：

（1）第 1~4 行导入程序所需要的库，xlwt 用于写入数据到 Excel 文件中，requests 库用于请求网页，lxml 库用于解析提取数据，time 库的 sleep()方法可以让程序暂停。

（2）第 6 行定义了 all_info_list 列表，用于存储爬取的数据。

（3）第 8~23 行定义获取爬虫信息的函数，用于获取小说信息，并把小说信息以列表的形式存储到 all_info_list 列表中。

注意：列表中有列表，这样存储是为了方便写入 Excel 中。

（4）第 25~41 行为函数主入口，构造前 100 页 URL，依次调用函数获取小说信息，最后把信息写入 Excel 文件中。

第 6 章　使用 API

当决定去完成一个爬虫操作时，读者的第一反应可能就是用 Requests 库请求网页，然后从正则表达式、BeautifulSoup 或 Lxml 中选择一个自己最熟悉的库来解析数据，进而提取数据。但有时我们并不需要这么“卖命”地写代码，因为应用编程接口（Application Programming Interface，API）可能已为我们做好了一切。本章将对 API 进行概述，讲解 API 的使用和调用方法，并对 API 返回的 JSON 数据进行解析，最后通过使用 API 来完成一些有趣的综合案例。

本章涉及的主要知识点如下。

- API 概述：了解 API 的概念和原理。
- API 使用方法：了解 API 的使用和调用方法。
- JSON 数据：学会对 JSON 数据进行解析和提取。
- 使用 API：通过本章最后的综合案例，演示如何结合网络爬虫方法和 API 的调用，来完成一些有趣的事情。

6.1　API 的使用

也许到现在读者还不知道 API 到底是一个多么神奇的东西。没有关系，相信通过本节对 API 的概念、工作原理及 API 的使用和调用方法的讲解，读者在进行网络爬虫之前，会先考虑该网站是否有 API，如果网站有 API 的话，不用爬虫也可以调用信息。

6.1.1　API 概述

随着网络技术的发展，API 的应用也越来越多，一些大型的网站都会为自己构造 API，为使用者或开发者提供便利。例如，可以通过百度地图 API，进行查询路线、定位坐标等；通过一些音乐 API，查询歌手信息、歌词下载等；通过翻译 API，进行实时翻译多国语言；甚至可以花一点钱去 APIStore（http://apistore.baidu.com/）网站上购买 API 服务，如图 6.1 所示。

API 很容易使用，在浏览器中输入下面的网址，就可以发起一个简单的 API 请求了：

```
http://howtospeak.org:443/api/e2c?user_key=dfcacb6404295f9ed9e430f67b64
1a8e%20&notrans=0&text=%E4%BD%A0%E5%A5%BD
```

图 6.1　APIStore 主页

注意：text 后面的内容是“你好”文字，由于编码问题，在这里显示为乱码。

应该会出现下面的结果：

```
{"chinglish": "和楼", "english": "Hello"}
```

这时读者可能会想，这与普通的浏览网页并没有什么不同，在浏览器中输入一个网址，返回给本机信息（这里是 JSON 格式）。是的，正如前面介绍的网络连接原理，计算机一次 Requests 请求和服务器端的 Response 回应，即实现了互联网，而 API 也是通过 Requests 请求和服务器端的 Response 回应来完成 API 的一次调用。

要说有什么不一样，API 的请求使用非常严谨的语法，并且 API 返回的是 JSON 或 XML 格式的数据，而不是 HTML 数据。

6.1.2　API 使用方法

API 用一套非常标准的规则生成数据，而且生成的数据也是按照非常标准的方式组织的。因为规则很标准，所以一些简单、基本的规则很容易学，进而可以快速地掌握 API 的用法。但并非所有的 API 用法都很简单，有些 API 的规则却是繁多且复杂的，建议在使用前认真查阅其帮助文档。

正如前面所说，API 也是通过 Requests 请求和服务器端的 Response 回应来完成 API 的一次调用，所以用 Python 语言进行 API 的调用时，便可以使用 Requests 库来进行请求，如下面的代码，便可完成 6.1.2 节中的 API 调用。

```
import requests
url = 'http://howtospeak.org:443/api/e2c?user_key=dfcacb6404295f9ed9e43
```

```
0f67b641a8e%20&notrans=0&text=你好'
res = requests.get(url)
print(res.text)
```

程序运行结果与在浏览器中返回的结果一样，如图 6.2 所示。

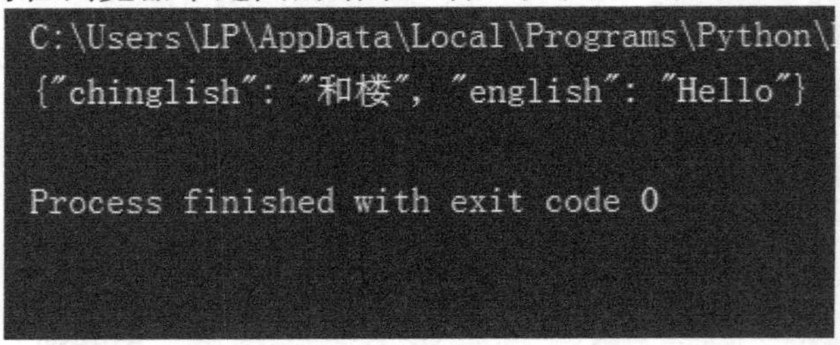

```
C:\Users\LP\AppData\Local\Programs\Python\
{"chinglish": "和楼", "english": "Hello"}

Process finished with exit code 0
```

图 6.2　程序返回结果

除了使用 Requests 库的 GET 方法，读者还需了解 POST、PUT 和 DELETE 方法。GET 是本书中使用最多的方法。当在浏览器中输入网址信息访问网站时，服务器给本机返回信息时，即使用了 GET 方法。我们可以使用 Chrome 浏览器的开发者工具来观测网络交互的过程。

（1）在 Chrome 浏览器中输入一个网址（http://music.163.com/）。

（2）通过按 F12 键打开 Chrome 浏览器的开发者工具，通过按 F5 键刷新页面。

（3）这时可看到网络交互的各个文件，打开第一个文件（也叫做抓包），在 Headers 部分可以看到请求的网址和请求的方式，如图 6.3 所示。

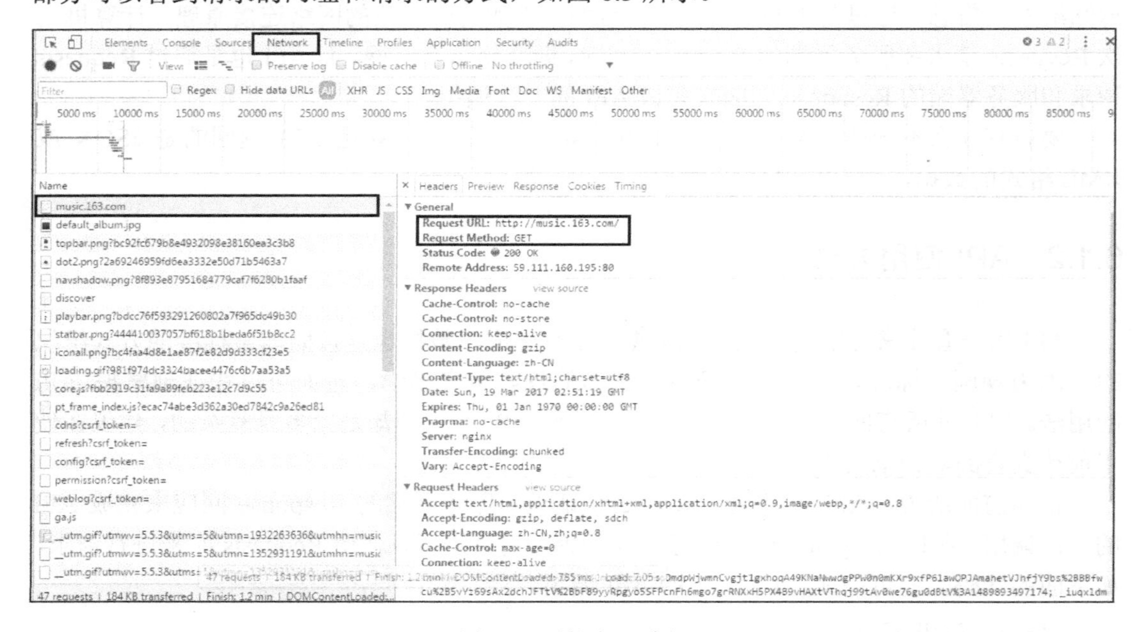

图 6.3　网络交互过程

（4）在 Response 部分可以看到返回的结果（HTML 文件），也就是网页的源代码，如图 6.4 所示。

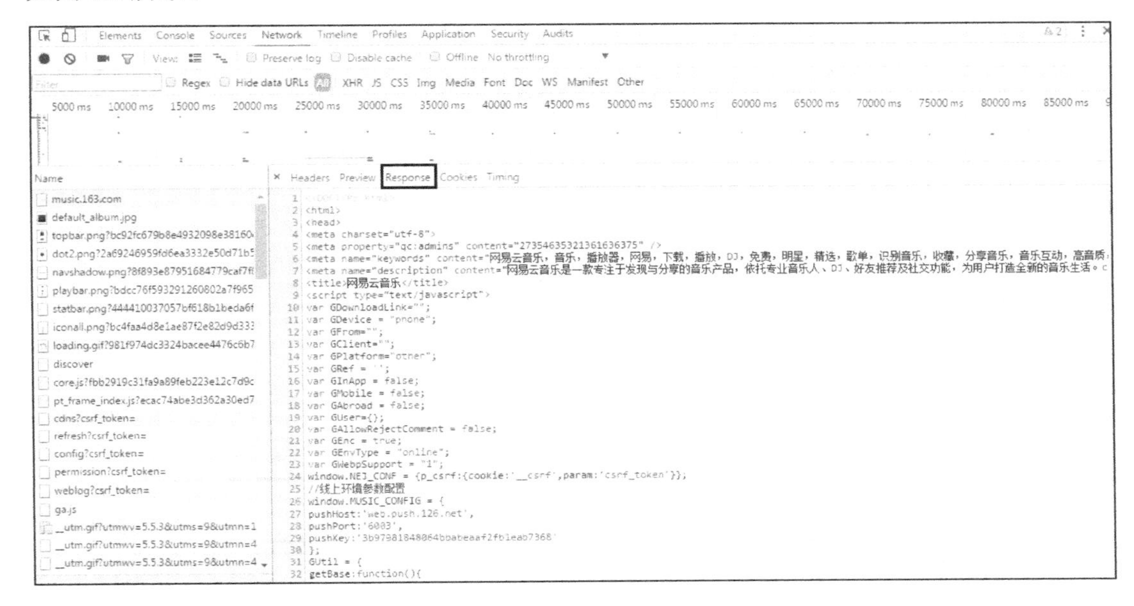

图 6.4　网络交互过程

- POST 方法就是填写表单或提交信息时所做的事情，如登录一个网址，使用的便是 POST 方法。
- PUT 方法在 API 里有时会用到。PUT 请求是用来更新一个对象或信息。对于老用户的个人信息进行更新时就会用到 PUT 方法。
- DELETE 方法用于删除一个对象，但在公共 API 中并不常见，毕竟一个公司不会让其他人随便地删除数据库中的信息。

6.1.3　API 验证

有些简单的 API 不需要验证操作，但现在的大部分 API 是需要用户提交验证的。提交验证主要是为了计算 API 调用的费用，对于这种常见于付费的 API，如天气查询 API，需购买获得 apikey 作为验证才能调用 API，如图 6.5 所示。

而有些验证是为了限制用户调用 API，例如，微博 API 使用 Oauth2 授权接口，需验证获取 access_token，调用获取最新公共微博 API 会有次数的限定，如图 6.6 所示。

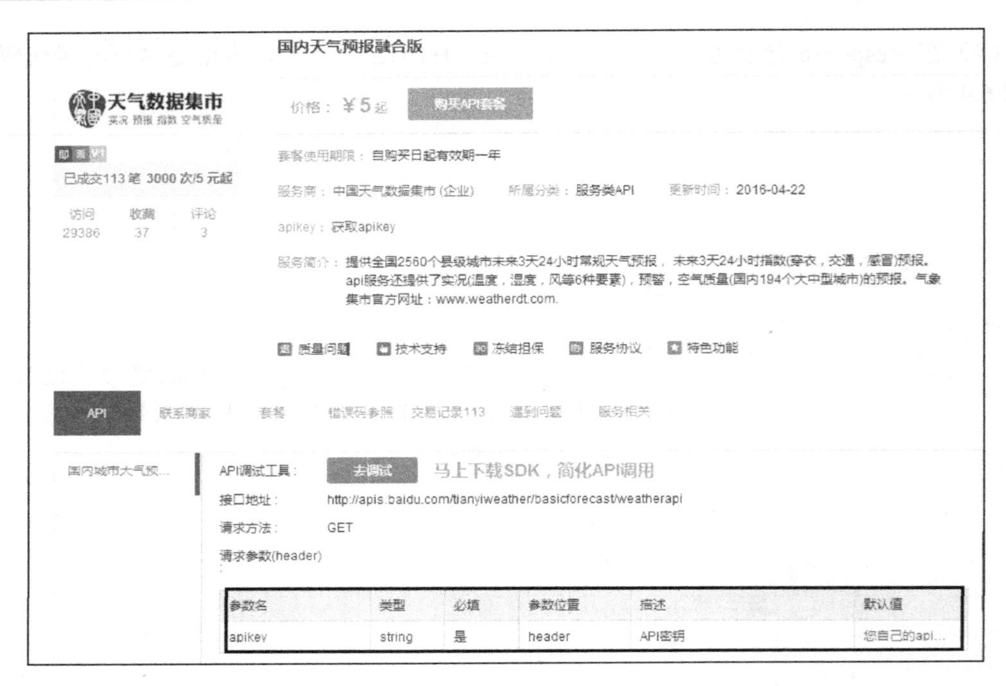

图 6.5 apikey 验证

微博·开放平台　微连接　微服务　文档　支持　推广　我的应用　登录

平台公告　平台概述　政策规范　视频直播　头条文章　微服务　轻应用　商业接口　微博支付　粉丝服务平台　微博登录　移动应用　网站接入　微博API　资源下载　联系我们　常见问题

URL

https://api.weibo.com/2/statuses/public_timeline.json

支持格式

JSON

HTTP请求方式

GET

是否需要登录

是
关于登录授权，参见 如何登录授权

访问授权限制

访问级别：普通接口
频次限制：是
关于频次限制，参见 接口访问权限说明

请求参数

	必选	类型及范围	说明
access_token	true	string	采用OAuth授权方式为必填参数，OAuth授权后获得。
count	false	int	单页返回的记录条数，默认为50。
page	false	int	返回结果的页码，默认为1。
base_app	false	int	是否只获取当前应用的数据。0为否（所有数据），1为是（仅当前应用），默认为

图 6.6 微博 API

如何通过验证，这就需要阅读帮助文档了，后面将讲解百度地图的验证过程。有时验证需要 API，有时却又不得不放弃 API。首先，API 并非随处可见；其次，API 的限制也很多，一个公司不可能给用户全部的数据，这时就不得不重新考虑网络爬虫带来的便利了。

6.2　解析 JSON 数据

调用 API，服务器会返回 JSON 格式的数据，如何从中提取有用的信息，正是本节所要讲的内容。本节将讲解 JSON 解析库的使用和两个 API 的简单调用方法。

6.2.1　JSON 解析库

Python 语言中有解析 JSON 数据的标准库，可以通过下面的代码来使用：

```
import json
```

不同于其他 Python 的解析库，JSON 解析库并不是把 JSON 数据解析为 JSON 对象或者 JSON 节点，而是把 JSON 数据转换为字典，JSON 数组转换成列表，JSON 字符串转换为 Python 字符串，这样便可以轻松地对 JSON 数据进行操作了。

以下为一个 JSON 格式的数据示例：

```
jsonstring = '{"user_man":[{"name":"Peter"},{"name":"xiaoming"}],' \
             '"user_woman":[{"name":"Anni"},{"name":"zhangsan"}]}'
```

下面代码将演示如何通过 JSON 库解析数据获取 name 字段的信息：

```
import json
jsonstring = '{"user_man":[{"name":"Peter"},{"name":"xiaoming"}],' \
             '"user_woman":[{"name":"Anni"},{"name":"zhangsan"}]}'
json_data = json.loads(jsonstring)
print(json_data.get("user_man"))
print(json_data.get("user_woman"))
print(json_data.get("user_man")[0].get("name"))
print(json_data.get("user_woman")[1].get("name"))
```

代码运行结果如图 6.7 所示。

也可以通过下面这种写法完成数据的提取工作。

```
import json
jsonstring = '{"user_man":[{"name":"Peter"},{"name":"xiaoming"}],' \
             '"user_woman":[{"name":"Anni"},{"name":"zhangsan"}]}'
json_data = json.loads(jsonstring)
print(json_data["user_man"])
print(json_data["user_woman"])
print(json_data["user_man"][0]["name"])
print(json_data["user_woman"][1]["name"])
```

代码进行的结果是一样的，如图 6.8 所示。

```
C:\Users\LP\AppData\Local\Programs\Python
[{'name': 'Peter'}, {'name': 'xiaoming'}]
[{'name': 'Anni'}, {'name': 'zhangsan'}]
Peter
zhangsan

Process finished with exit code 0
```

图 6.7　解析 JSON 数据 1

```
C:\Users\LP\AppData\Local\Programs\Python
[{'name': 'Peter'}, {'name': 'xiaoming'}]
[{'name': 'Anni'}, {'name': 'zhangsan'}]
Peter
zhangsan

Process finished with exit code 0
```

图 6.8　解析 JSON 数据 2

读者可以根据自己的情况，选择一个解析 JSON 数据的方法。

6.2.2　斯必克 API 调用

大家平时可能会使用翻译软件来翻译英文，本节就教大家使用斯必克 API 来打造自己的翻译小工具。

（1）打开 APIStore（http://apistore.baidu.com/）网址。

（2）在产品分类中单击“更多”链接，如图 6.9 所示。

图 6.9　单击“更多”链接

（3）在左边的分类信息列表框中单击“翻译”链接，找到斯必克 API，如图 6.10 所示。

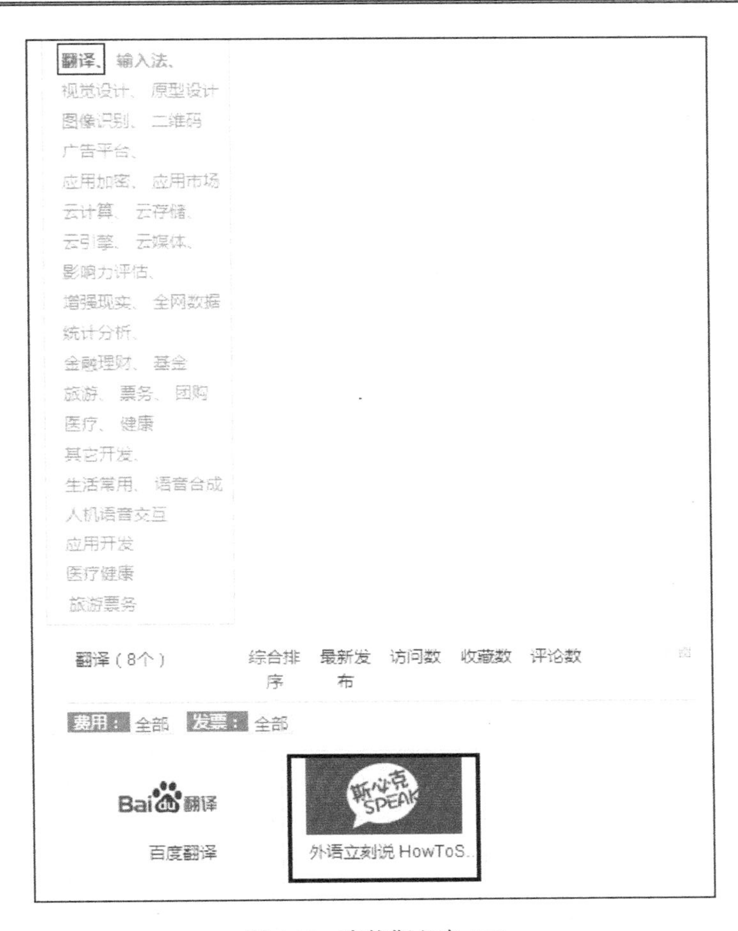

图 6.10　查找斯必克 API

（4）进入后会有提示让登录百度账号，此时不需登录账号，直接关闭即可。然后选择 API，并阅读帮助文档和示例，如图 6.11 所示。

注意：我们可以使用示例中的 user_key，不用去官方注册。

通过下面的代码便可以实时翻译了：

```
import requests
import json                                #导入库
word = input('请输入中文：')                #输入中文
url = 'http://howtospeak.org:443/api/e2c?user_key=dfcacb6404295f9ed9e430
f67b641a8e &notrans=0&text={}'.format(word)
res = requests.get(url)
json_data = json.loads(res.text)
english_word = json_data['english']
print(english_word)                        #解析提取英文单词
```

基本描述 API 全部评论

API列表

外语立刻说-英文谐音 去调试 >>

接口地址： http://howtospeak.org:443/api/e2c

请求方法： GET

请求参数：

参数名	类型	必填	参数位置	描述	默认值
notrans	int	否	urlParam	输入文本是否为外语	0
text	string	是	urlParam	输入文本	你好
user_key	string	是	urlParam	user_key	dfcacb6404295f9ed9e430f67b641a8e

请求示例：

http://howtospeak.org:443/api/e2c?user_key=dfcacb6404295f9ed9e430f67b641a8e ¬rans=0&text=%E4%BD%A0%E5%A5%BD

JSON返回示例：

{"chinglish": "和楼", "english": "Hello"}

备注： 调用API时，请使用您在我们官网注册后得到的user_key。

API调试工具： 去调试 >>

图 6.11　调用 API 示例

运行程序后，输入想要翻译的中文句子，按 Enter 键之后便能输出英文翻译了，如图 6.12 所示。

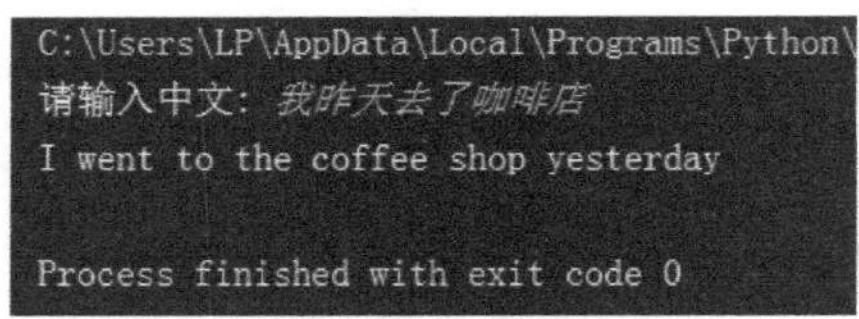

图 6.12　程序运行过程

6.2.3　百度地图 API 调用

地理位置信息是爬虫实战中有趣的一部分内容，本节将通过百度地图的 API，把地点名换算为经纬度，通过下面的代码便可调用百度地图 API。

```
import requests
address = input('请输入地点：')
```

```
par = {'address': address, 'key': 'cb649a25c1f81c1451adbeca73623251'}
                                              #get 请求参数
url = 'http://restapi.amap.com/v3/geocode/geo'
res = requests.get(url, par)
print(res.text)
```

运行程序后，输入地点名，按 Enter 键就可以返回结果，如图 6.13 所示。

```
C:\Users\LP\AppData\Local\Programs\Python\Python35\python.exe H:/最近用（笔记本）/python零基础学爬虫/写书代码/test.py
请输入地点：北京
{"status":"1","info":"OK","infocode":"10000","count":"1","geocodes":[{"formatted_address":"北京市","province":"北京市","citycode":"010",
 "city":"北京市","district":[],"township":[],"neighborhood":{"name":[],"type":[]},"building":{"name":[],"type":[]},"adcode":"110000",
 "street":[],"number":[],"location":"116.407526,39.904030","level":"省"}]}

Process finished with exit code 0
```

图 6.13　调用百度地图 API

当返回的结果太多时，结构看上去不明显，解析 JSON 数据就会变得不清晰，因此可以通过 pprint 库来打印 JSON 数据。

```
import requests
import json
import pprint
address = input('请输入地点：')
par = {'address': address, 'key': 'cb649a25c1f81c1451adbeca73623251'}
url = 'http://restapi.amap.com/v3/geocode/geo'
res = requests.get(url, par)
json_data = json.loads(res.text)
pprint.pprint(json_data)                    #结构化打印 JSON 数据
```

程序运行结果如图 6.14 所示。

通过下面的代码就可以提取经纬度信息：

```
import requests
import json
address = input('请输入地点：')
par = {'address': address, 'key': 'cb649a25c1f81c1451adbeca73623251'}
url = 'http://restapi.amap.com/v3/geocode/geo'
res = requests.get(url, par)
json_data = json.loads(res.text)
geo = json_data['geocodes'][0]['location']
longitude = geo.split(',')[0]
latitude = geo.split(',')[1]
print(longitude,latitude)                   #解析提取 JSON 数据
```

程序运行结果如图 6.15 所示。

```
C:\Users\LP\AppData\Local\Programs\Python\Python35\python.exe
请输入地点：北京
{'count': '1',
 'geocodes': [{'adcode': '110000',
               'building': {'name': [], 'type': []},
               'city': '北京市',
               'citycode': '010',
               'district': [],
               'formatted_address': '北京市',
               'level': '省',
               'location': '116.407526,39.904030',
               'neighborhood': {'name': [], 'type': []},
               'number': [],
               'province': '北京市',
               'street': [],
               'township': []}],
 'info': 'OK',
 'infocode': '10000',
 'status': '1'}

Process finished with exit code 0
```

图 6.14 pprint 库的使用

图 6.15 提取经纬度

6.3 综合案例 1——爬取 PEXELS 图片

前文中讲解了文本信息的爬虫知识。本节将以实际的综合案例来讲解图片的爬虫技巧。本节以 PEXELS 网站为案例，首先利用斯必克 API 对 PEXELS 的 URL 进行构造，然后爬取 PEXELS 网站的图片地址，最后通过 Python 对文件进行操作，把该网站的图片爬取并保存到本地。

6.3.1 图片爬取方法

图片爬取一般有两种方法：

（1）第 1 种是通过 URLlib.request 中的 URLretrieve 模块。该方法的用法如下：

```
urlretrieve(url,path)
```

- url 为图片链接；
- path 为图片下载到本地的地址。

我们随意在百度中搜索并打开一个图片，并以这张图片（可以参考 04~07 行 url 地址指定的图片）为例，爬取代码如下：

```
01  import requests
02  from urllib.request import urlretrieve
03  path = 'C:/Users/luopan/Desktop/photo/'          #图片的保存地址
04  url='https://timgsa.baidu.com/timg?image&quality=80&size=b9999_10000&sec=
```

```
05  1550468777489&di=054054453d3e36667596e249a7f6e7ae&imgtype=0&
06  src=http%3A%2F%2Fs9.knowsky.com%2Fbizhi
07  %2Fl%2F20100615%2F20109119%2520%25286%2529.jpg'
08  res = requests.get(url)                          #获取到指定的图片
09  urlretrieve(url,path+url[-10:])
```

注意：这里的 url 为图片的地址（复制图片的 src 属性）；path 必须为图片的详细地址，包括图片本身，参见第 09 行代码，取图片链接的最后 10 个字符串作为图片的命名地址。

提示：在浏览器中右击图片，选择"复制图片网址"选项，这样会将图片地址复制到系统的剪贴板中，直接粘贴过来就行。

（2）但是有时第 1 种方法爬取图片会报错，这就必须使用第 2 种方法，就是请求图片链接，再存入到文件中。同样以上面的图片为例，爬取代码如下：

```
01  import requests
02
03  header = {
04      'User-Agent':'Mozilla/5.0 (Windows NT 6.1; WOW64) AppleWebKit/
537.36 (KHTML, like 05 Gecko) Chrome/55.0.2883.87 Safari/537.36'
06  }
07
08  path = 'C:/Users/luopan/Desktop/photo/'     #图片的保存路径
09  url='https://timgsa.baidu.com/timg?image&quality=80&
10  size=b9999_10000&sec=1550468777489&
11  di=054054453d3e36667596e249a7f6e7ae&imgtype=0&
12  src=http%3A%2F%2Fs9.knowsky.com%2Fbizhi%2Fl%2F20100615
13  %2F20109119%2520%25286%2529.jpg'
14  data = requests.get(url,headers=header)
15  fp = open(path + url[-10:],'wb')                 #打开指定的文件
16  fp.write(data.content)                           #写入数据
17  fp.close()                                       #关闭文件
```

代码分析：

（1）第 01~06 行，导入程序需要的库，requests 库用于请求网页获取网页数据，并加入 header 部分，当做请求头。

（2）第 08~13 行，定义了存储图片的路径，这样存储的图片会放在这个定义好的路径下；同时定义了图片的 url，也就是图片的地址。

（3）第 14~17 行，这是爬取图片的核心代码。首先请求图片链接，然后打开文件写入数据。这里的文件使用 wb，表示以二进制写入数据；写入的数据为 data.content，也是二进制数据。最后关闭文件。

6.3.2　爬虫思路分析

（1）爬取 PEXELS（https://www.pexels.com/）网站上的图片，该网站提供海量共享图片素材，图片质量很高，而且因为共享，可以免费用于个人和商业用途，如图 6.16 所示。

图 6.16　PEXELS 主页

（2）由于该网站为外文网站，需输入英文，通过手动输入几个关键字，可发现网址的变化如下：

```
https://www.pexels.com/search/book/
https://www.pexels.com/search/office/
https://www.pexels.com/search/basketball/
```

可以通过这种规律来构造 URL。

（3）通过斯必克 API 进行中文转英文，这样可通过输入中文来构造 URL。

（4）运用 Python 语言爬取图片的第 2 种方法，进行图片的下载。

6.3.3　爬虫代码及分析

爬虫代码如下：

```
01  from bs4 import BeautifulSoup
02  import requests
03  import json                                      #导入库文件
04
05  headers ={
06      'accept':'text/html,application/xhtml+xml,application/xml;q=0.9,
        image/webp,*/*;q=0.8',
07      'User-Agent':'Mozilla/5.0 (Windows NT 6.1; WOW64) AppleWebKit/537.36
08       (KHTML, like Gecko) Chrome/53.0.2785.143 Safari/537.36'
09  }                                                #加入请求头
10
11  url_path = 'https://www.pexels.com/search/'      #定义部分请求 URL
12  word= input('请输入你要下载的图片：')              #图片的中文名
13  url_tra ='http://howtospeak.org:443/api/e2c?user_key=dfcacb6404295f9
    ed9e430f67b641a8e
14  &notrans=0&text=' + word
```

```
15 english_data = requests.get(url_tra)
16 js_data = json.loads(english_data.text)
17 content = js_data['english']
18 url = url_path + content + '/'                  #通过 API 获取英文并构造 URL
19 wb_data = requests.get(url,headers=headers)
20 soup = BeautifulSoup(wb_data.text,'lxml')
21 imgs = soup.select('article > a > img')
22 list = []
23 for img in imgs:
24     photo = img.get('src')
25     list.append(photo)                          #把图片 urls 存入列表
26
27 path = 'C://Users/LP/Desktop/photo/'            #定义存入图片的路径
28
29 for item in list:
30         data = requests.get(item,headers=headers)
31         fp = open(path+item.split('?')[0][-10:],'wb')
32         fp.write(data.content)                  #写入图片内容
33         fp.close()                              #关闭文件
```

运行程序，输入中文搜索词，在本地 photo 文件中便会下载相应的图片，如图 6.17 所示。

图 6.17　图片下载

代码分析：

（1）第 1~3 行为导入程序需要的库，requests 库用于请求网页获取网页数据，BeautifulSoup 用于解析数据，爬取图片的链接，json 库用于解析 JSON 数据。

（2）第 5~9 行为通过 Chrome 浏览器的开发者工具，复制 accept 和 User-Agent，用于伪装为浏览器，便于爬虫的稳定性。

（3）第 11~18 行为用于构建 url，通过输入中文，经过斯必克 API 转换为英文，以此来构造出搜索到的网址。

（4）第 19~25 行为爬取图片的链接，并保存在 list 列表中。

（5）第 27~33 行为用于下载图片，由于文件名必须以图片格式（如 jpg、jpeg）结尾，通过打印 list 构建出以图片格式为结尾方式的文件名，如图 6.18 所示。

```
请输入你要下载的图片：办公
https://images.pexels.com/photos/271560/pexels-photo-271560.jpeg?h=350&auto=compress&cs=tinysrgb
https://images.pexels.com/photos/7097/people-coffee-tea-meeting.jpg?h=350&auto=compress&cs=tinysrgb
https://images.pexels.com/photos/28756/pexels-photo.jpg?h=350&auto=compress&cs=tinysrgb
https://images.pexels.com/photos/243140/pexels-photo-243140.jpeg?h=350&auto=compress&cs=tinysrgb
https://images.pexels.com/photos/7070/space-desk-workspace-coworking.jpg?h=350&auto=compress&cs=tinysrgb
https://images.pexels.com/photos/48727/pexels-photo-48727.jpeg?h=350&auto=compress&cs=tinysrgb
https://images.pexels.com/photos/288477/pexels-photo-288477.jpeg?h=350&auto=compress&cs=tinysrgb
https://images.pexels.com/photos/225502/pexels-photo-225502.jpeg?h=350&auto=compress&cs=tinysrgb
https://images.pexels.com/photos/1984/black-and-white-city-man-people.jpg?h=350&auto=compress&cs=tinysrgb
https://images.pexels.com/photos/273238/pexels-photo-273238.jpeg?h=350&auto=compress&cs=tinysrgb
https://images.pexels.com/photos/7374/startup-photos.jpg?h=350&auto=compress&cs=tinysrgb
https://images.pexels.com/photos/162616/coffee-work-desk-mug-keyboard-162616.jpeg?h=350&auto=compress&cs=tinysrgb
https://images.pexels.com/photos/33972/pexels-photo.jpg?h=350&auto=compress&cs=tinysrgb
https://images.pexels.com/photos/203484/pexels-photo-203484.jpeg?h=350&auto=compress&cs=tinysrgb
https://images.pexels.com/photos/243142/pexels-photo-243142.jpeg?h=350&auto=compress&cs=tinysrgb
```

图 6.18　图片链接

6.4　综合案例 2——爬取糗事百科网的用户地址信息

本节将利用百度地图 API，对糗事百科网的用户地址进行经纬度的转换，并通过个人 BDP 进行地图上的可视化。

6.4.1　地图的绘制

个人 BDP 是一款在线版数据可视化分析工具，操作很简单，不需要提供代码，也支持地图的可视化。

（1）在浏览器中打开个人 BDP 网址（https://me.bdp.cn/home.html），然后登录（注册后方可登录），登录后的界面如图 6.19 所示。

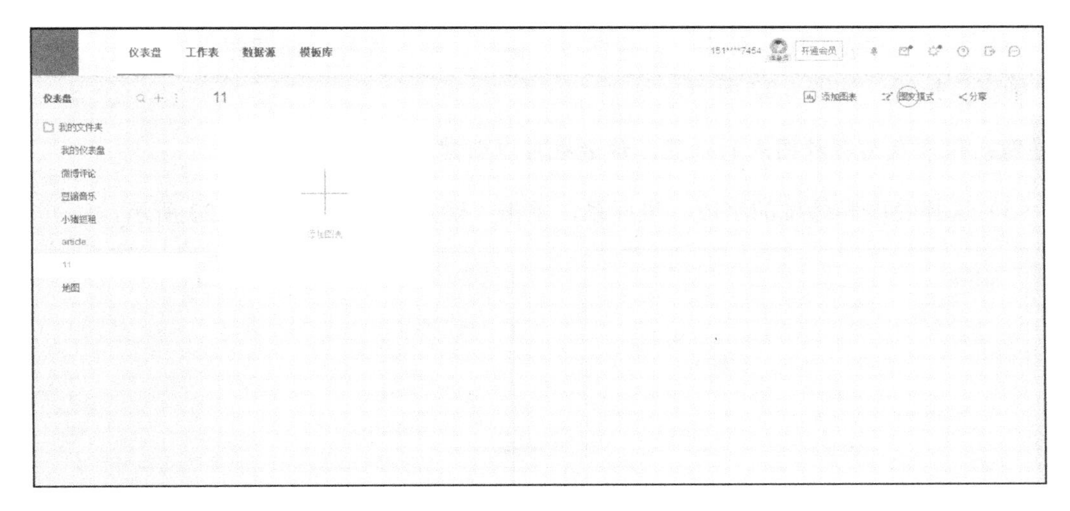

图 6.19　个人 BDP 主页

（2）选择“工作表”，然后单击“上传数据”链接，如图 6.20 所示。

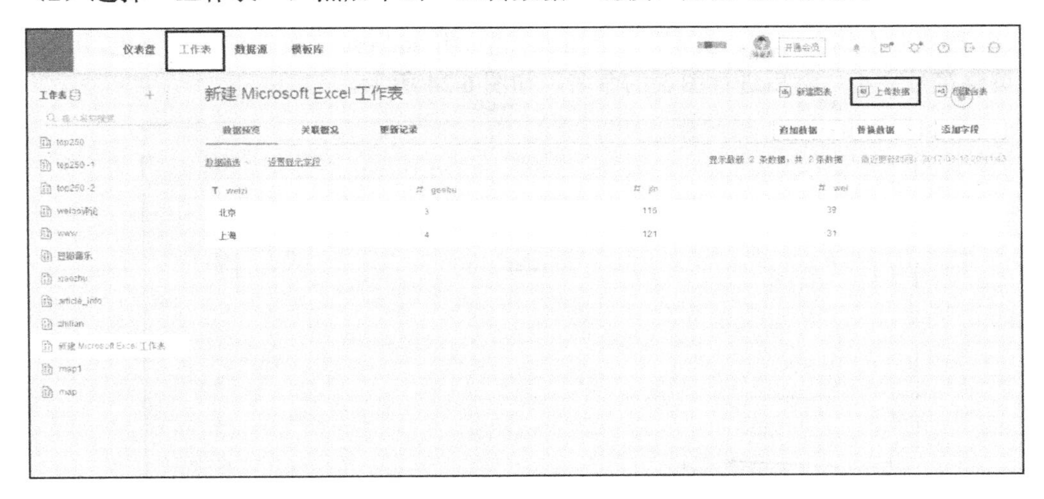

图 6.20　上传数据

注意：图 6.20 中左侧为笔者上传过的数据。

（3）上传的数据支持 Excel 和 CSV 两种格式，上传具有经纬度信息的 Excel 表格，如图 6.21 所示。

T address	# counts	# longitude	# latitude
湖南	25	112.98381	28.112444
山东	45	117.020359	36.66853

图 6.21　表格数据

（4）在“工作表”中，单击“新建图表”链接，然后选择“地图图表”选项，最后单击“确定”按钮，如图 6.22 所示。

注意： 仪表盘为存放图表的位置，读者也可以新建多个仪表盘。

（5）选择经度和纬度的字段、坐标系，单击“确定”按钮，如图 6.23 所示。

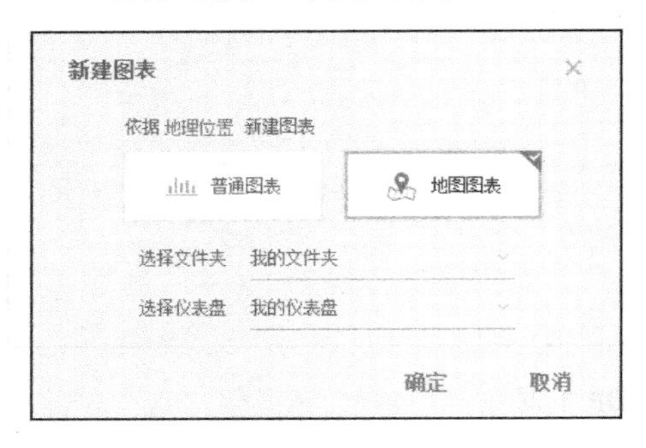

图 6.22　新建地图图表

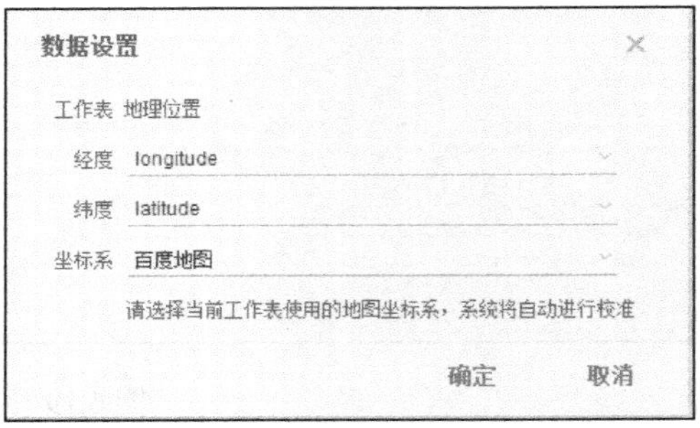

图 6.23　新建地图图表

（6）把数据拖放至图层，选择第一个图表类型，用 address 字段调整符号颜色，用 counts 字段调整符号大小，然后进行图表的命名，如图 6.24 所示。

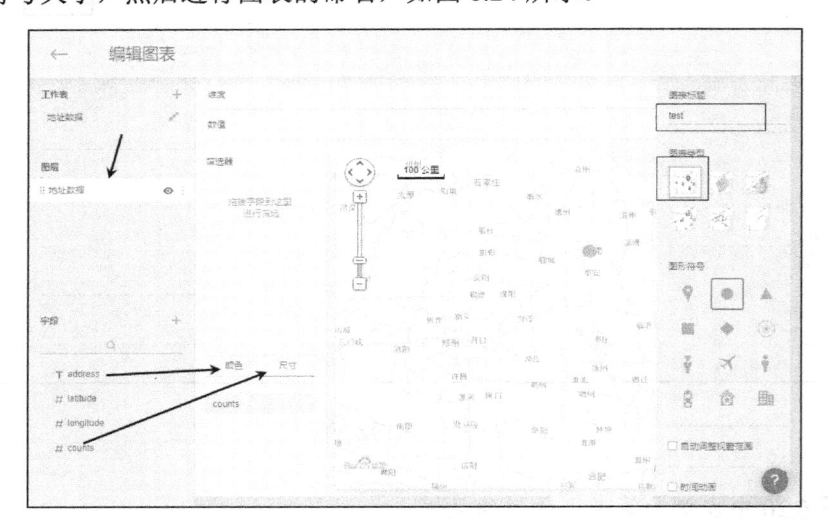

图 6.24　地图图表

注意： 如图 6.24 所示导入的百度地图显示的只是局部地图。读者可以通过拖动地图左上角的比例滑块对地图进行不同比例的缩放。

（7）完成之后返回，此时可在仪表盘中找到完成的地图图表，也可将其导出为图片，如图 6.25 所示。

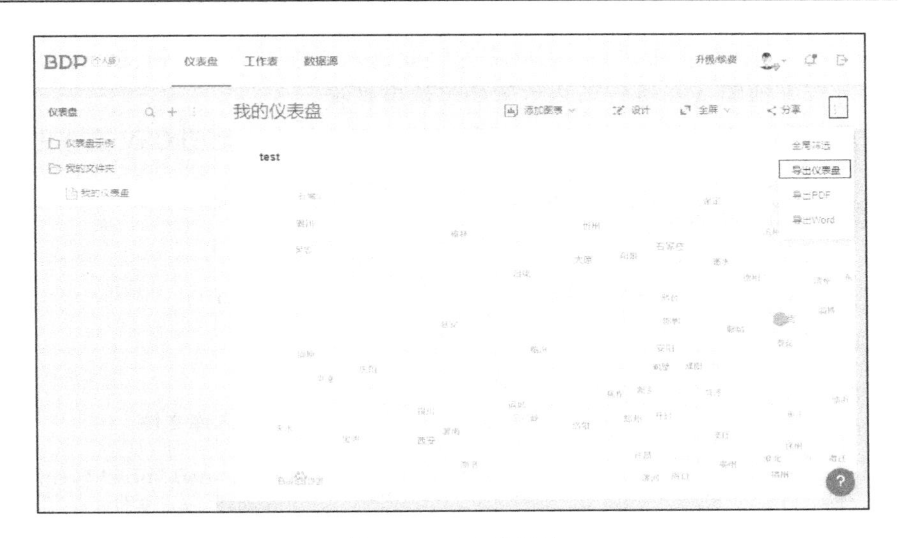

图 6.25　导出的图片

注意：因为缩放的原因，图 6.25 中显示的是不完整的图，而实际上导出后的是一个完整的图。

6.4.2　爬取思路分析

（1）本节爬取的内容为糗事百科网中“热门”板块的用户地址信息，如图 6.26 所示。

图 6.26　用户地址信息

（2）糗事百科网的 URL 构造前面讲过，这里不再重述。

（3）本次爬虫在详细页中进行，因此需先爬取进入详细页的网址链接，进而爬取数据。

（4）通过百度地图 API 进行用户位置的经纬度转换。

（5）运用 Python 语言中的 csv 库，把爬取的信息存储在本地的 CSV 文本中。

6.4.3 爬虫代码及分析

爬虫代码如下：

```
01  import requests
02  from lxml import etree
03  import csv
04  import json                                     #导入库文件
05
06  fp = open('C://Users/LP/Desktop/map.csv','wt',newline='',encoding=
    'utf-8')                                        #创建 csv 文件
07  writer = csv.writer(fp)
08  writer.writerow(('address','longitude','latitude')) #写入 header 数据
09
10  headers = {
11      'User-Agent':'Mozilla/5.0 (Windows NT 6.1; WOW64) AppleWebKit/537.36
12       (KHTML, like Gecko) Chrome/53.0.2785.143 Safari/537.36'
13  }                                               #加入请求头
14
15  def get_user_url(url):                          #获取进入用户详细页 URL 的函数
16      url_part = 'http://www.qiushibaike.com'
17      res = requests.get(url,headers=headers)
18      selector = etree.HTML(res.text)
19      url_infos = selector.xpath('//div[@class="article block untagged
        mb15"]')
20      for url_info in url_infos:
21          user_part_urls = url_info.xpath('div[1]/a[1]/@href')
22          if len(user_part_urls) == 1:        #判断用户是否有详细信息
23              user_part_url = user_part_urls[0]
24              get_user_address(url_part + user_part_url)
                                                #如有，则获取用户信息
25          else:
26              pass                            #如无，则 pass 掉
27
28  def get_user_address(url):                      #获取用户地址信息
29      res = requests.get(url, headers=headers)
30      selector = etree.HTML(res.text)
31      if selector.xpath('//div[2]/div[3]/div[2]/ul/li[4]/text()'):
32          address = selector.xpath('//div[2]/div[3]/div[2]/ul/li[4]/text()')
33          get_geo(address[0].split(' · ')[0])
34      else:
35          pass
36
37  def get_geo(address):                           #定义获取用户地址的经纬度
38     par = {'address': address, 'key': 'cb649a25c1f81c1451adbeca73623251'}
                                                    #get 参数
```

```
39      api = 'http://restapi.amap.com/v3/geocode/geo'
40      res = requests.get(api, par)
41      json_data = json.loads(res.text)
42      try:
43          geo = json_data['geocodes'][0]['location']
44          longitude = geo.split(',')[0]
45          latitude = geo.split(',')[1]
46          writer.writerow((address,longitude,latitude))
                                                #写入用户地址及经纬度
47      except IndexError:
48          pass                                #避开 IndexError 异常
49
50  if __name__ == '__main__':                  #程序主入口
51      urls = ['http://www.qiushibaike.com/text/page/{}/'.format(str(i))
        for i in range(1, 36)]
52      for url in urls:
53          get_user_url(url)
```

（1）程序运行结果为 CSV 格式，通过另存为 Excel 格式形成表格数据，如图 6.27 所示。

（2）笔者通过数据透视表对数据进行了整理，统计出了各地区的用户数量，如图 6.28 所示。

	A	B	C
1	address	longitude	latitude
2	浙江	120.1528	30.26745
3	河北	114.4687	38.03706
4	湖北	114.3419	30.5465
5	江西	115.9092	28.6757
6	广东	113.2665	23.13219
7	福建	119.2951	26.10078
8	广东	113.2665	23.13219
9	福建	119.2951	26.10078
10	湖南	112.9838	28.11244
11	湖南	112.9838	28.11244
12	青海	101.7802	36.6209
13	河北	114.4687	38.03706
14	湖南	112.9838	28.11244
15	福建	119.2951	26.10078
16	广东	113.2665	23.13219
17	山西	112.5624	37.87353
18	湖北	114.3419	30.5465
19	四川	104.0759	30.65165
20	新疆	87.6277	43.79303
21	山东	117.0204	36.66853
22	福建	119.2951	26.10078
23	宁夏	106.2588	38.47132
24	湖北	114.3419	30.5465
25	广东	113.2665	23.13219
26	山东	117.0204	36.66853

图 6.27　运行结果

	A	B	C	D
7	贵州	8	106.70741	26.598194
8	海南	1	110.349228	20.017377
9	河北	26	114.468664	38.037057
10	河南	46	113.753602	34.765515
11	黑龙江	16	126.661669	45.742347
12	湖北	20	114.341861	30.546498
13	湖南	25	112.98381	28.112444
14	吉林	4	125.32599	43.896536
15	江苏	32	118.763232	32.061707
16	江西	15	115.909228	28.675696
17	辽宁	9	123.42944	41.835441
18	内蒙古	1	111.765617	40.817498
19	宁夏	1	106.258754	38.471317
20	青海	4	101.780199	36.620901
21	山东	45	117.020359	36.66853
22	山西	5	112.562398	37.873531
23	陕西	9	108.954239	34.265472
24	四川	23	104.075931	30.651651
25	[illegible]	1	121.509064	25.044333
26	新疆	4	87.627704	43.793026
27	云南	10	102.710002	25.045806
28	浙江	15	120.152791	30.267446

图 6.28　统计用户

注意： 上述数据只给出了部分数据的截图。完整的内容可在源代码中的 map.xlsx 文件中详细查看。读者也可使用其他方法进行用户的统计。

（3）通过个人 BDP，对数据进行可视化，如图 6.29 所示。

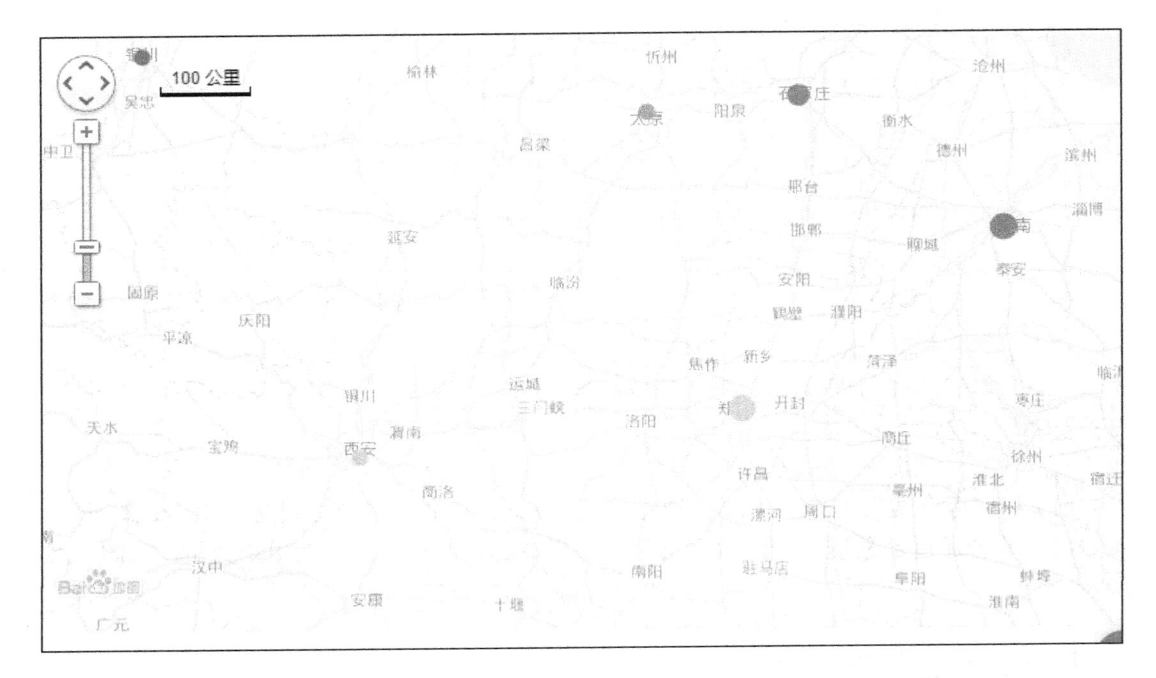

图 6.29　用户地区分布图

代码分析：

（1）第 1~4 行为导入程序需要的库，Requests 库用于请求网页获取网页数据，lxml 库用于解析数据，爬取用户数据，csv 库用于存储数据，json 库用于解析 JSON 数据。

（2）第 6~8 行为创建 CSV 文件，并且写入表头信息。

（3）第 10~13 行为，通过 Chrome 浏览器的开发者工具，复制 User-Agent，用于伪装为浏览器，便于爬虫的稳定性。

（4）第 11~18 行为定义爬取用户链接的函数，因为爬取的用户链接只是一部分，需要和 http://www.qiushibaike.com 拼接为用户的链接。有些用户的空间被屏蔽了，因此需要判断后获取有空间信息的用户。

（5）第 28~35 行为定义获取用户地址信息的函数，有些用户未填写位置信息，需通过判断来定位爬取的信息。

（6）第 37~48 行为定义位置转换经纬度函数，并把传入了地址参数和转换的经纬度写入 CSV 文件中。

（7）第 50~53 行为程序主入口，循环遍历所有 URL，进行用户数据的爬取。

第 7 章　数据库存储

当爬虫的数据量越来越大时，我们不得不考虑使用数据库作为数据存储的工具。本章将对非关系型数据库 MongoDB 和关系型数据库 MySQL 进行安装和讲解，并通过综合案例讲解 Python 中两种数据库的存储方法。

本章涉及的主要知识点如下。

- MongoDB：学会 MongoDB 的安装和使用方法。
- MySQL：学会 MySQL 的安装和使用方法。
- 数据存储：通过综合案例，讲解 Python 中两种数据库的存储方法。

7.1　MongoDB 数据库

MongoDB 是一种非关系型数据库（NoSQL），本节将讲述 NoSQL 的概念、安装和使用 MongoDB 数据库。

7.1.1　NoSQL 概述

NoSQL，泛指非关系型的数据库。随着互联网 Web 2.0 网站的兴起，传统的关系数据库在应付 Web 2.0 网站，特别是超大规模和高并发的 SNS 类型的 Web 2.0 纯动态网站已经显得力不从心，暴露了很多难以克服的问题，而非关系型的数据库则由于其本身的特点得到了非常迅速的发展。NoSQL 数据库的产生就是为了解决大规模数据集合多重数据种类带来的挑战，尤其是大数据应用难题。NoSQL 数据库分为 4 大类，分别为：键值存储数据库（如 Redis）、列存储数据库（如 Hbase）、文档型数据库（如 MongoDB）和图形数据库（如 Graph）。

注意：对数据库的概念这里只做简单讲解。

7.1.2　MongoDB 的安装

1．MongoDB数据库的安装

（1）打开浏览器，进入 MongoDB 官网（https://www.mongodb.com/），单击 Download

按钮，如图 7.1 所示。

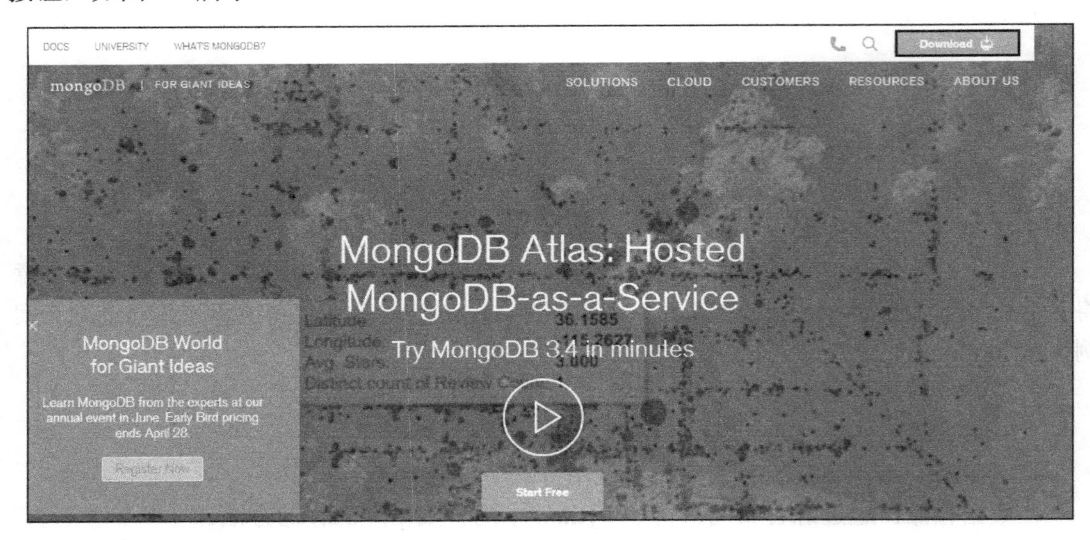

图 7.1 安装步骤 1

（2）选择与计算机系统相应的安装文件，这里以 Windows 7 系统为例，选择默认下载文件，单击 DOWNLOAD 按钮进行下载，如图 7.2 所示。

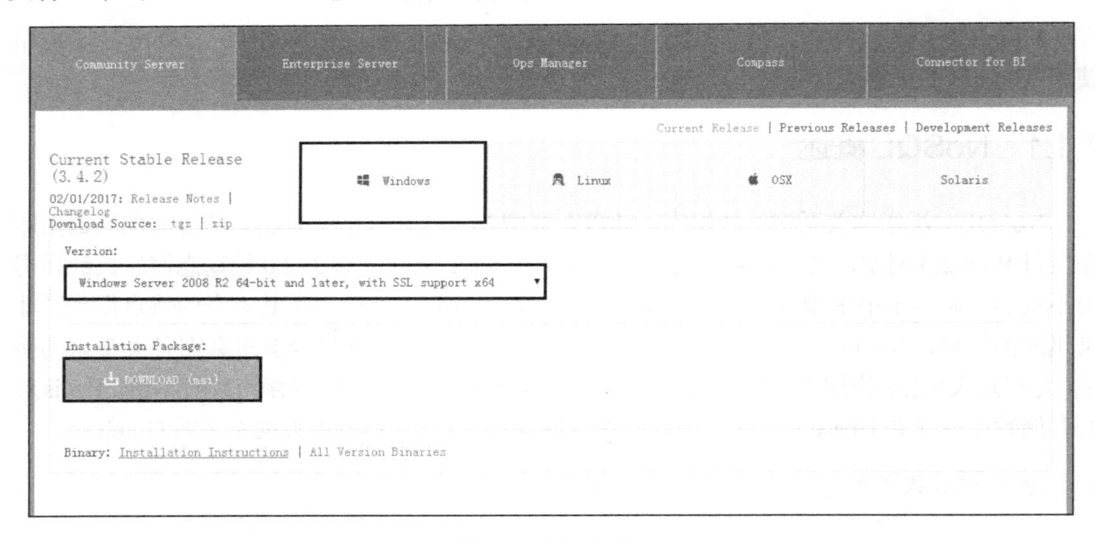

图 7.2 安装步骤 2

（3）双击下载文件进行 MongoDB 安装，在安装界面中单击 Next 按钮进入下一步安装界面，在其中，勾选 I accept 复选框，然后单击 Next 按钮进入下一步安装界面，在其中单击 Custom 按钮进行自定义安装，如图 7.3 所示。

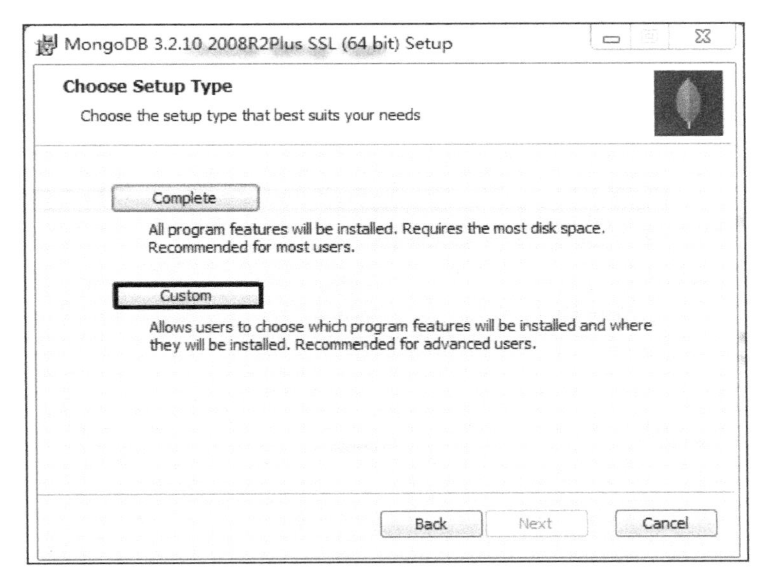

图 7.3　安装步骤 3

（4）选择安装 MongoDB 的文件夹路径，进行安装即可，最后单击 Finish 按钮完成安装进程，如图 7.4 所示。

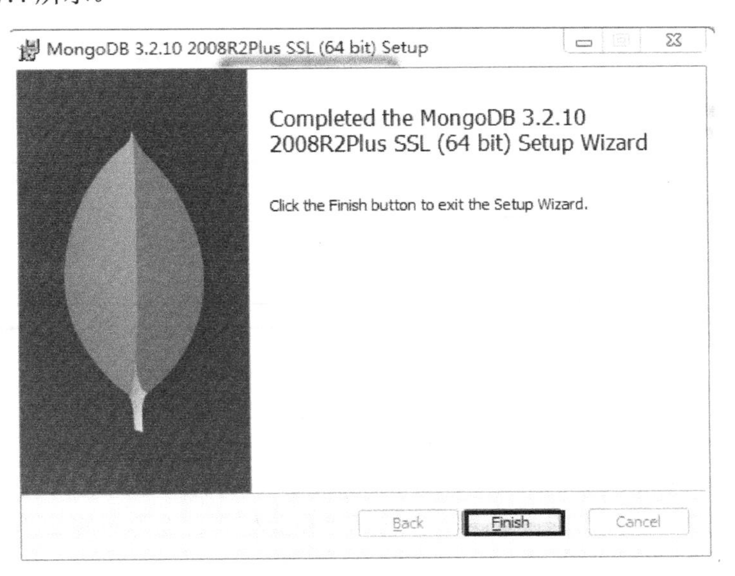

图 7.4　安装步骤 4

（5）安装完成后，需给 MongoDB 指定数据存储的位置。打开 MongoDB 下载的路径，新建名为 data 的文件夹，在 data 文件夹下新建名为 db 的文件夹，db 文件夹就是用于存储 MongoDB 数据的，如图 7.5 和图 7.6 所示。

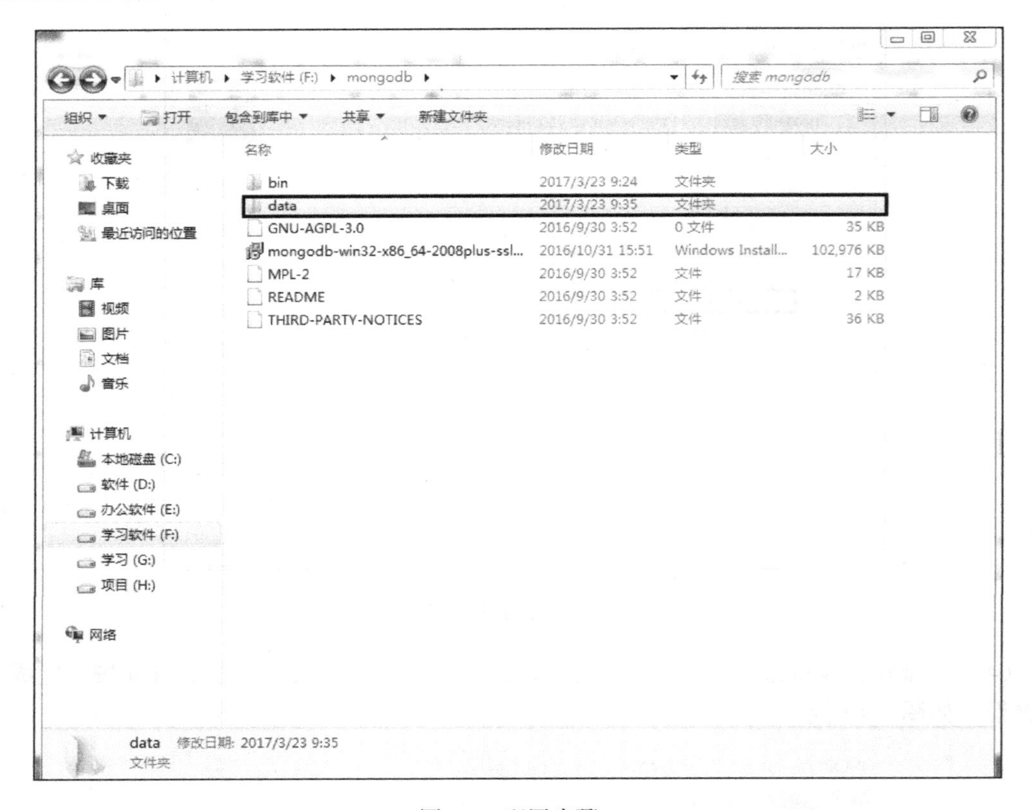

图 7.5　配置步骤 1

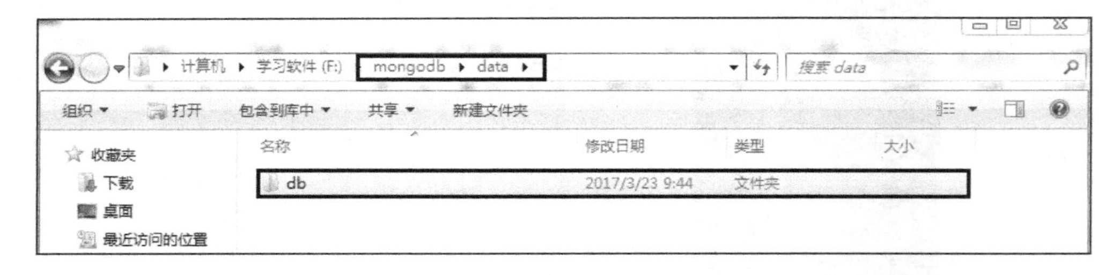

图 7.6　配置步骤 2

（6）对设置好的文件进行配置。打开 MongoDB 下载的路径，进入 bin 文件夹，按住 Shift 键的同时右击，在弹出的快捷菜单中选择“在此处打开命令行窗口”命令，如图 7.7 所示。

（7）在命令行窗口输入如下代码，便可完成数据库文件的配置，成功启动 MongoDB 服务了。

```
mongod --dbpath F:\mongodb\data\db
```

注意：文件名以读者所建立的文件夹路径为准。

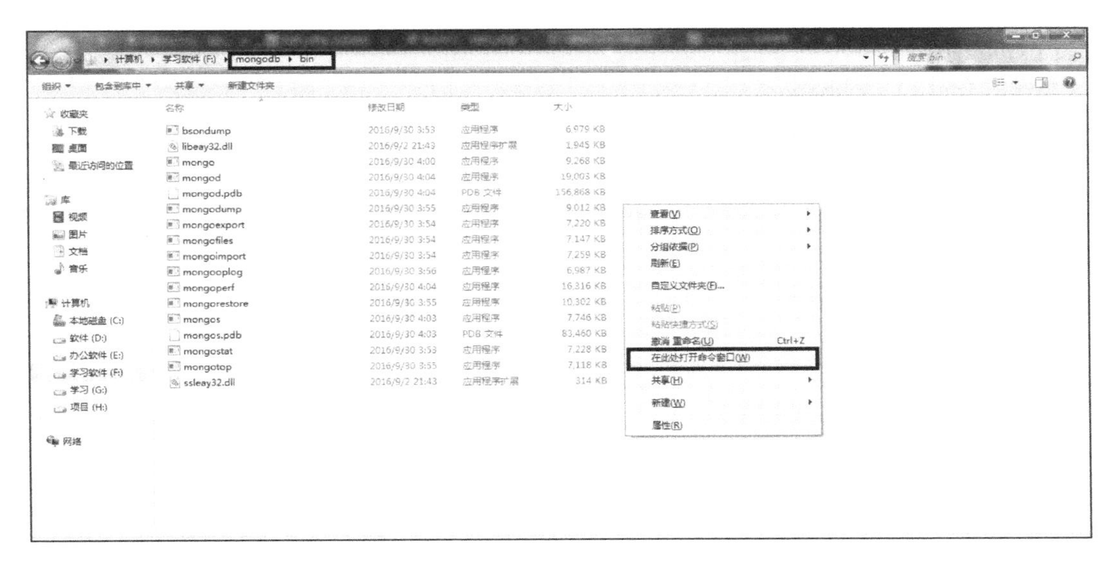

图 7.7　配置步骤 3

（8）在 bin 文件夹下打开命令行窗口（如上面所讲的方法），输入：

```
mongo
```

注意：启动服务的命令行窗口不要关闭。

便可连接数据库，输入 show dbs 可查看数据库，输入 use ××可打开某数据库，输入 show collections 可以查看该数据库中的集合（类似于数据表格），如图 7.8 所示。

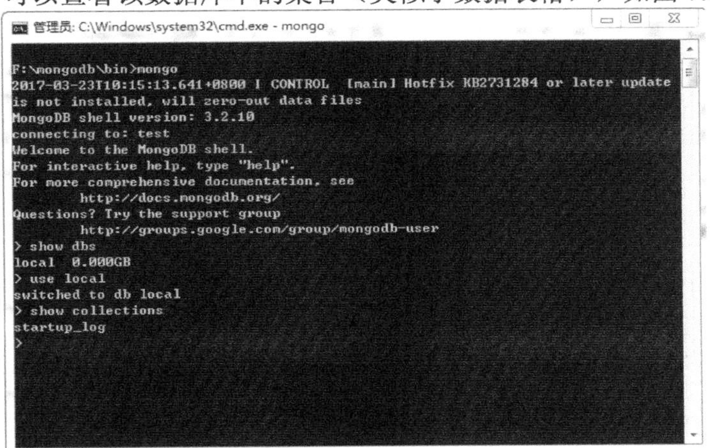

图 7.8　连接数据库

2．Pymongo第三方库的安装

Pymongo 库用于在 Python 中使用 Mongodb 数据库，在命令行窗口输入下面命令即可

安装 Pymongo 库：

```
pip3 install pymongo
```

3．Mongodb可视化管理工具Robomongo的安装

（1）打开浏览器，进入 Robomongo 官网（https://robomongo.org/），单击 Download 按钮，如图 7.9 所示。

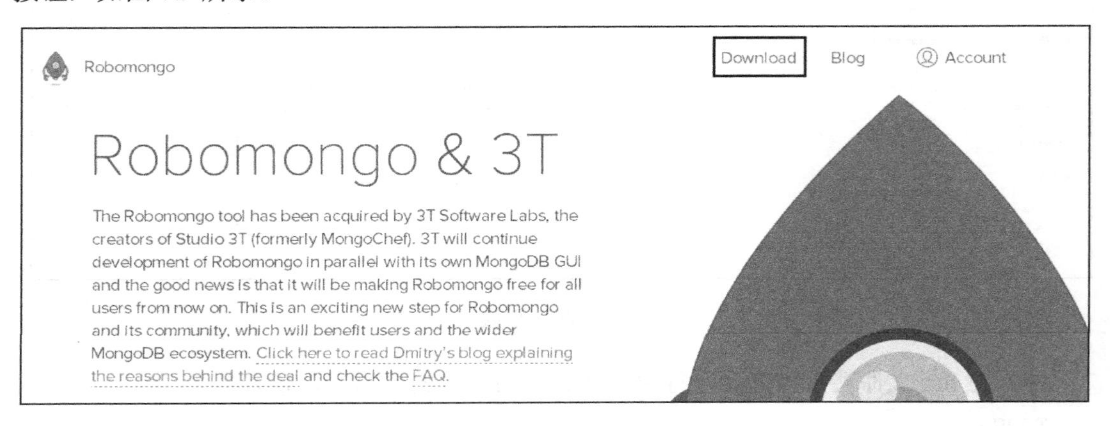

图 7.9　安装步骤 1

（2）选择相应的版本进行下载，如图 7.10 所示。

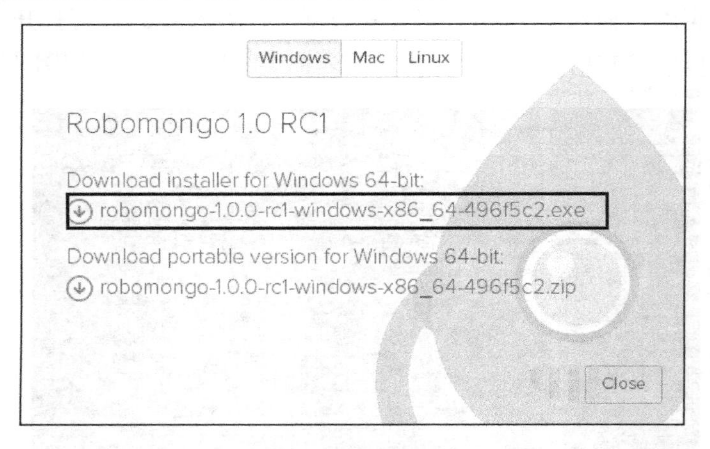

图 7.10　安装步骤 2

（3）安装过程很简单，安装过后打开 Robomongo，在 MongoDB Connections 对话框的空白处右击，从弹出的快捷菜单中选择 Add 命令，如图 7.11 所示。

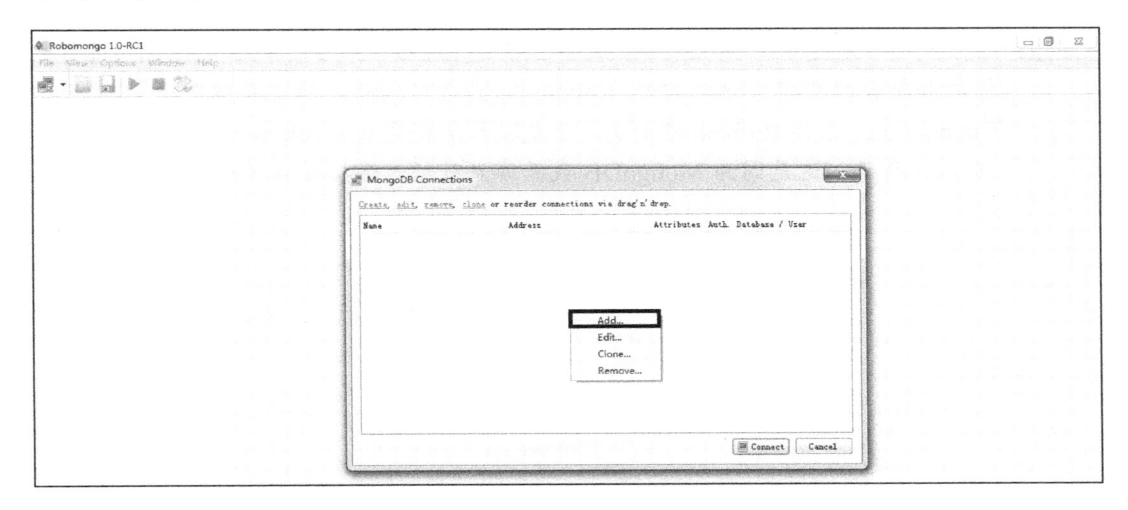

图 7.11　连接 MongoDB 1

（4）保持默认设置，单击 Save 按钮，最后单击 Connect 按钮即可连接到 MongoDB 数据库，如图 7.12 所示。

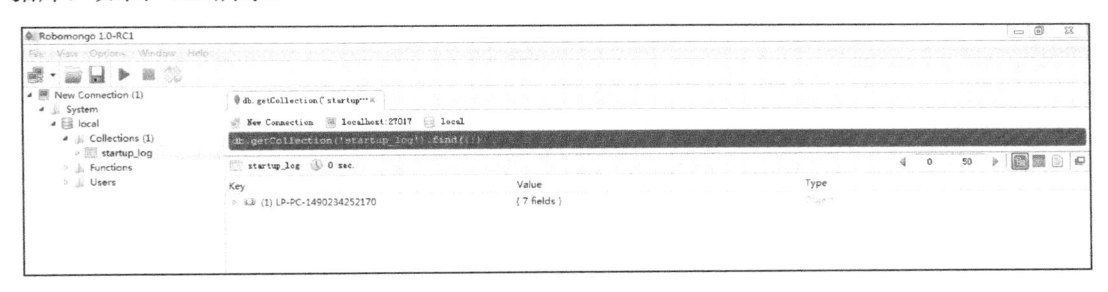

图 7.12　连接 MongoDB 2

7.1.3　MongoDB 的使用

本书以爬虫实战为主，不会讲解过多的数据库操作知识，读者可自行学习。本节主要讲解使用 Pymongo 第三方库在 Python 环境中创建数据库和集合，以及插入爬虫得到的数据，最后讲解如何把集合导出为 CSV 文件。

初学者可能不太理解数据库和集合的概念，数据库和集合类似于 Excel 文件和其中的表格，一个 Excel 文件可有多个表格，一个数据库也可以有多个集合。

可通过下面代码进行数据库和集合的新建：

```
01  import pymongo
02  client = pymongo.MongoClient('localhost', 27017)    #连接数据库
03  mydb = client['mydb']                               #新建 mydb 数据库
04  test = mydb['test']                                 #新建 test 数据集合
```

注意：以上代码必须先保证 MongoDB 服务已启动并连接，第 3 行和第 4 行代码进行数据库和集合的新建。这时打开 Robomongo 进行刷新（通过右键快捷菜单 New Connection，选择 Refresh 命令），会发现并没有建立 mydb 数据库和 test 表，如图 7.13 所示，这是因为 MongoDB 数据库只有插入数据后才会建立。

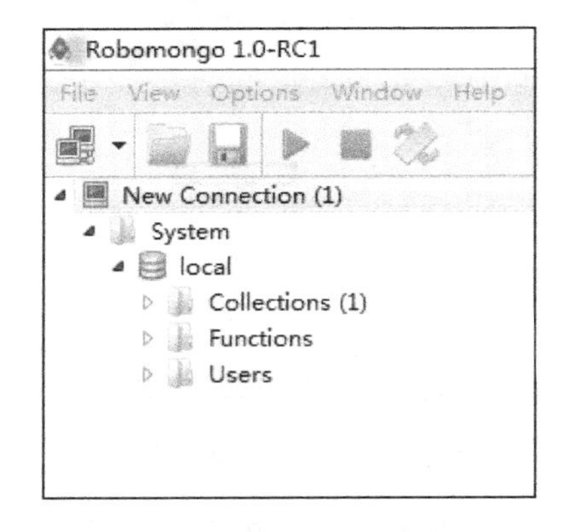

图 7.13　新建数据库

通过下面代码插入数据：

```
import pymongo
client = pymongo.MongoClient('localhost', 27017)
mydb = client['mydb']
test = mydb['test']
test.insert_one({'name':'Jan','sex':'男','grade':89})        #插入数据
```

上面的代码通过 inset_one()方法插入数据，可以看出该方法需要数据为字典格式。打开 Robomongo 进行刷新，可以看到数据库和集合，如图 7.14 所示。

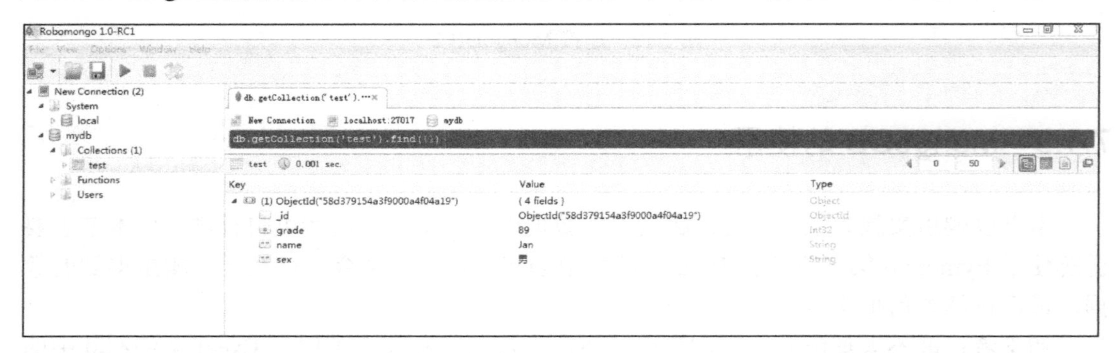

图 7.14　新建数据库

MongoDB 自带导出工具，可通过在 bin 文件夹下打开命令行窗口，输入以下命令即可完成集合向 CSV 文件的导出。

```
mongoexport -d mydb -c test --csv -f name,sex,grade -o test.csv
1 -d 数据库
```

```
2 -c 表数据
3 -f 表示要导出的字段
```

此时在 bin 文件夹下便会导出名为 test 的 CSV 文件，如图 7.15 所示。

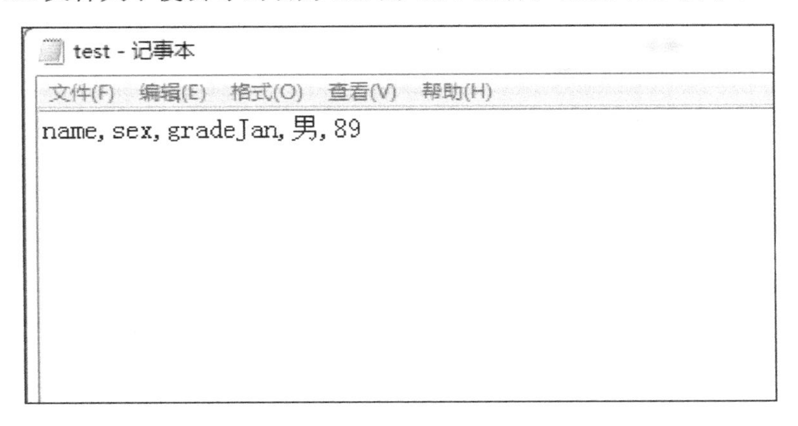

图 7.15　导出 CSV 文件

7.2　MySQL 数据库

MySQL 是目前最受欢迎的开源关系型数据库。本节将讲述非关系型数据库的概念、安装和 MySQL 数据库的用法。

7.2.1　关系型数据库概述

关系数据库是建立在关系模型基础上的数据库，借助于集合代数等数学概念和方法来处理数据库中的数据。现实世界中的各种实体及实体之间的各种联系均用关系模型来表示。也就是说，数据属性与其他数据是有关联的。例如，A 学生在学校 B 上学，这里学生 A 在数据库的学生用户表中，而学校 B 在数据库的学校表中，这两个表存在着很大的关系。

7.2.2　MySQL 的安装

1. MySQL数据库的安装

（1）打开浏览器，进入 MySQL 官网（https://www.mysql.com/），选择 Downloads 选项卡下的 Windows 选项，然后单击 MySQL Installer 链接，如图 7.16 所示。

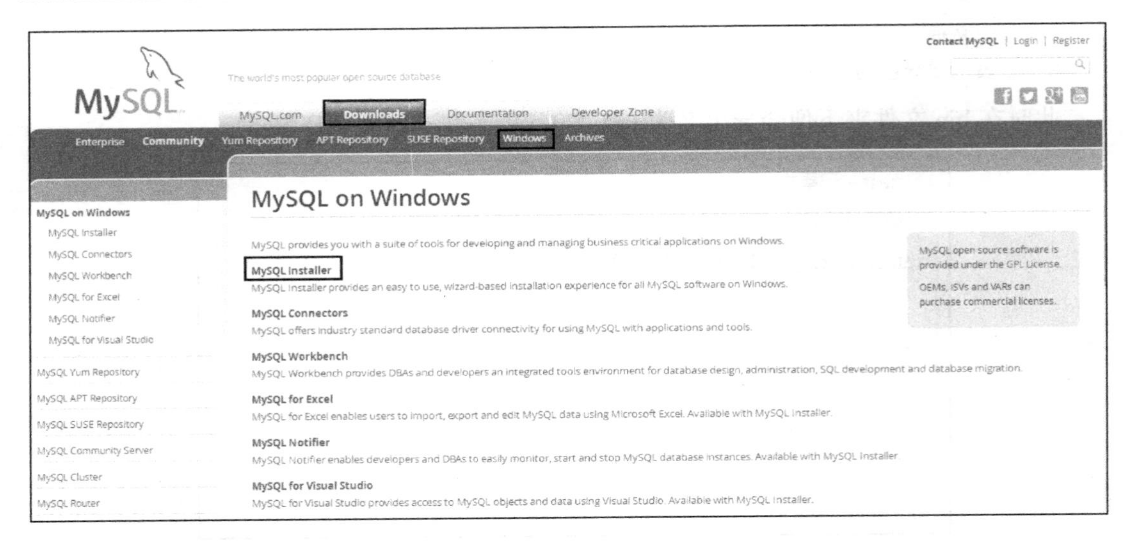

图 7.16　安装步骤 1

注意：这里是以 Windows 7 系统为例。

（2）选择可执行文件进行下载，如图 7.17 所示。

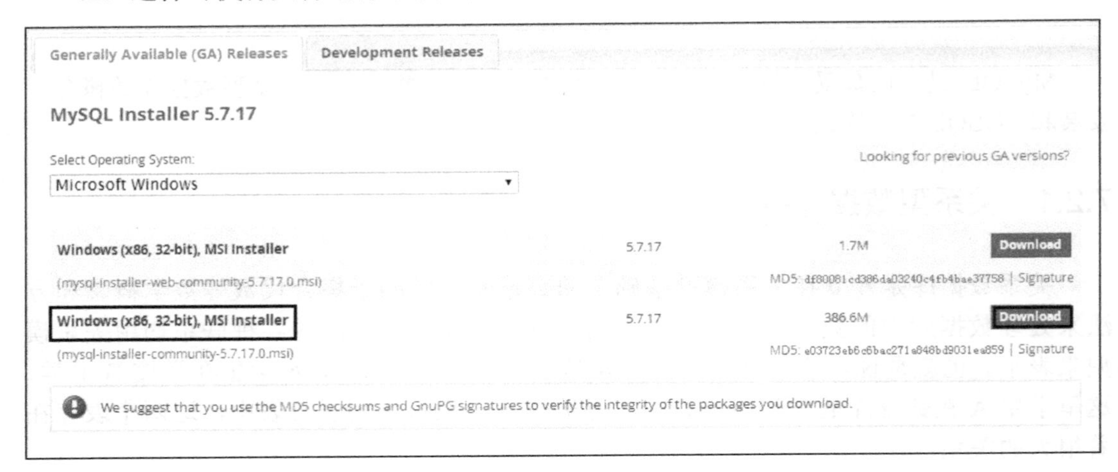

图 7.17　安装步骤 2

（3）MySQL 可以登录账号后下载，也可以单击 No thanks 链接后直接下载，如图 7.18 所示。

（4）双击下载文件进行 MySQL 的安装，此时会出现如图 7.19 所示的错误，这是因为缺少.Net Framework 4.0，在网上搜索并下载后再继续安装。

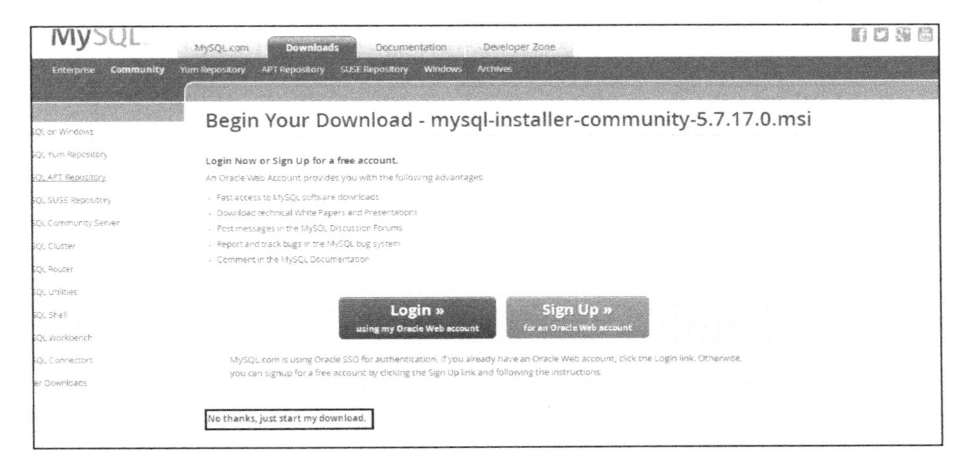

图 7.18　安装步骤 3

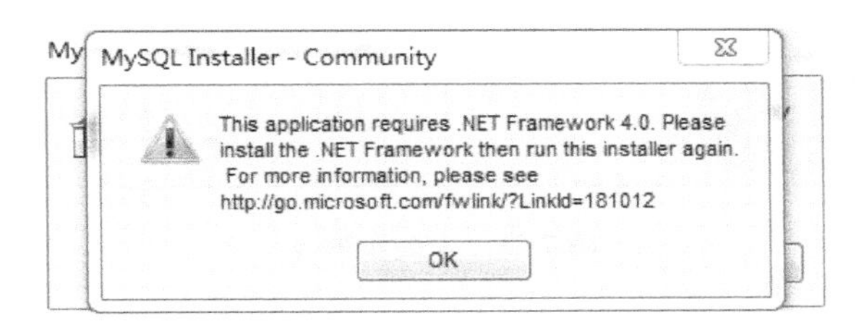

图 7.19　错误提示

（5）勾选 I accept 复选框，单击 Next 按钮进入下一步安装界面，在其中选中 Developer Defalut 单选按钮，再单击 Next 按钮到下一步，如图 7.20 所示。

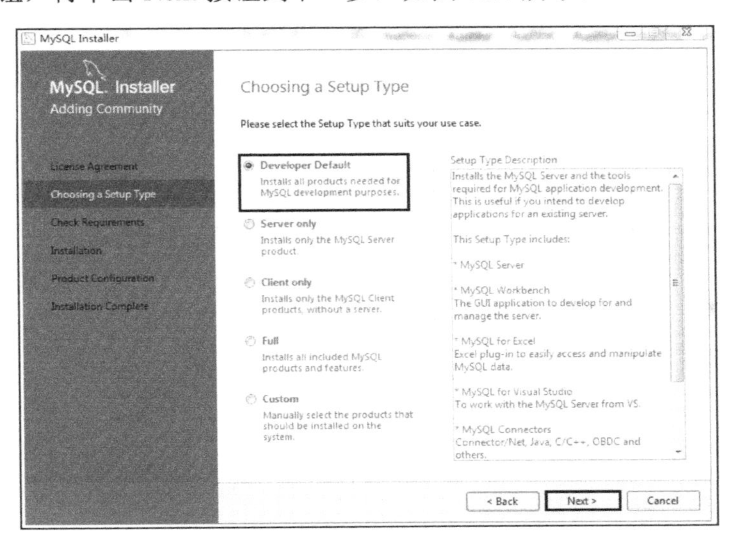

图 7.20　安装步骤 4

（6）在进入的界面中选择安装路径后，单击 Next 按钮，如图 7.21 所示。

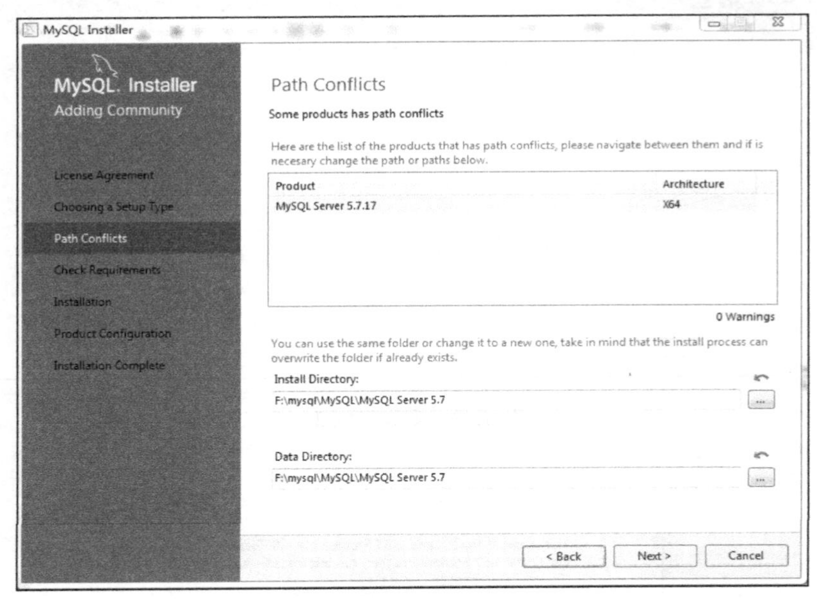

图 7.21　安装步骤 5

（7）在进入的界面中单击 Next 按钮进入下一步安装界面，在其中，单击选择 Execute 进行安装，完成后单击 Next 按钮，如图 7.22 所示。

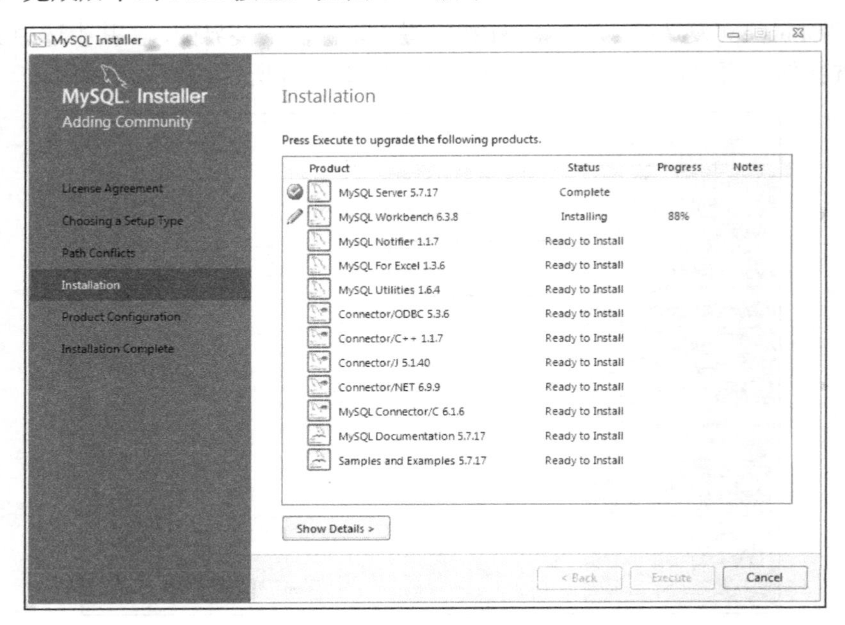

图 7.22　安装步骤 6

（8）此时进行 MySQL 的配置，端口号采用默认设置，单击 Next 按钮进行用户密码的设置，设置完成后单击 Next 按钮，如图 7.23 所示。

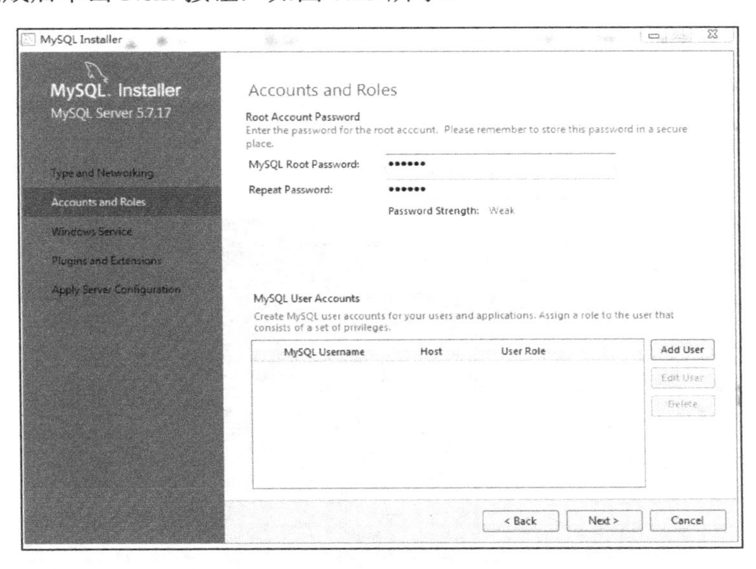

图 7.23　安装步骤 7

（9）接下来的都是默认步骤，可一直单击 Next 按钮即可，完成后单击 Finish 按钮，如图 7.24 所示。

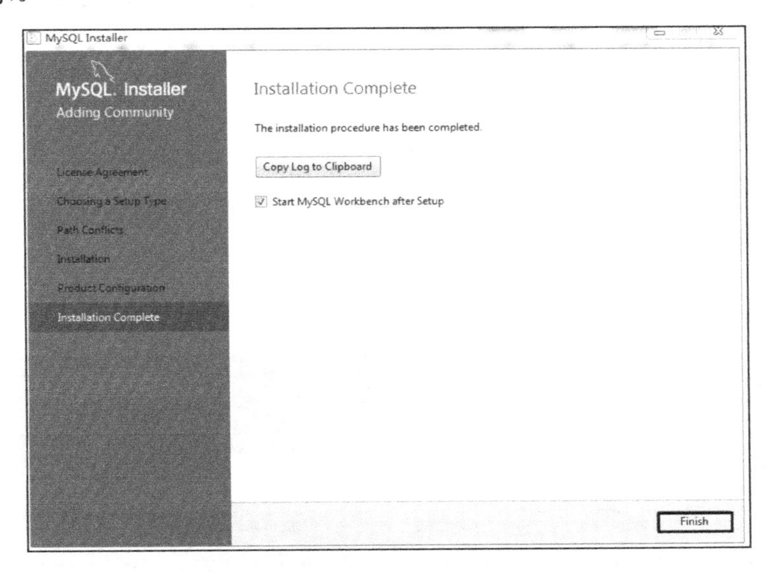

图 7.24　安装步骤 8

（10）由于 MySQL 安装就已经开启了服务，所以 MySQL 不用通过命令行来启动服务。

在 MySQL 的安装路径 bin 文件夹下打开命令行窗口，输入以下命令，便可连接数据库。

```
mysql -uroot -p123456
```

🔔注意：后面的是登录密码。

输入“show databases;”可查看数据库、输入“use ××”可打开某数据库、输入“show tables;”可以查看该数据库中的数据表，如图 7.25 所示。

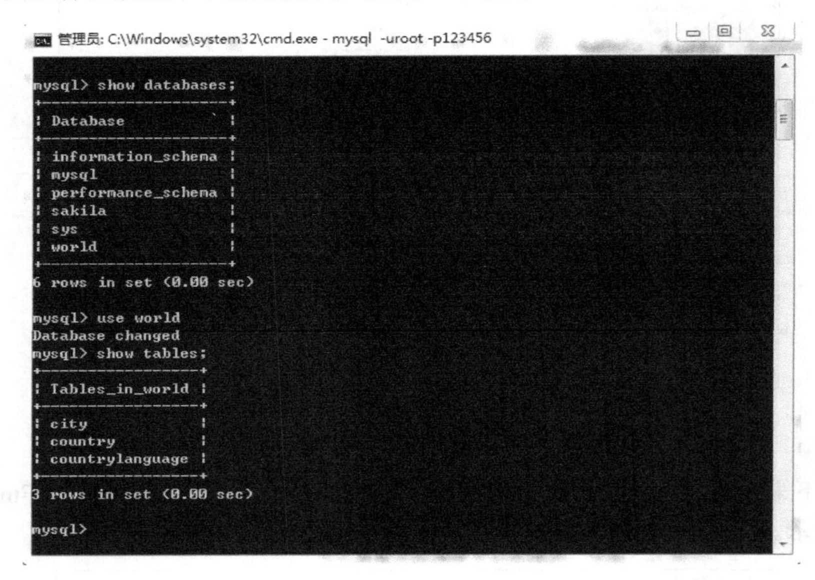

图 7.25　查看数据库

2．PyMySQL第三方库的安装

PyMySQL 库用于在 Python 中使用 MySQL 数据库，在命令行窗口输入以下命令即可安装 Pymongo 库：

```
pip3 install pymysql
```

如图 7.26 所示为安装成功界面。

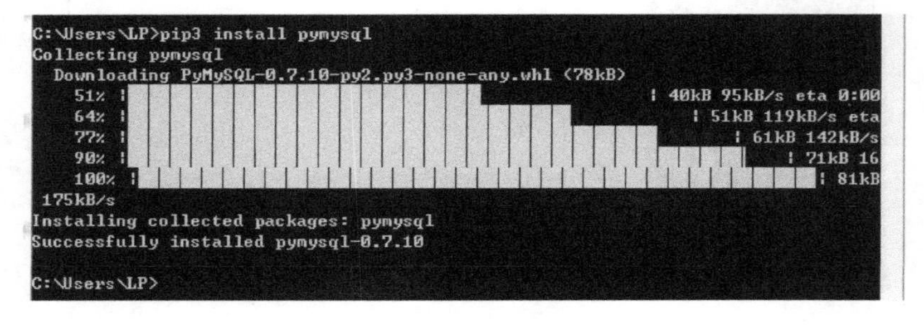

图 7.26　成功安装 PyMySQL

3．MySQL可视化管理工具SQLyog的安装

（1）读者可根据自己的系统下载不同的 SQLyog，本文以 Windows 7，64 位为例，如图 7.27 所示。

名称	修改日期	类型	大小
SQLyog	2017/3/23 19:25	文件夹	
sn	2016/6/8 10:02	文本文档	1 KB
SQLyog-12.0.9-0.x64	2016/6/8 10:02	应用程序	7,216 KB

图 7.27　选择 SQLyog 版本

（2）双击运行程序，在弹出的界面中选择中文语言，安装过程很简单，这里不再详述。

（3）安装完成后，新建新连接，输入登录密码，单击“连接”按钮即可，如图 7.28 所示。

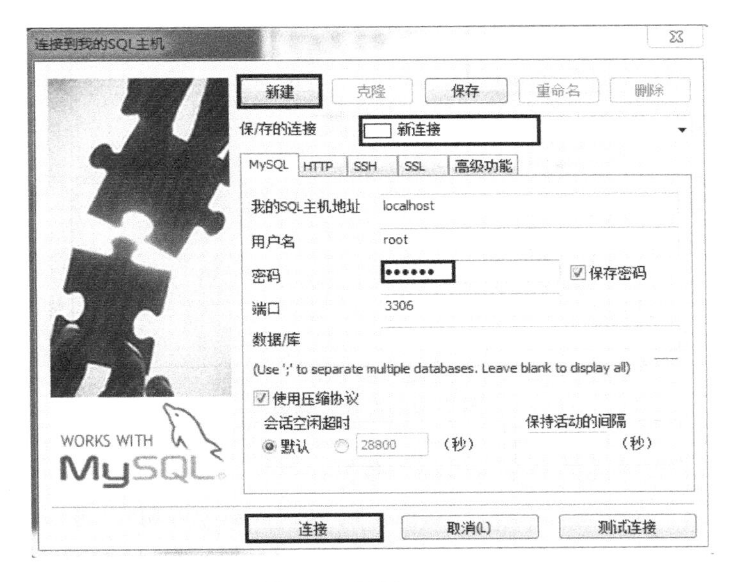

图 7.28　运行 SQLyog

7.2.3　MySQL 的使用

在 MySQL 的安装路径 bin 文件夹下打开命令行窗口，输入以下命令，便可建立数据库。

```
create database mydb;
```

通过 use mydb 进入 mydb 数据库，通过下面命令建立数据表：

```
CREATE TABLE students (
 name char(5),
 sex char(1),
 grade int
)ENGINE INNODB DEFAULT CHARSET=utf8 ;#创建数据表
```

也可以在 SQLyog 中进行数据库和数据表的建立，在 SQLyog 中查看新建好的数据库和数据表，如图 7.29 所示。

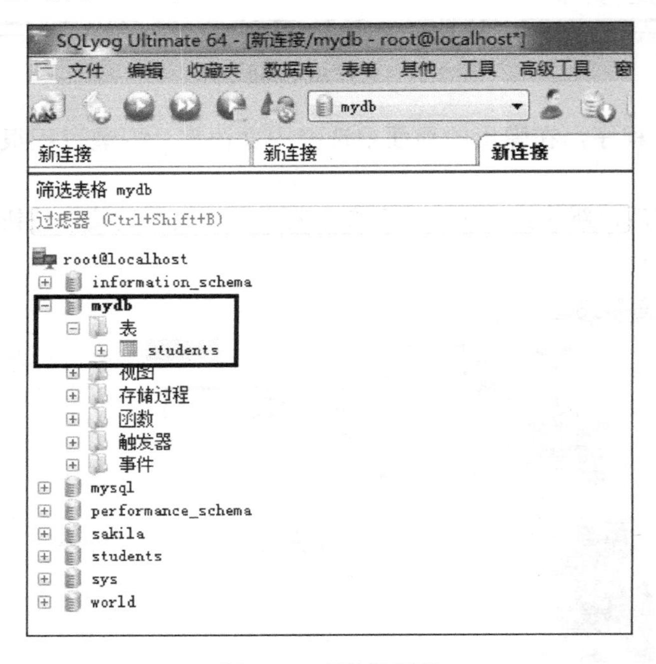

图 7.29　查看数据表

在命令行窗口通过下面的命令可以插入数据：

```
insert into students (name,sex,grade) values ("小明","男",92);
```

然后在 SQLyog 中查看插入的数据，如图 7.30 所示。

在 Python 中可使用 Pymysql 进行数据的插入，代码如下：

```
01  import pymysql
02  conn = pymysql.connect(host='localhost', user='root', passwd='123456',
    db='mydb',
03  port=3306, charset='utf8')                          #连接数据库
04  cursor = conn.cursor()                              #光标对象
05  cursor.execute("insert into students (name,sex,grade) values(%s,%s,%s)",
06                    ('张三','女',87))      #插入数据
07  conn.commit()
```

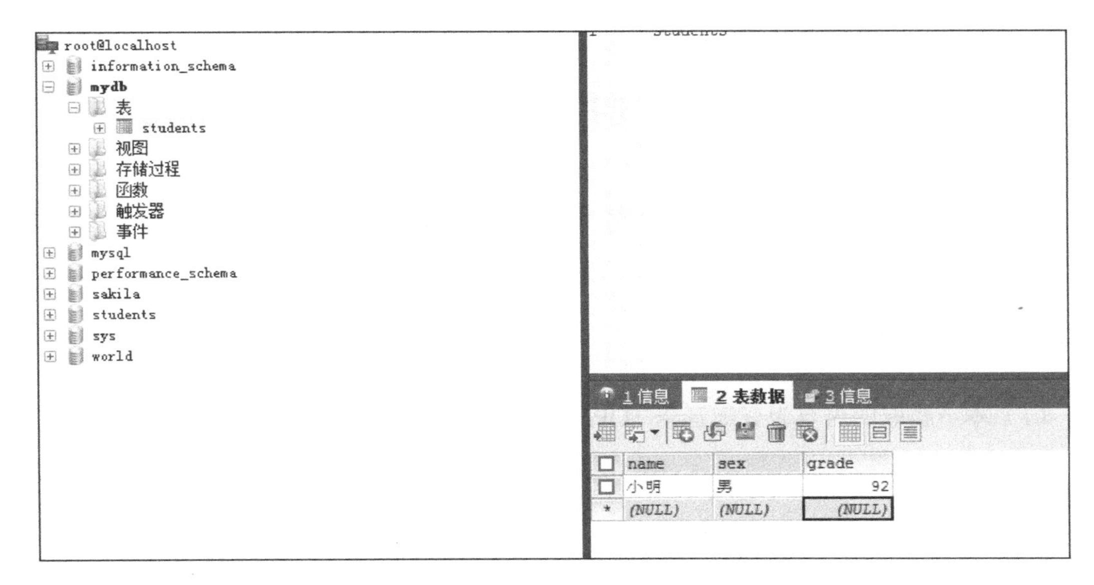

图 7.30　查看数据表

第 1 行导入 PyMySQL 库，第 2 和第 3 行用于连接 MySQL 数据库，conn 为连接对象，第 4 行中的 cursor 为光标对象，用于操作 MySQL 数据库，接下来就是对数据库的操作。

除了在 SQLyog 中查看数据外，还可用 SQL 语句进行查询，如图 7.31 所示。

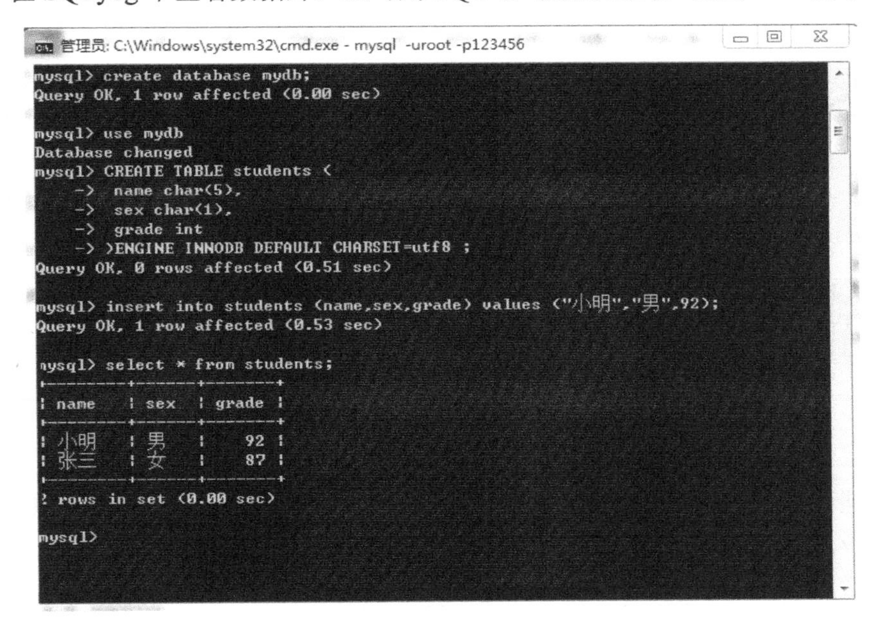

图 7.31　SQL 语句查询

7.3 综合案例 1——爬取豆瓣音乐 TOP250 的数据

本节将利用 Requests、Lxml 和 re 第三方库，爬取豆瓣音乐 TOP250 的数据，并将数据存储到 MongoDB 数据库中。

7.3.1 爬虫思路分析

（1）本节爬取的内容为豆瓣音乐 TOP250 的信息，如图 7.32 所示。

图 7.32　豆瓣音乐 TOP250 的信息

（2）爬取豆瓣音乐 TOP250 的前 10 页信息，通过手动浏览，以下为前 4 页的网址：

```
https://music.douban.com/top250
https://music.douban.com/top250?start=25
https://music.douban.com/top250?start=50
https://music.douban.com/top250?start=75
```

然后把第一页的网址改为 https://music.douban.com/top250?start=0 后也能正常浏览，因此只需更改 start=后面的数字即可，以此来构造出前 10 页的网址。

（3）因为详细页的信息更丰富，本次爬虫在详细页中进行，因此先需爬取进入详细页的网址链接，进而爬取数据。

（4）需要爬取的信息有：歌曲名、表演者、流派、发行时间、出版者和评分等，如图 7.33 所示。

图 7.33　需获取的网页信息

（5）运用 Python 中的 Pymongo 库，把爬取的信息存储在 MongoDB 数据库中。

7.3.2 爬虫代码及分析

爬虫代码如下：

```
01  import requests
02  from lxml import etree
03  import re
04  import pymongo
05  import time                        #导入相应的库文件
06
07  client = pymongo.MongoClient('localhost', 27017)
08  mydb = client['mydb']
09  musictop = mydb['musictop'] #连接数据库及创建数据库、数据集合
10
```

```
11  headers = {
12      'User-Agent':'Mozilla/5.0 (Windows NT 6.1; WOW64) AppleWebKit/537.36
13      (KHTML, like Gecko) Chrome/55.0.2883.87 Safari/537.36'
14  }                                                   #加入请求头
15
16  def get_url_music(url):                             #定义获取豆瓣音乐的详细 URL 的函数
17      html = requests.get(url,headers=headers)
18      selector = etree.HTML(html.text)
19      music_hrefs = selector.xpath('//a[@class="nbg"]/@href')
20      for music_href in music_hrefs:
21          get_music_info(music_href)                  #调用歌曲详细信息的函数
22
23  def get_music_info(url):                            #定义获取详细信息的函数
24      html = requests.get(url,headers=headers)
25      selector = etree.HTML(html.text)
26      name = selector.xpath('//*[@id="wrapper"]/h1/span/text()')[0]
27      # author = selector.xpath('//*[@id="info"]/span[1]/span/a/text()')
28      author = re.findall('表演者:.*?>(.*?)</a>',html.text,re.S)[0]
29      styles = re.findall('<span class="pl">流派:</span> (.*?)<br
        />',html.text,re.S)
30      if len(styles) == 0:
31          style = '未知'
32      else:
33          style = styles[0].strip()
34      time = re.findall('发行时间:</span> (.*?)<br />',html.text,re.S)
        [0].strip()
35      publishers = re.findall('出版者:.*?>(.*?)</a>',html.text,re.S)
36      if len(publishers) == 0:
37          publisher = '未知'
38      else:
39          publisher = publishers[0].strip()     #前几个用正则表达式提取
40      score = selector.xpath('//*[@id="interest_sectl"]/div/div[2]/strong/
        text()')[0]
41      print(name,author,style,time,publisher,score)
42      info = {
43          'name':name,
44          'author':author,
45          'style':style,
46          'time':time,
47          'publisher':publisher,
48          'score':score
49      }
50      musictop.insert_one(info)                       #插入数据
51
```

```
52 if __name__ == '__main__':                              #程序主入口
53     urls = ['https://music.douban.com/top250?start={}'.format(str(i))
       for i in range(0,250,25)]
54     for url in urls:
55         get_url_music(url)                              #构造 urls 并循环调用函数
56         time.sleep(2)                                   #睡眠 2 秒
```

程序运行完毕后，可打开 Robomongo 查看数据的存储情况，如图 7.34 所示。

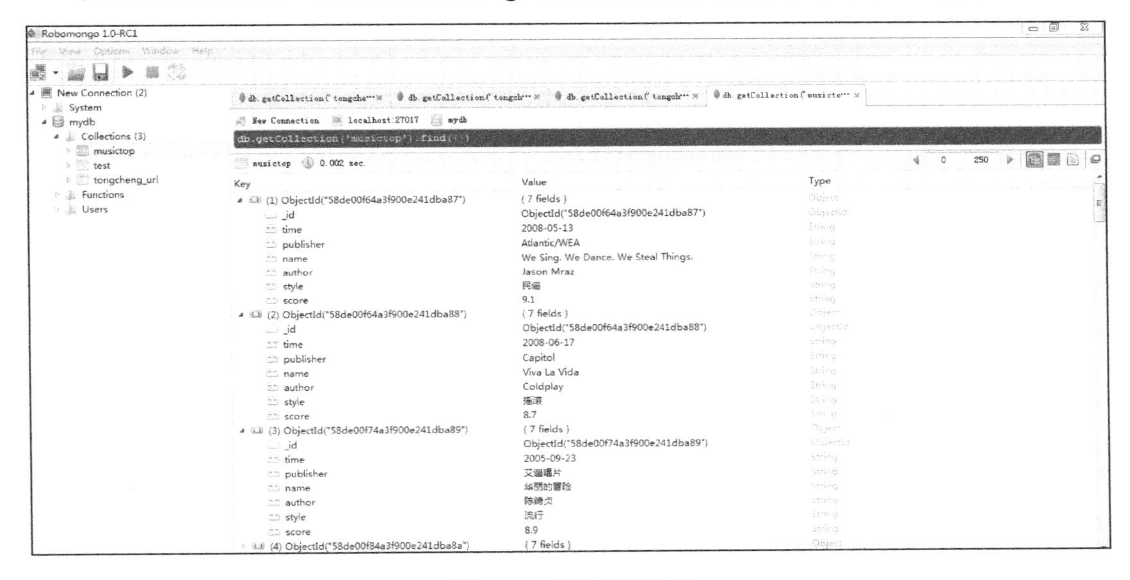

图 7.34　程序运行结果

代码分析：

（1）第 1~5 行导入程序所需要的库，Requests 库用于请求网页，Lxml 库和 re 库用于解析爬取网页数据，Pymongo 库用于对 MongoDB 数据库的操作，time 库的 sleep()方法可以让程序暂停。

（2）第 7~9 行用于创建 MongoDB 数据库和集合。

（3）第 11~14 行通过 Chrome 浏览器的开发者工具，复制 User-Agent，用于伪装为浏览器，便于爬虫的稳定性。

（4）第 16~21 行定义了获取详细页链接的函数，这里通过 Xpath 语法来提取标签中的 href 信息，最后调用获取爬虫信息的 get_music_info()函数。

（5）第 23~50 行定义了获取音乐信息的函数，通过 Xpath 语法和正则表达式方法来获取爬虫信息，最后存储到 MongoDB 数据库中。

在获取 author 字段信息时，采用了正则表达式的方法，这是因为各详细页中的标签位置略有不同，通过定位标签获取信息，一些详细页信息匹配会有错误，如图 7.35 和图 7.36 所示。

图 7.35 “表演者”字段位置 1

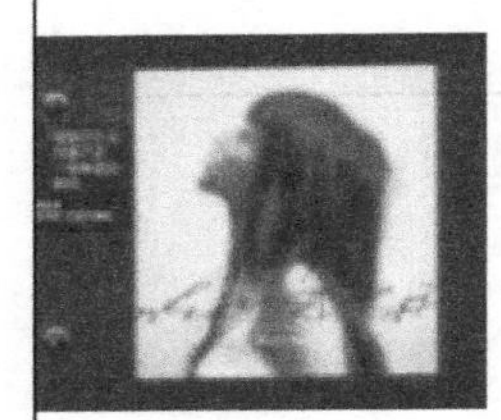

图 7.36 “表演者”字段位置 2

通过观察“表演者”字段在网页源代码中的位置，如图 7.37 和图 7.38 所示可以看出，它们的相对位置是一样的，这时可考虑使用正则表达式来获取信息。

```
<span>
    <span class="pl">
        表演者:

                <a href="/search?q=Jason%20Mraz&amp;sid=2995812">Jason Mraz</a>
    </span>
</span>

<br/>
```

图 7.37　相对位置 1

```
<span>
    <span class="pl">
        表演者:

                <a href="/search?q=%E9%99%88%E7%BB%AE%E8%B4%9E&amp;sid=1427374">陈绮贞</a>
    </span>
</span>

<br/>
```

图 7.38　相对位置 2

流派、发行时间、出版者信息在这里也使用正则表达式的方法，这是因为利用 Xpath 语法来提取数据会比较乱，多个标签相互嵌套，还有一些乱码的符号，这给后面的数据清理带来了许多麻烦，如图 7.39 所示。

```
<span class="pl">流派:</span>
" 民谣
   "
<br>
<span class="pl">专辑类型:</span>
" Import
   "
<br>
<span class="pl">介质:</span>
" Audio CD
   "
<br>
<span class="pl">发行时间:</span>
" 2008-05-13
   "
<br>
```

图 7.39　标签情况

（6）第 52~56 行通过对网页 URL 的观察，使用列表的推导式构造 10 个 URL，并依次调用 get_URL_music()函数，time.sleep(2)的意思是每循环一次，让程序暂停 2 秒，防止请求网页频率过快而导致爬虫失败。

7.4 综合案例 2——爬取豆瓣电影 TOP250 的数据

本节将利用 Requests、Lxml 和 re 第三方库，爬取豆瓣电影 TOP250 的数据，并将数据存储到 MySQL 数据库中。

7.4.1 爬虫思路分析

（1）爬取的内容为豆瓣电影 TOP250 的信息，如图 7.40 所示。

图 7.40 豆瓣电影 TOP250

（2）爬取豆瓣电影 TOP250 的前 10 页信息，通过手动浏览，以下为前 4 页的网址：

```
https://movie.douban.com/top250
https://movie.douban.com/top250?start=25
https://movie.douban.com/top250?start=50
https://movie.douban.com/top250?start=75
```

然后把第一页的网址改为 https://movie.douban.com/top250?start=0 也能正常浏览，因此只需更改 start=后面的数字即可，以此来构造出前 10 页的网址。

（3）因为详细页的信息更丰富，本次爬虫在详细页中进行，因此先需要爬取进入详细页的网址链接，进而爬取数据。

（4）需要爬取的信息有：电影名称、导演、主演、类型、制片国家、上映时间、片长和评分等，如图 7.41 所示。

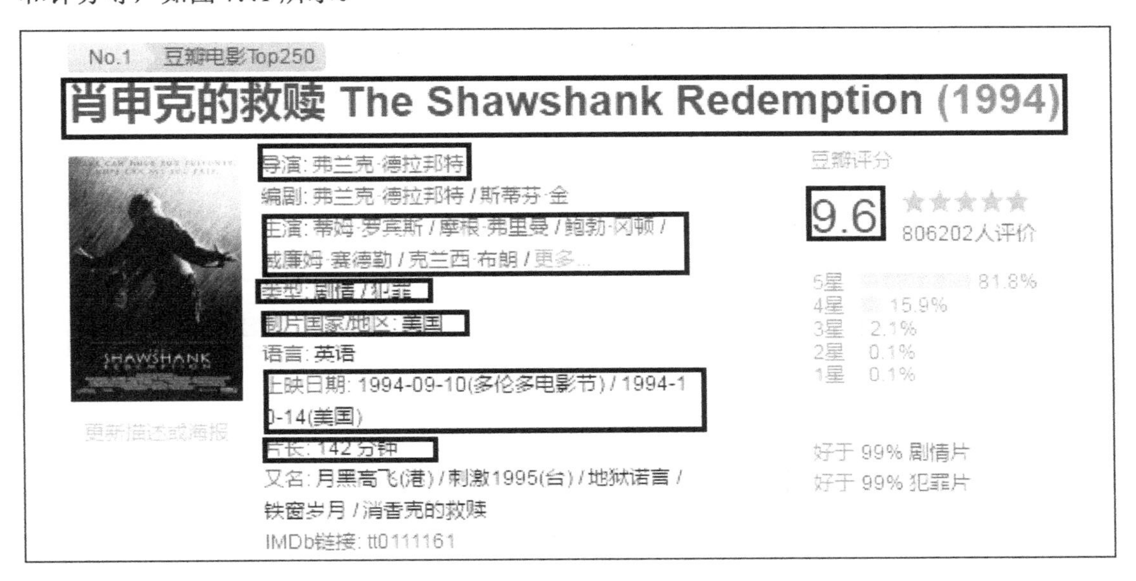

图 7.41　需获取的网页信息

（5）运用 Python 中的 PyMySQL 库，把爬取的信息存储在 MySQL 数据库中。

7.4.2　爬虫代码及分析

首先通过以下代码在 SQLyog 中建立数据表：

```
CREATE TABLE doubanmovie (
name TEXT,
director TEXT,
actor TEXT,
style TEXT,
country TEXT,
release_time TEXT,
time TEXT,
score TEXT
)ENGINE INNODB DEFAULT CHARSET=utf8 ;
```

然后右击数据表，在弹出的快捷菜单中选择“执行查询”|“执行查询”命令（也可以直接按 F9 键），执行代码，如图 7.42 所示。

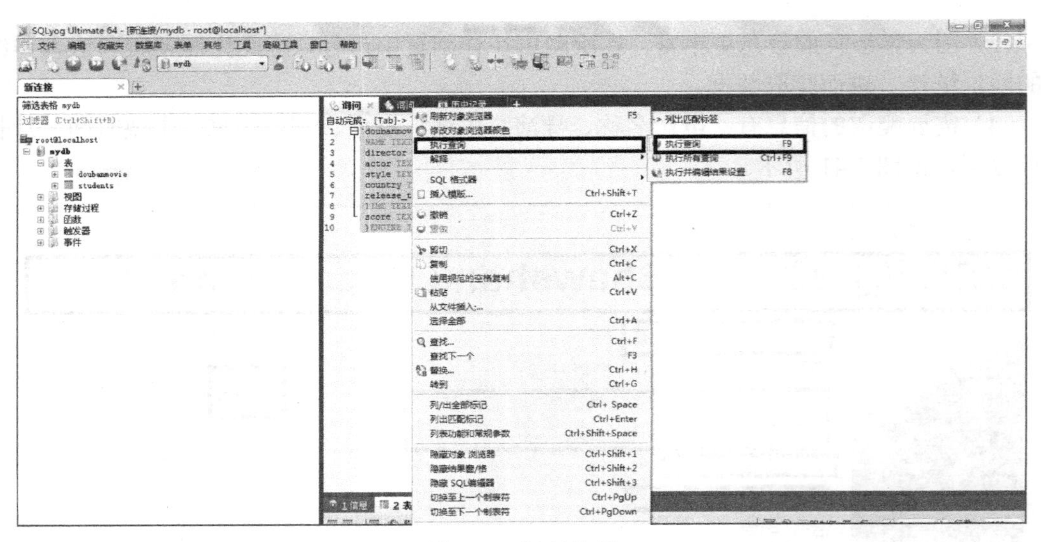

图 7.42　运行代码

爬虫代码如下：

```
01  import requests
02  from lxml import etree
03  import re
04  import pymysql
05  import time                                    #导入相应的库文件
06
07  conn = pymysql.connect(host='localhost', user='root', passwd='123456',
     db='mydb',
08  port=3306, charset='utf8')
09  cursor = conn.cursor()                         #连接数据库及光标
10
11  headers = {
12      'User-Agent':'Mozilla/5.0 (Windows NT 6.1; WOW64)AppleWebKit/ 537.36
13       (KHTML, like Gecko) Chrome/56.0.2924.87 Safari/ 537.36'
14  }                                              #加入请求头
15
16  def get_movie_url(url):                        #定义获取详细页 URL 的函数
17      html = requests.get(url,headers=headers)
18      selector = etree.HTML(html.text)
19      movie_hrefs = selector.xpath('//div[@class="hd"]/a/@href')
20      for movie_href in movie_hrefs:
21          get_movie_info(movie_href)             #调用获取详细页信息的函数
22
23  def get_movie_info(url):                       #定义获取详细页信息的函数
24      html = requests.get(url,headers=headers)
25      selector = etree.HTML(html.text)
26      try:
27          name = selector.xpath('//*[@id="content"]/h1/span[1]/text() ')[0]
28          director = selector.xpath('//*[@id="info"]/span[1]/span[2]/a/
            text()')[0]
29          actors = selector.xpath('//*[@id="info"]/span[3]/span[2]')[0]
```

```
30          actor = actors.xpath('string(.)')
31          style = re.findall('<span property="v:genre">(.*?)</span>',
            html.text,re.S)[0]
32          country = re.findall('<span class="pl">制片国家/地区:</span>
33  (.*?)<br/>',html.text,re.S)[0]
34          release_time = re.findall('上映日期:</span>.*?>(.*?)</span>',
            html.text,re.S)[0]
35          time = re.findall('片长:</span>.*?>(.*?)</span>',html.text,
            re.S)[0]
36        score = selector.xpath('//*[@id="interest_sectl"]/div[1]/div[2]
          /strong/text()')[0]
37        cursor.execute(
38            "insert into doubanmovie (name,director,actor,style,country
              ,release_time,time,
39  score) values(%s,%s,%s,%s,%s,%s,%s,%s)",
40            (str(name), str(director), str(actor), str(style), str(cou
41            ntry), str(release_time), s      tr(time), str(score)))
                                                   #获取信息插入数据库
42
43      except IndexError:
44          pass                                    #pass 掉 IndexError 错误
45
46  if __name__ == '__main__':                      #程序主入口
47      urls = ['https://movie.douban.com/top250?start={}'.format(str(i))
        for i in range(0, 250, 25)]
48      for url in urls:
49          get_movie_url(url)                      #构造 urls 并循环调用函数
50          time.sleep(2)                           #睡眠 2 秒
51      conn.commit()
```

程序运行完毕后，可通过命令行窗口查看数据存储情况，如图 7.43 所示。

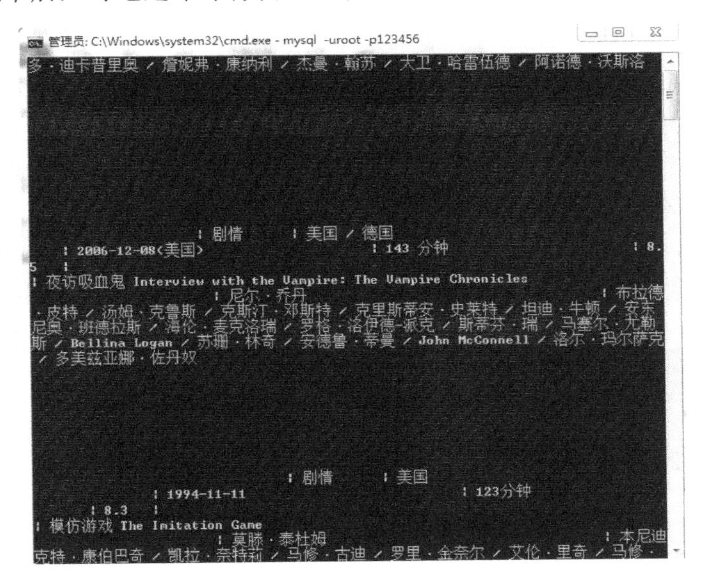

图 7.43　查看数据表

也可以打开 SQLyog，在其中查看数据存储的情况，如图 7.44 所示。

图 7.44　查看数据表

代码分析：

（1）第 1~5 行导入程序所需要的库，Requests 库用于请求网页，Lxml 库和 re 库用于解析爬取网页数据，PyMySQL 库用于对 MySQL 数据库的操作，time 库的 sleep()方法可以让程序暂停。

（2）第 7~9 行用于连接 MySQL 数据库和集合。

（3）第 11~14 行通过 Chrome 浏览器的开发者工具，复制 User-Agent，用于伪装为浏览器，便于爬虫的稳定性。

（4）第 16~21 行定义了获取详细页链接的函数，这里通过 Xpath 语法来提取标签中的 href 信息，最后调用获取爬虫信息的 get_movie_info()函数。

（5）第 23~44 行定义了获取电影信息的函数，通过 Xpath 语法和正则表达式方法来获取爬虫信息，最后存储到 MySQL 数据库中。

在爬虫过程中，出现了 IndexError 的错误，这是因为有些电影的链接已经不存在了（如图 7.45 和图 7.46 所示），这里通过 try()函数来处理异常，以使爬虫程序继续运行而不报错。

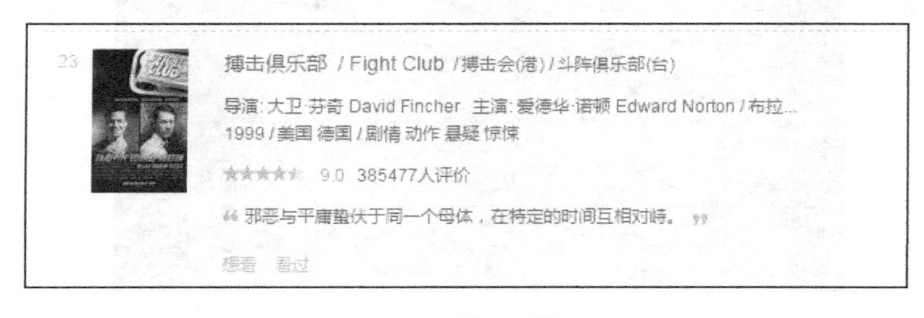

图 7.45　错误链接 1

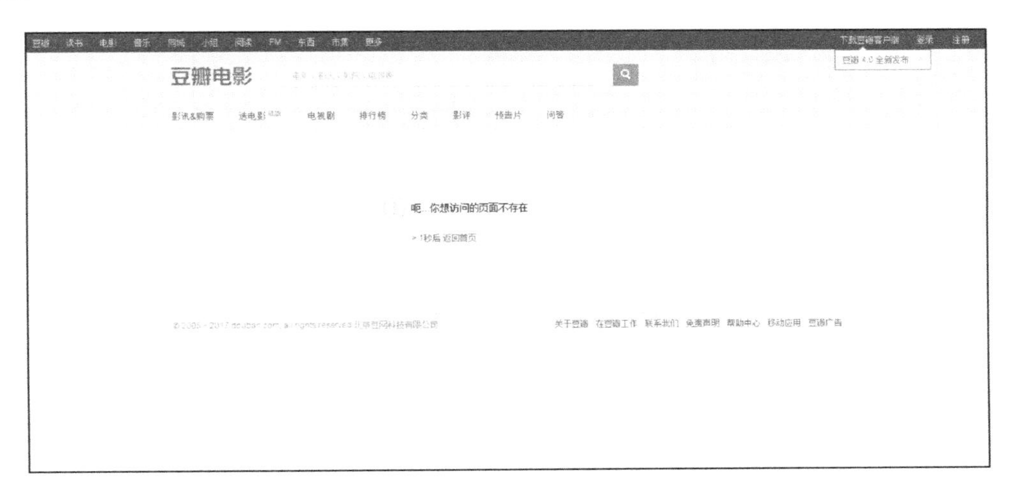

图 7.46　错误链接 2

通过 Chrome 浏览器“检查”主演信息时，发现是由许多 span 标签构成的，如图 7.47 所示，所以这里通过 string(.)方法获取所有的主演信息。

“类型、制片国家、上映时间、片长”在这里使用的是正则表达式的方法，这是因为利用 Xpath 语法来提取数据会比较乱，多个标签相互嵌套，还有一些乱码的符号，这给后面的数据清理带来了许多麻烦，如图 7.48 所示。

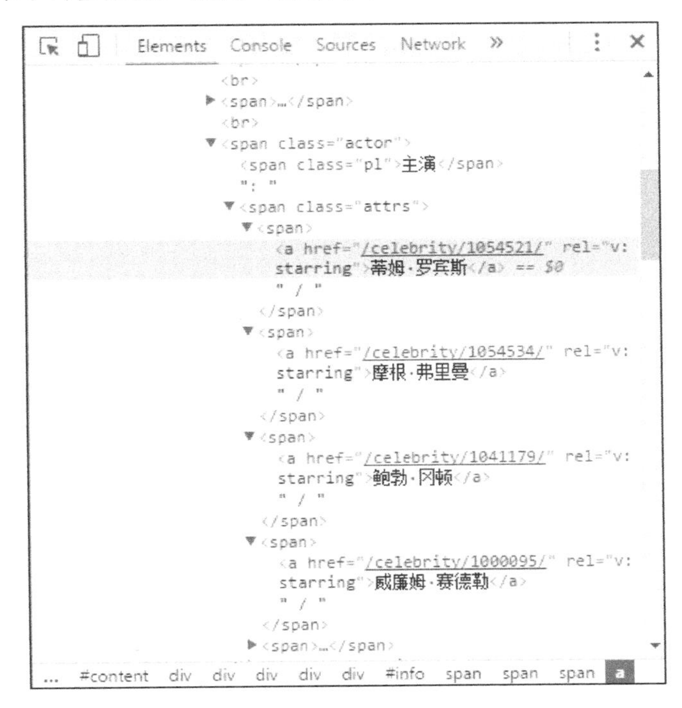

图 7.47　主演信息

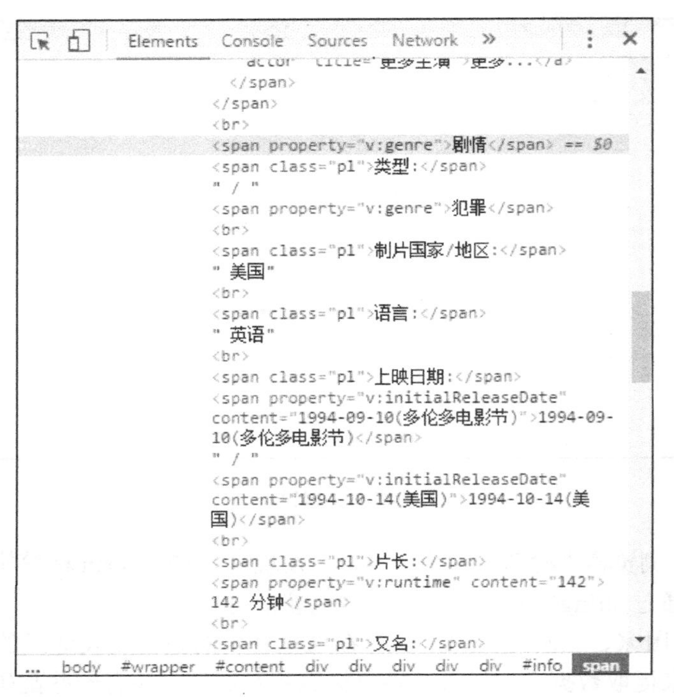

图 7.48　标签情况

（6）第 46~51 行通过对网页 URL 的观察，使用列表的推导式构造 10 个 URL，并依次调用 get_movie_URL()函数，time.sleep(2)的意思是每循环一次，让程序暂停 2 秒，防止请求网页频率过快而导致爬虫失败，最后确定数据的入库。

第 8 章　多进程爬虫

当爬虫的数据量越来越大时，除了要考虑存储的方式外，还需要考虑爬虫的速度问题。前面的爬虫都是串行爬取，只有当一次爬取完之后才进行下一次爬取，这样极大地限制了爬取的速度和效率。本章将讲解多线程和多进程的概念，并通过案例对串行爬虫和多进程爬虫的性能进行对比，最后通过综合案例，讲解多进程爬取的方法和技巧。

本章涉及的主要知识点如下。

- 多线程：了解多线程的基本概念。
- 多进程：了解多进程的概念。
- 性能对比：通过综合案例，对串行爬虫和多进程爬虫的性能进行对比。
- 多进程使用：通过对大型网页的爬取，讲解多进程爬取的方法和使用技巧。

8.1　多线程与多进程

串行下载极大地限制了爬虫的速度和效率。本节将讲解多线程和多进程的概念，以及如何使用 Python 实现多进程爬取，最后通过综合案例，对串行爬虫和多进程爬虫的性能进行对比。

8.1.1　多线程和多进程概述

当计算机运行程序时，就会创建包含代码和状态的进程。这些进程会通过计算机的一个或多个 CPU 执行。不过，同一时刻每个 CPU 只会执行一个进程，然后在不同进程间快速切换，这样就给人以多个程序同时运行的感觉。同理，在一个进程中，程序的执行也是在不同线程间进行切换的，每个线程执行程序的不同部分。

这里简单地做个类比：有一个大型工厂，该工厂负责生产玩具；同时工厂下又有多个车间，每个车间负责不同的功能，生产不同的玩具零件；每个车间里又有多个车间工人，这些工人相互合作，彼此共享资源来共同生产某个玩具零件等。这里的工厂就相当于一个网络爬虫，而每个车间相当于一个进程，每个车间工人就相当于线程。这样，通过多线程和多进程，网络爬虫就能高效、快速地进行下去。

8.1.2 多进程使用方法

Python 进行多进程爬虫使用了 multiprocessing 库，本书使用 multiprocessing 库的进程池方法进行多进程爬虫，使用方法的代码如下：

```
01  from multiprocessing import Pool
02  pool = Pool(processes=4)              #创建进程池
03  pool.map(func,iterable[,chunksize])
```

代码说明：

（1）第 1 行用于导入 multiprocessing 库的 Pool 模块。

（2）第 2 行用于创建进程池，processes 参数为设置进程的个数。

（3）第 3 行利用 map()函数运行进程，func 参数为需运行的函数，在爬虫实战中，为爬虫函数。iterable 为迭代参数，在爬虫实战中，可为多个 URL 列表进行迭代。

8.1.3 性能对比

多进程爬虫速度要远优于串行爬虫，但是“口说无凭”，本节将会通过代码对串行爬虫和多进程爬虫进行性能对比。

（1）本次性能对比依旧是以爬取糗事百科网“文字”专题中的信息为例来说明，如图 8.1 所示。

图 8.1 糗事百科“文字”专题

（2）由于是比较性能，爬取的信息并不多，大概有用户 ID、发表段子文字信息、好笑数量和评论数量，如图 8.2 所示。

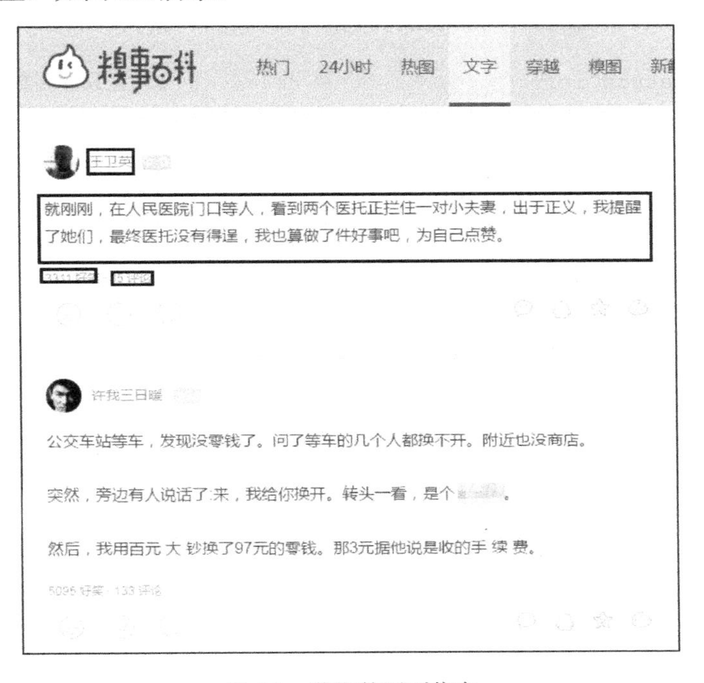

图 8.2　获取的网页信息

（3）爬取的数据只做返回，不存储。代码如下：

```
01  import requests
02  import re
03  import time
04  from multiprocessing import Pool                    #导入相应的库文件
05
06  headers = {
07      'User-Agent': 'Mozilla/5.0 (Windows NT 6.1; WOW64) AppleWebKit/537.36
08       (KHTML, like Gecko) Chrome/53.0.2785.143 Safari/537.36'
09  }                                                   #加入请求头
10
11  def re_scraper(url):                                #定义获取信息的函数
12      res = requests.get(url,headers=headers)
13      ids = re.findall('<h2>(.*?)</h2>',res.text,re.S)
14      contents = re.findall('<div class="content">.*?<span>(.*?)</span>',
         res.text,re.S)
15      laughs = re.findall('<span class="stats-vote"><i class="number">(\d+)
         </i>',res.text,re.S)
16      comments = re.findall('<i class="number">(\d+)</i> 评论',res.text,re.S)
17      for id,content,laugh,comment in zip(ids,contents,laughs,comments):
18          info = {
```

```
19              'id':id,
20              'content':content,
21              'laugh':laugh,
22              'comment':comment
23          }
24          return info                                  #这里只返回数据
25
26  if __name__ == '__main__':                           #程序主入口
27      urls = ['http://www.qiushibaike.com/text/page/{}/'.format(str(i))
        for i in range(1, 36)]
28      start_1 = time.time()
29      for url in urls:
30          re_scraper(url)                              #单进程
31      end_1 = time.time()
32      print('串行爬虫',end_1-start_1)
33      start_2 = time.time()
34      pool = Pool(processes=2)                         #2 个进程
35      pool.map(re_scraper, urls)
36      end_2 =time.time()
37      print('两个进程',end_2-start_2)
38      start_3 = time.time()
39      pool = Pool(processes=4)                         #4 个进程
40      pool.map(re_scraper, urls)
41      end_3 =time.time()
42      print('四个进程',end_3-start_3)                   #依次计时，打印程序运行时间
```

程序运行结果如图 8.3 所示。

图 8.3　性能对比

代码分析：

（1）第 1~5 行为导入相应的库。

（2）第 7~10 行为通过 Chrome 浏览器的开发者工具，复制 User-Agent，用于伪装为浏览器，便于爬虫的稳定性。

（3）第 11~24 行为定义了爬取数据的函数，在这里使用了正则表达式的方法。

（4）第 26~42 行为程序的主入口，构造所有的 URL，串行爬虫通过循环依次调用爬虫函数，多进程爬虫使用 2 个进程和 4 个进程爬取，记录开始时间，循环爬取数据，记录结束时间，最后打印出所需时间。

由于硬件条件不同，执行结果会存在一定的差异性。不过三次爬虫之间的相互差异性是相当的。由于网页数据不多，因此体现出的差异不是很显著。但从输出的结果可以看出，4 个进程爬虫的速度快于 2 个进程爬虫的速度，而进程爬取的速度又快于串行爬虫的速度。

🔔**注意：**并不是设置得进程数越多爬取速度就越快，要根据个人的计算机配置而定。

在运行程序过程中，可以打开任务管理器查看进程的使用情况，在串行爬虫中只有一个 python 进程，如图 8.4 所示，而多进程爬虫时，会有多个 python 进程工作，如图 8.5 所示，极大地提升了爬虫的速度。

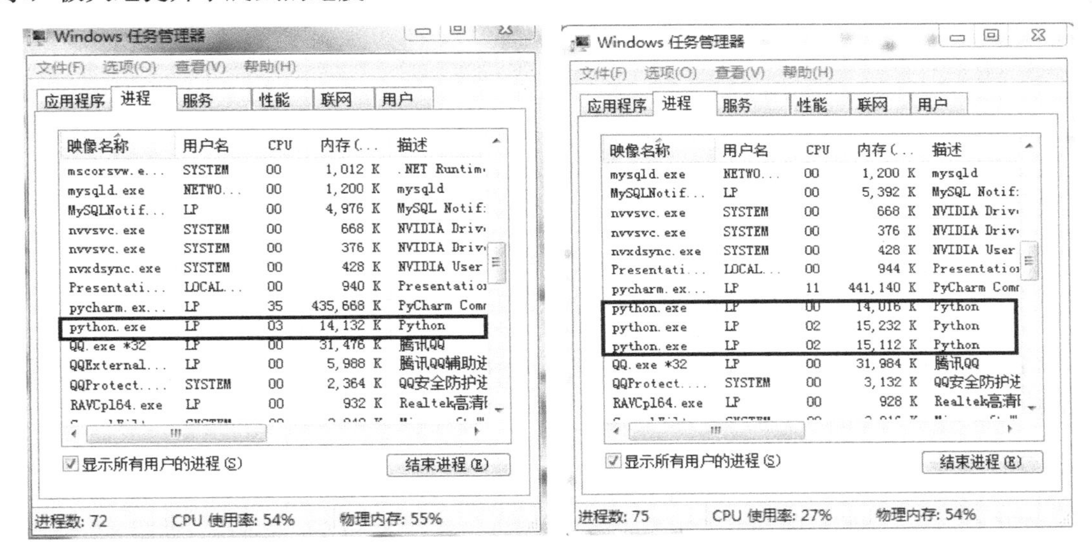

图 8.4　串行爬虫　　　　图 8.5　多进程爬虫

8.2　综合案例 1——爬取简书网热评文章

本节将利用 Requests 和 Lxml 第三方库及多进程爬虫方法，来爬取简书网“首页投稿”的热评文章数据，并存储数据到 MongoDB 数据库中。

8.2.1　爬虫思路分析

（1）本节爬取的内容为简书网“首页投稿”热评文章的信息（http://www.jianshu.com/c/bDHhpK），如图 8.6 所示。

图 8.6　简书网“首页投稿”的热评文章

（2）当手动浏览该网页时，会发现没有分页的界面，可以一直浏览下去，这说明该网页使用了异步加载。

注意：异步加载概念可阅读第 9 章的内容。

打开 Chrome 浏览器的开发者工具（按 F12 键），选择 Network 选项卡，如图 8.7 所示。

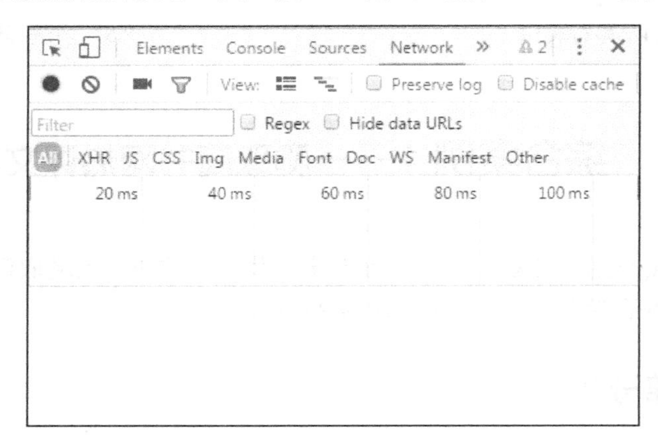

图 8.7　Network 选项卡

通过使用鼠标手动下滑浏览网页，发现 Network 选项卡中加载了一些文件，如图 8.8 所示。

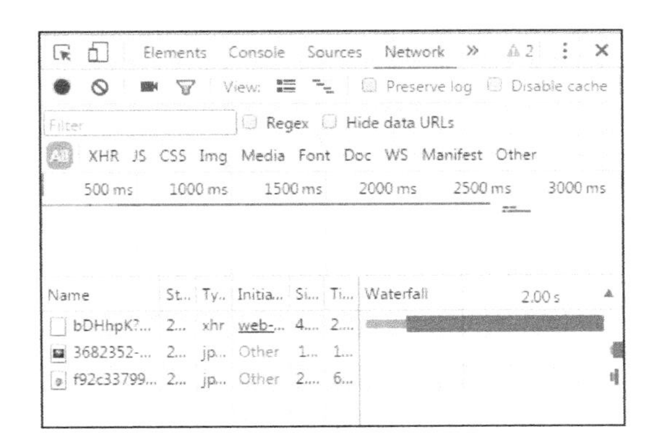

图 8.8　加载文件

打开第 1 个加载文件，在 Headers 部分可以看到请求的 URL，如图 8.9 所示，在 Response 部分可以看到返回的内容就是文章信息，如图 8.10 所示，通过关注，只需修改 page 后面的数字即可返回出不同的页面，以此来构造 URL，本次共爬取了 1 万个 URL。

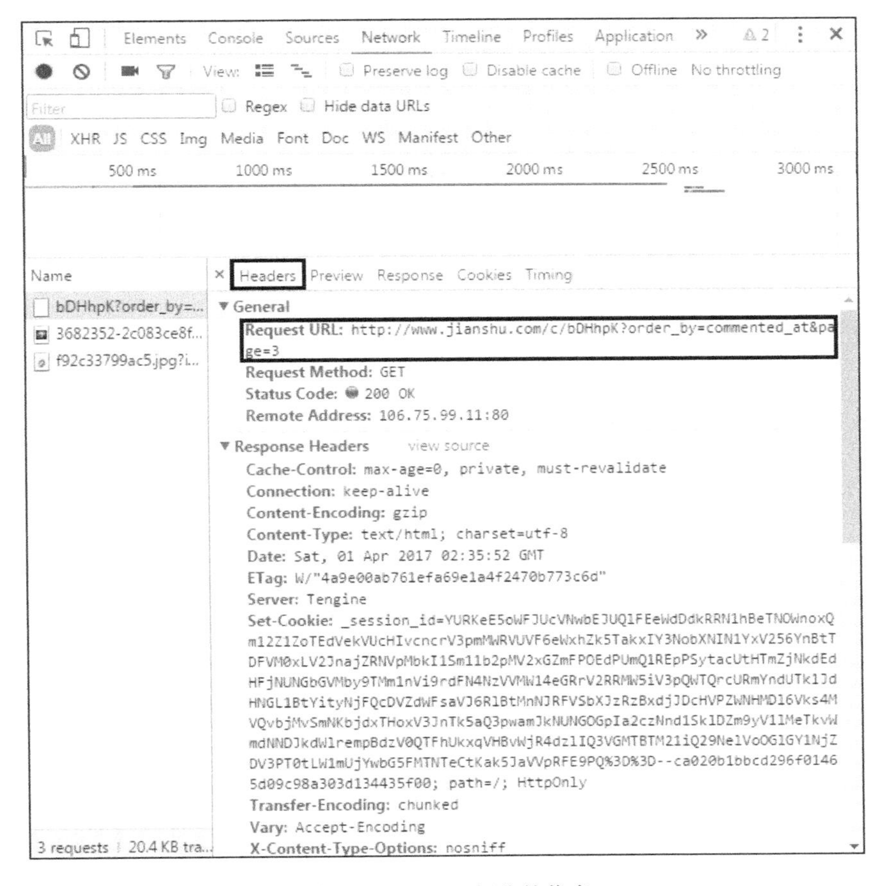

图 8.9　Headers 部分的信息

图 8.10　Response 部分的信息

（3）需要爬取的信息有：用户 ID、文章发表日期、文章标题、文章内容、浏览量、评论数、点赞数和打赏数，如图 8.11 所示。

图 8.11　需获取的网页信息

（4）运用多进程爬虫方法及 Python 中的 Pymongo 库，进行多进程爬虫，并把爬取的信息存储在 MongoDB 数据库中。

8.2.2　爬虫代码及分析

爬虫代码如下：

```
01  import requests
02  from lxml import etree
03  import pymongo
04  from multiprocessing import Pool                    #导入库
05
06  client = pymongo.MongoClient('localhost', 27017)   #连接数据库
07  mydb = client['mydb']
08  jianshu_shouye = mydb['jianshu_shouye']            #创建数据库和数据集合
09
10  def get_jianshu_info(url):                          #定义获取信息的函数
11      html = requests.get(url)
12      selector = etree.HTML(html.text)
13      infos = selector.xpath('//ul[@class="note-list"]/li')
                                                        #获取大标签，以此循环
14      for info in infos:
15          try:
16              author = info.xpath('div/div[1]/div/a/text()')[0]
17              time = info.xpath('div/div[1]/div/span/@data-shared-at ')[0]
18              title = info.xpath('div/a/text()')[0]
19              content = info.xpath('div/p/text()')[0].strip()
20              view = info.xpath('div/div[2]/a[1]/text()')[1].strip()
21              comment = info.xpath('div/div[2]/a[2]/text()')[1].strip()
22              like = info.xpath('div/div[2]/span[1]/text()')[0].strip()
23              rewards = info.xpath('div/div[2]/span[2]/text()')
24              if len(rewards) == 0:
25                  reward = '无'
26              else:
27                  reward = rewards[0].strip()
28              data = {
29                  'author':author,
30                  'time':time,
31                  'title':title,
32                  'content':content,
33                  'view':view,
34                  'comment':comment,
35                  'like':like,
36                  'reward':reward
37              }
38              jianshu_shouye.insert_one(data)            #插入数据库
39          except IndexError:
40              pass                                    #pass 掉 IndexError 错误
41
42  if __name__ == '__main__':                          #程序主入口
43      urls =
```

```
44  ['http://www.jianshu.com/c/bDHhpK?order_by=commented_at&page={}'.format
    (str(i)) for i in
45  range(1,10001)]
46      pool = Pool(processes=4)                      #创建进程池
   pool.map(get_jianshu_info, urls)                   #调用进程爬虫
```

虽然使用多进程爬取，但爬虫数量较多，需要花费一点时间，可以通过命令行窗口查看当前的数据量，如图 8.12 所示。

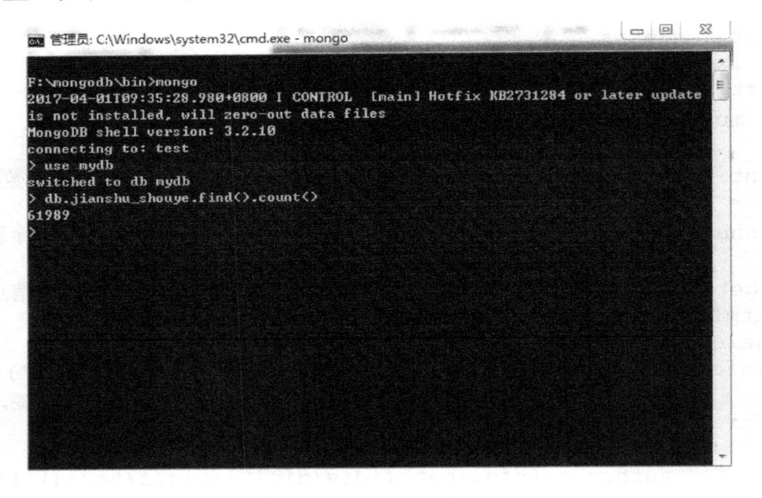

图 8.12　查看集合数据量

也可以通过 Robomongo 进行数据量的查看，如图 8.13 和图 8.14 所示。

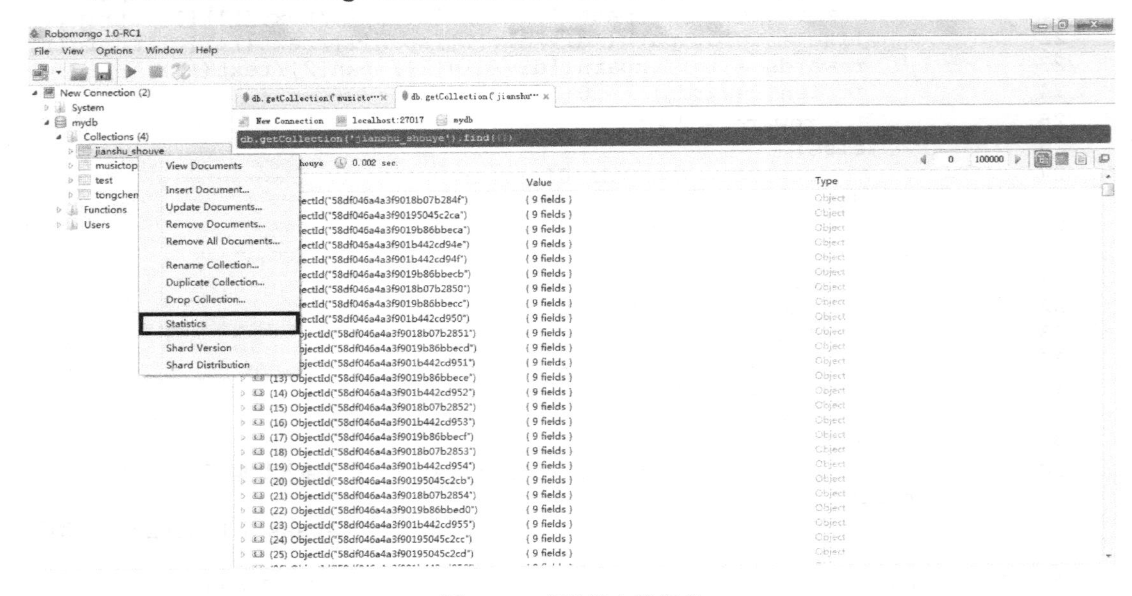

图 8.13　查看集合数据量

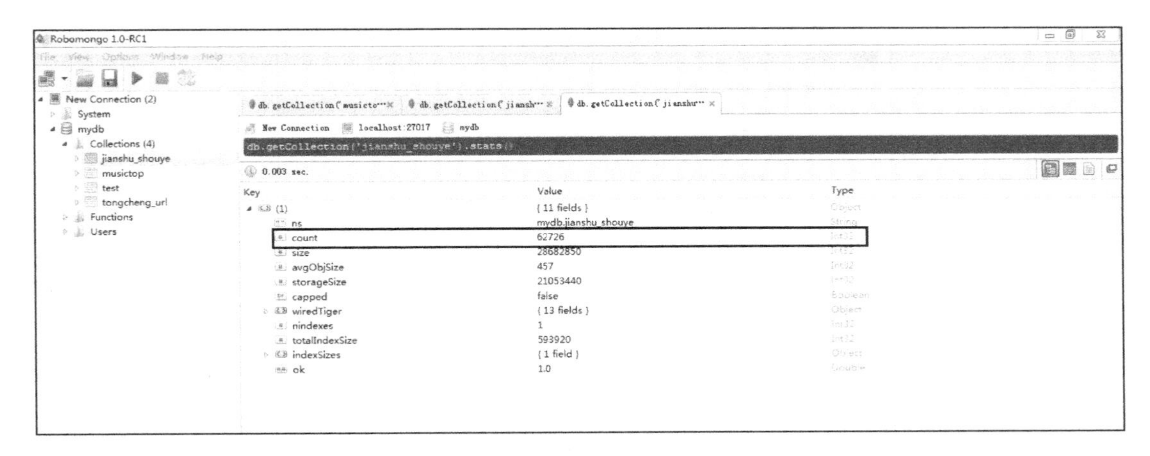

图 8.14　查看集合数据量

程序运行过程中，可打开 Robomongo 以查看数据存储的情况，如图 8.15 所示。

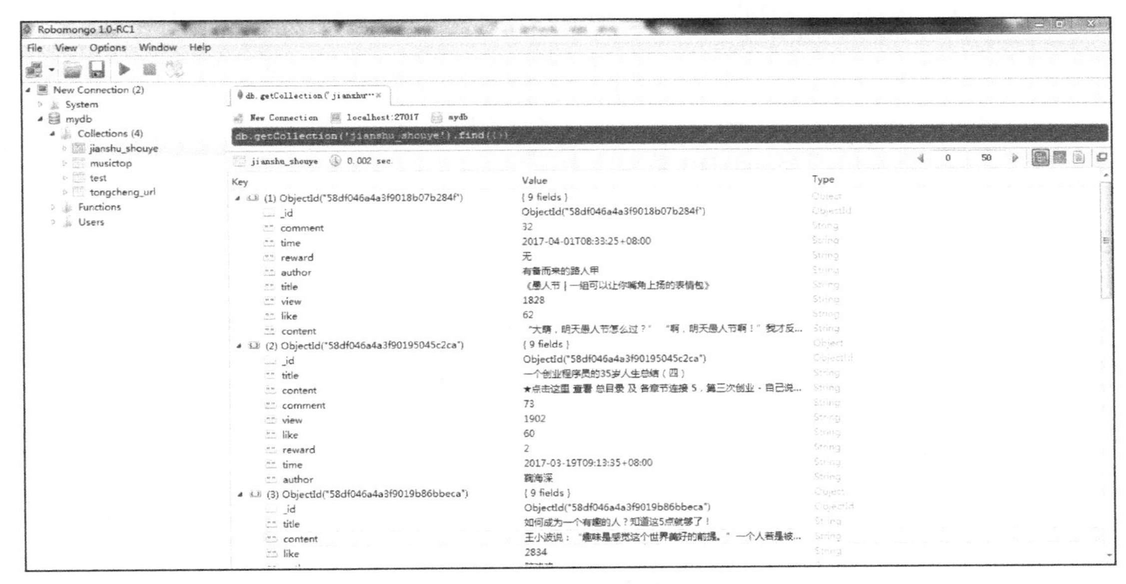

图 8.15　程序运行结果

代码分析：

（1）第 1~4 行为导入程序所需要的库，Requests 库用于请求网页。Lxml 库用于解析爬取网页数据。Pymongo 库用于对 MongoDB 数据库的操作，multiprocessing 库用于多进程爬虫。

（2）第 6~8 行为用于创建 MongoDB 数据库和集合。

（3）第 10~40 行为定义了获取简书网信息的函数，由于有些文章有打赏而有些却没有打赏，因此需要判断，如图 8.16 所示。

图 8.16　有无打赏

（4）第 42~46 行通过观察，构造一万个 URL，进行多进程爬取。

8.3　综合案例 2——爬取转转网二手市场商品信息

本节将利用 Requests、Lxml 第三方库及多进程爬虫方法，爬取转转网二手市场的商品信息，并将数据存储到 MongoDB 数据库中。

8.3.1　爬虫思路分析

（1）本节爬取的内容为转转网二手市场的所有商品信息，这里就要先爬取各个类目的 URL，如图 8.17 所示。

图 8.17　转转网类目信息

（2）在进行大规模数据爬取时，需认真观察页面结构。通过观察，二手手机号码结构与其他商品页面结构不同，因此人为剔除其 URL，如图 8.18 和图 8.19 所示。

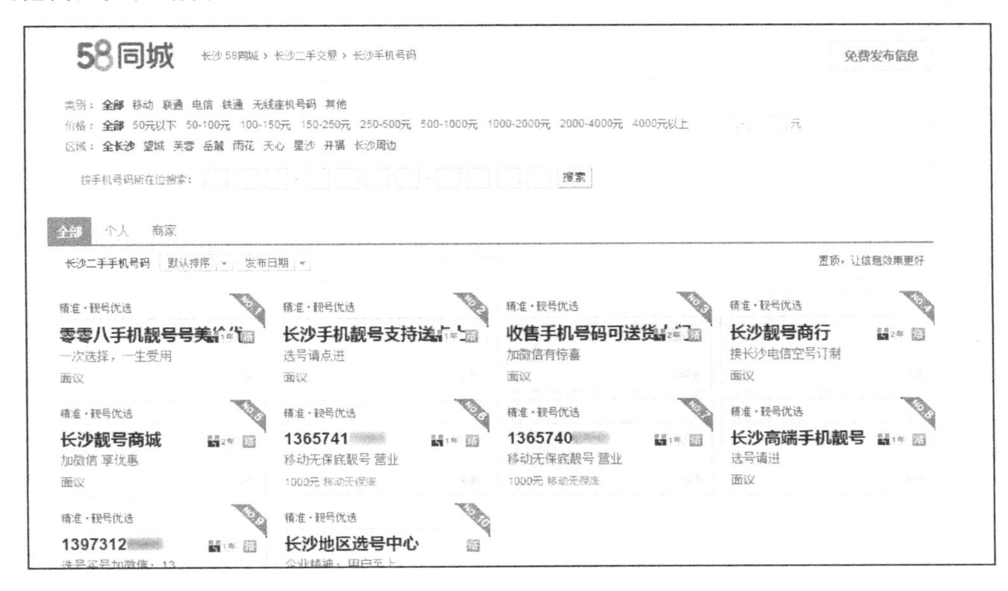

图 8.18　二手手机号页面结构

说明：58 同城网的二手市场就是转转网。

图 8.19　其他商品页面结构

（3）通过前面的方法来构造分页 URL，但每个类目的页数不同，在这里人为设置 100 页，如果网页没有数据了，可通过程序里设置的方法跳过不抓取。

（4）在商品详细页爬取数据，需要爬取的信息有商品信息、商品价格、区域、浏览量和商品欲购数量，如图 8.20 所示。

图 8.20　需获取的网页信息

（5）运用多进程爬虫方法及 Python 中的 Pymongo 库，进行多进程爬虫，并把爬取的信息存储在 MongoDB 数据库中。

8.3.2　爬虫代码及分析

在计算机中新建一个文件夹，在文件夹中新建 3 个 Python 文件。

1．channel_extract.py文件

文件代码如下：

```
01  import requests
02  from lxml import etree                              #导入库文件
03
04  start_url = 'http://cs.58.com/sale.shtml'           #请求 URL
05  url_host = 'http://cs.58.com'                       #拼接的部分 URL
06
```

```
07  def get_channel_urls(url):                          #获取商品类目 URL
08      html = requests.get(url)
09      selector = etree.HTML(html.text)
10      infos = selector.xpath('//div[@class="lbsear"]/div/ul/li')
11
12      for info in infos:
13          class_urls = info.xpath('ul/li/b/a/@href')
14          for class_url in class_urls:
15              print(url_host + class_url)             #打印类目 urls
16
17  get_channel_urls(start_url)
```

代码分析：

该程序是爬取各商品类目 URL，把爬取的 URL 信息打印到屏幕上，人工剔除二手手机号的 URL，通过三引号（即'''）存储为字符串数据，如图 8.21 所示。

```
19  channel_list = '''
20      http://cs.58.com/shouji/
21      http://cs.58.com/tongxunyw/
22      http://cs.58.com/danche/
23      http://cs.58.com/fzixingche/
24      http://cs.58.com/diandongche/
25      http://cs.58.com/sanlunche/
26      http://cs.58.com/peijianzhuangbei/
27      http://cs.58.com/diannao/
28      http://cs.58.com/bijiben/
29      http://cs.58.com/pbdn/
30      http://cs.58.com/diannaopeijian/
31      http://cs.58.com/zhoubianshebei/
32      http://cs.58.com/shuma/
33      http://cs.58.com/shumaxiangji/
34      http://cs.58.com/mpsanmpsi/
35      http://cs.58.com/youxiji/
36      http://cs.58.com/jiadian/
```

图 8.21　存储 URL

2. page_spider.py文件

文件代码如下：

```
01  import requests
02  from lxml import etree
03  import time
04  import pymongo                                          #导入库
05
06  client = pymongo.MongoClient('localhost', 27017)       #连接数据库
07  mydb = client['mydb']
08  tongcheng_url = mydb['tongcheng_url']
09  tongcheng_info = mydb['tongcheng_info']          #创建数据库和数据集合
10
11  headers = {
12      'User-Agent':'Mozilla/5.0 (Windows NT 6.1; WOW64) AppleWebKit/537.36
13       (KHTML, like Gecko) Chrome/55.0.2883.87 Safari/537.36',
```

```
14      'Connection':'keep-alive'
15  }                                               #加入请求头
16
17  def get_links(channel,pages):                   #定义获取商品 URL 的函数
18      list_view = '{}pn{}/'.format(channel,str(pages))
19      try:
20          html = requests.get(list_view,headers=headers)
21          time.sleep(2)
22          selector = etree.HTML(html.text)
23          if selector.xpath('//tr'):
24              infos = selector.xpath('//tr')
25              for info in infos:
26                  if info.xpath('td[2]/a/@href'):
27                      url = info.xpath('td[2]/a/@href')[0]
28                      tongcheng_url.insert_one({'url':url})      #插入数据库
29                  else:
30                      pass
31          else:
32              pass
33      except requests.exceptions.ConnectionError:
34          pass                                    #pass 掉请求连接错误
35
36  def get_info(url):                              #定义商品详细信息的函数
37      html = requests.get(url,headers=headers)
38      selector = etree.HTML(html.text)
39      try:
40          title = selector.xpath('//h1/text()')[0]
41          if selector.xpath('//span[@class="price_now"]/i/text()'):
42              price = selector.xpath('//span[@class="price_now"]/i/text
                ()')[0]
43          else:
44              price = "无"
45          if selector.xpath('//div[@class="palce_li"]/span/i/text()'):
46              area = selector.xpath('//div[@class="palce_li"]/span/i/
                text()')[0]
47          else:
48              area = "无"
49          view = selector.xpath('//p/span[1]/text()')[0]
50          if selector.xpath('//p/span[2]/text()'):
51              want = selector.xpath('//p/span[2]/text()')[0]
52          else:
53              want = "无"
54          info = {
55              'tittle':title,
56              'price':price,
57              'area':area,
58              'view':view,
59              'want':want,
60              'url':url
61          }
62          tongcheng_info.insert_one(info)         #插入数据库
63      except IndexError:
64          pass                                    #pass 掉 IndexError:错误
```

代码分析：

（1）第 1~4 行为导入相应的库。

（2）第 6~9 行用于创建 MongoDB 数据库和集合。

（3）第 11~15 行通过 Chrome 浏览器的开发者工具，复制 User-Agent，用于伪装为浏览器，便于爬虫的稳定性。

（4）第 17~34 行定义获取商品详细 URL 的函数，这里可以通过是否有 tr 标签来判断网页是否还存在信息，如图 8.22 和图 8.23 所示。

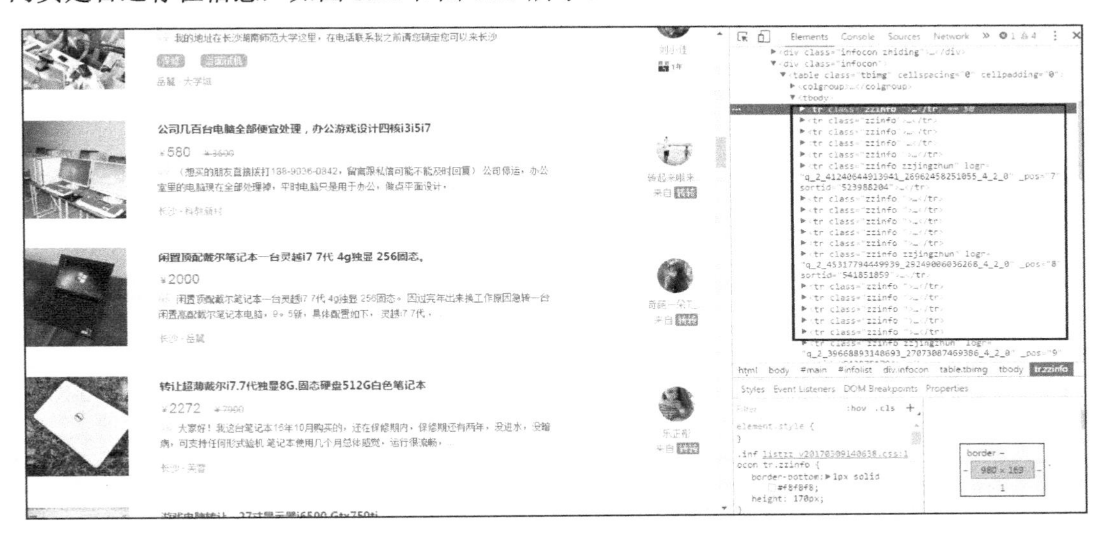

图 8.22　判断页面信息 1

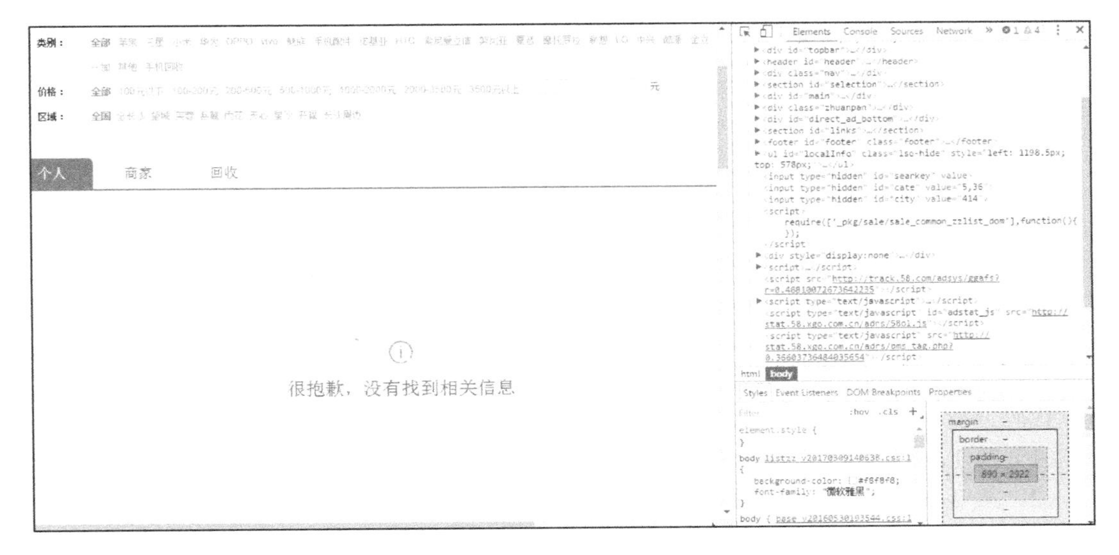

图 8.23　判断页面信息 2

（5）第 36~64 行为定义爬取商品信息的函数。

3. main.py文件

商品 URL 代码如下：

```
01  import sys
02  sys.path.append("..")
03  from multiprocessing import Pool
04  from channel_extract import channel_list
05  from page_spider import get_links                 #导入库文件和同一文件下的程序
06
07  def get_all_links_from(channel):
08      for num in range(1,101):
09          get_links(channel,num)                    #构造 urls
10
11  if __name__ == '__main__':                        #程序主入口
12      pool = Pool(processes=4)                      #创建进程池
13  pool.map(get_all_links_from,channel_list.split())         #调用进程池爬虫
```

运行该 main.py 程序，可以爬取所有商品的 URL，打开 Robomongo 进行信息的查看，如图 8.24 所示。

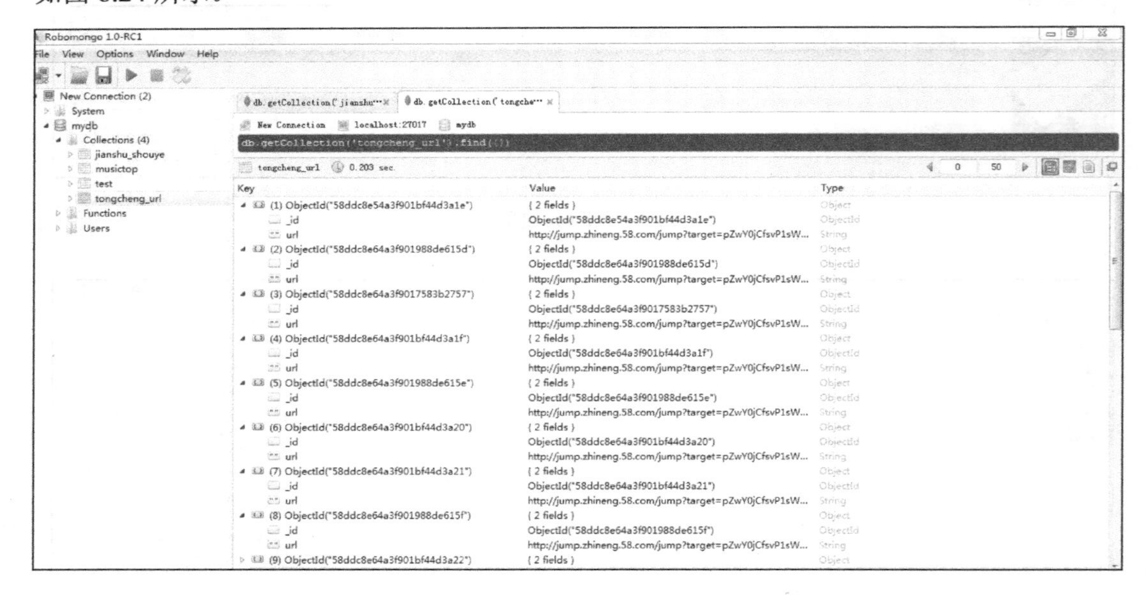

图 8.24　商品 URL

代码分析：

（1）第 1、2 行用于文件中模块的相互引用。

（2）第 3~5 行为导入多进程模块，从 channel_extract.py 中导入各商品类目 URL，从 page_spider.py 中导入获取商品 URL 的函数。

（3）第 7~9 行为构造多页面的链接。

（4）第 11~13 行为程序主入口，多进程爬取数据。

商品详细信息代码如下：

```
01  import sys
02  sys.path.append("..")
03  from multiprocessing import Pool
04  from page_spider import get_info
05  from page_spider import tongcheng_url
06  from page_spider import tongcheng_info
07
08  db_urls = [item['url'] for item in tongcheng_url.find()]
09  db_infos = [item['url'] for item in tongcheng_info.find()]
10  x = set(db_urls)
11  y = set(db_infos)
12  rest_urls = x - y
13
14  if __name__ == '__main__':
15      pool = Pool(processes=4)
16  pool.map(get_info,rest_urls)
```

运行该 main.py 程序，通过调用存入数据库的商品 URL 信息，爬取商品信息。打开 Robomongo 进行信息的查看，如图 8.25 所示。

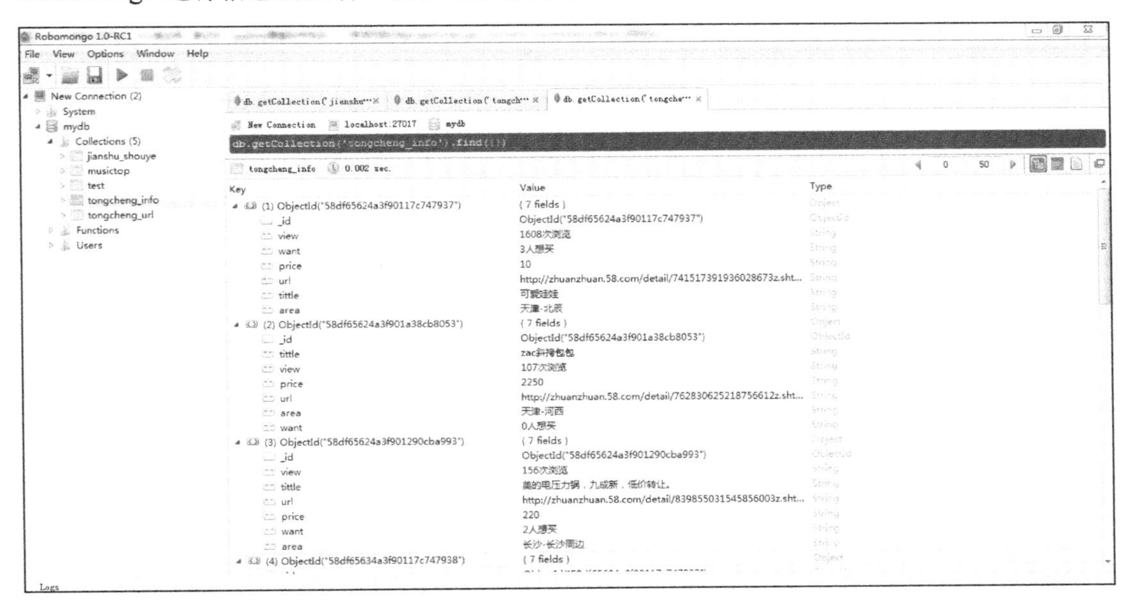

图 8.25　商品信息

代码分析：

（1）第 1、2 行为用于文件中模块的相互引用。

（2）第 3~6 行为导入多进程模块，从 page_spider.py 中导入获取商品信息的函数，以及两个数据集合。

（3）第 8~12 行：

```
08  db_urls = [item['url'] for item in tongcheng_url.find()]
09  db_infos = [item['url'] for item in tongcheng_info.find()]
10  x = set(db_urls)
11  y = set(db_infos)
12  rest_urls = x - y
```

由于网络或其他原因，爬虫程序可能会中断，再次运行爬虫程序时，还需重新开始爬取。通过上面的代码可以实现断点续爬，通过两个数据集合中的 URL 相减，爬取剩余部分的 URL 即可。

（4）第 14~16 行为程序主入口，多进程爬取数据。

第 9 章　异步加载

当读者针对某些网页进行爬虫时，可能会发现代码无错误的情况下爬取不到数据，这是因为遇到了采用异步加载技术的网页。本章将讲解异步加载的基本概念，并针对异步加载网页而使用逆向工程抓取数据，最后通过综合案例讲解逆向工程的使用方法和常用技巧。

本章涉及的主要知识点如下。

- 异步加载：了解异步加载的基本概念。
- 逆向工程：了解并使用逆向工程方法获取异步加载数据。
- 逆向工程使用：通过综合案例，讲解逆向工程的使用方法和常用技巧。

9.1　异步加载技术与爬虫方法

本节将讲解异步加载技术的基本概念，并介绍识别异步加载网页的常用技巧，最后给出简单的异步加载网页示例，并学习逆向工程抓取数据的方法。

9.1.1　异步加载技术概述

传统的网页如果需要更新内容，必须重载整个网页页面，网页加载速度慢，用户体验差，而且数据传输少，会造成带宽浪费。异步加载技术（AJAX），即异步 JavaScript 和 XML，是指一种创建交互式网页应用的网页开发技术。通过在后台与服务器进行少量数据交换，AJAX 可以使网页实现异步更新。这意味着可以在不重新加载整个网页的情况下，对网页的某部分进行更新。

9.1.2　异步加载网页示例

8.2 节介绍的简书网“首页投稿”热评文章的信息（http://www.jianshu.com/c/bDHhpK），通过下滑进行浏览，并没有分页的信息，而是一直浏览下去，但网址信息并没有改变。传统的网页不可能一次性加载如此庞大的信息，通过分析可判断该网页使用了异步加载技术。

读者也可以通过查看数据是否在网页源代码中来判断网页是否采用了异步加载技术，

如图 9.1 所示，下滑后的简书的文章信息并不在网页源代码中，以此判断网页使用了异步加载技术。

图 9.1　识别 AJAX

前面介绍了爬取 PEXELS（https://www.pexels.com/）网站上的图片，细心的读者会发现，每个搜索下载的图片并不多，而网站也是通过下滑来不断刷新图片的，说明该网站也同样使用了 AJAX 技术，如图 9.2 所示。

图 9.2　识别 AJAX

通过 AJAX 技术可以实现下滑分页，而有些网页使用 AJAX 技术加载网页信息，如图 9.3 所示为简书网中的一篇文章收录的专题信息。

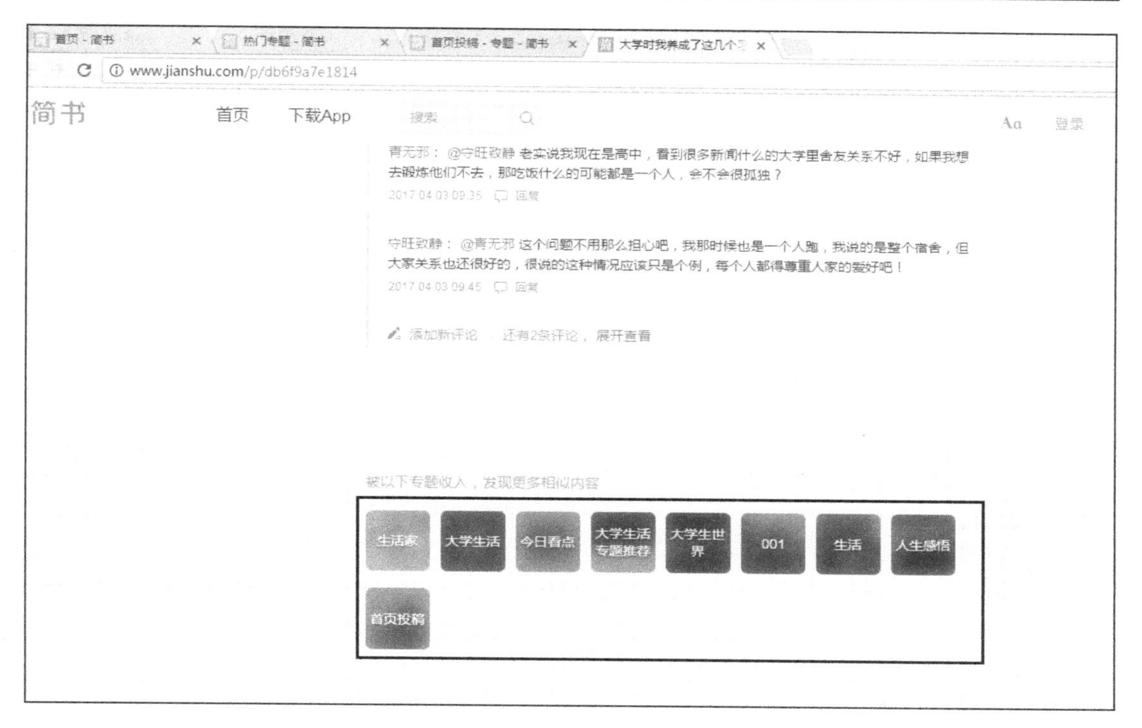

图 9.3　AJAX 网页示例

通过 Chrome 浏览器的“检查”功能，查找对应的位置，编写以下爬虫代码会发现爬取不到收录的信息，如图 9.4 所示。

```
import requests
from lxml import etree
url = 'http://www.jianshu.com/p/db6f9a7e1814'
html = requests.get(url)
selector = etree.HTML(html.text)
infos = selector.xpath('//a[@class="item"]')
print(infos)
```

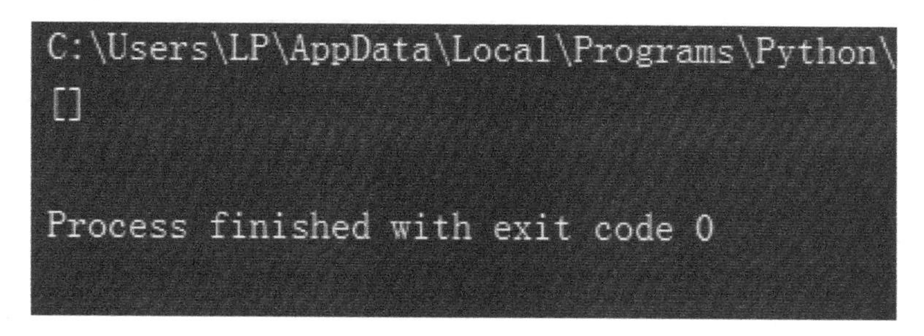

图 9.4　无法爬取信息

这时，在网页源代码中查询“生活家”，发现并没有匹配到信息，如图 9.5 所示。

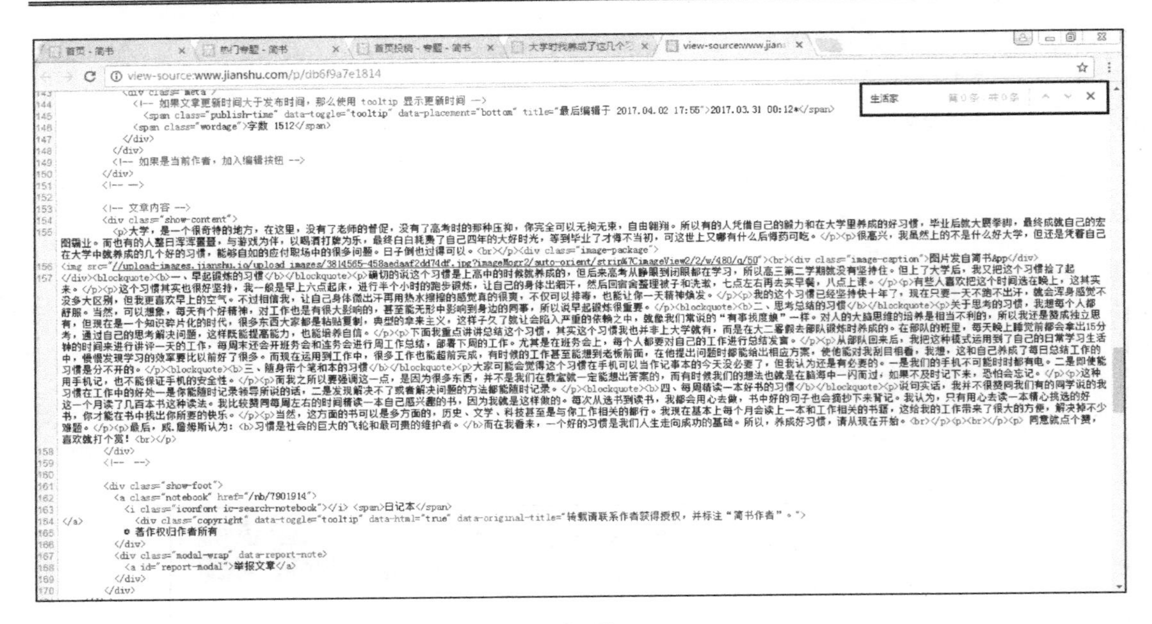

图 9.5　识别 AJAX

9.1.3　逆向工程

使用异步加载技术，不再是立即加载所有网页内容，而展示的内容也就不在 HTML 源码中。这样，通过前面的方法就无法正确抓取到数据。想要抓取这些通过异步加载方法的网页数据，需要了解网页是如何加载这些数据的，该过程就叫做逆向工程。Chrome 浏览器的 Network 选项卡可以查看网页加载过程中的所有文件信息，通过对这些文件的查看和筛选，找出需抓取数据的加载文件，以此来设计爬虫代码。

因为这个原因，逆向工程俗称为“抓包”。我们以 Pexels（https://www.pexels.com/search/book/）网站为例，讲解逆向工程的方法。

（1）打开 Chrome 浏览器的开发者工具（按 F12 键），选择 Network 选项卡，如图 9.6 所示。

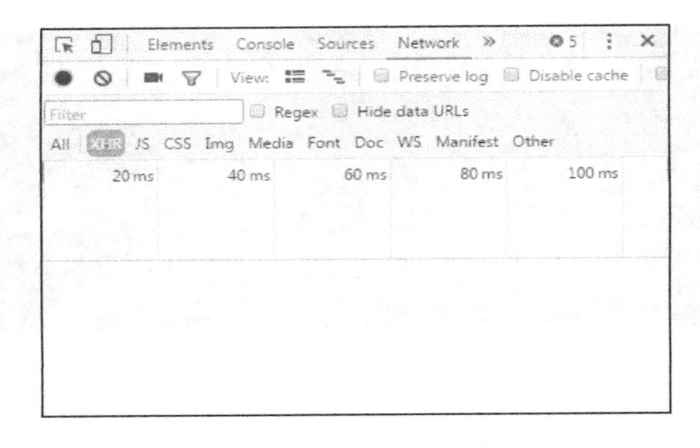

图 9.6　Network 选项卡

（2）因为分页文件大部分在 XHR（可扩展超文本传输请求）中，选中 XHR 选项，通过鼠标手动下滑浏览网页，会发现 Network 选项卡中会加载一些文件，如图 9.7 所示。

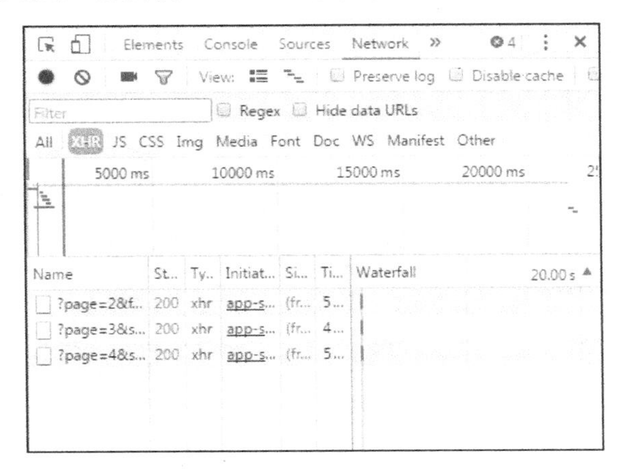

图 9.7　加载文件

（3）打开第一个加载文件，在 Headers 部分可以看到请求的 URL，如图 9.8 所示。

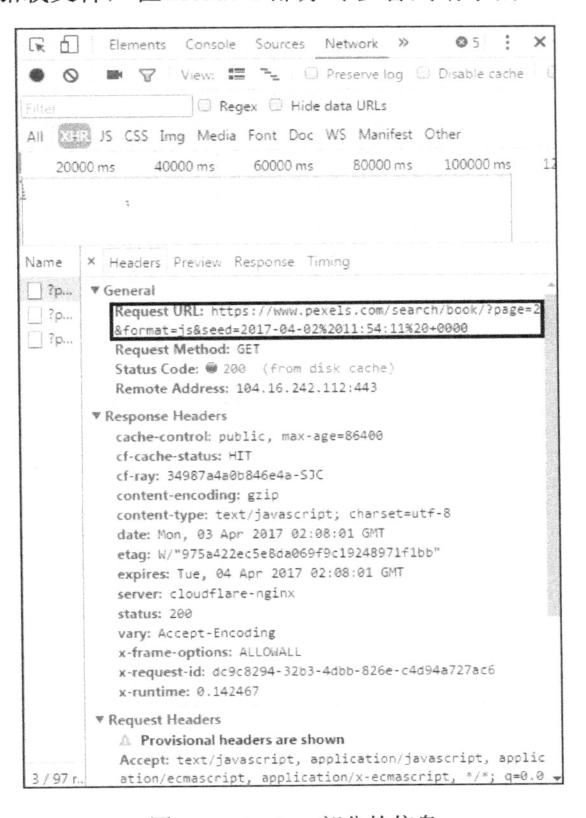

图 9.8　Headers 部分的信息

（4）现在尝试删掉部分字符串，把 URL 缩短，发现使用“https://www.pexels.com/search/book/?page=2”就可以返回网页的正常内容，如图 9.9 所示。

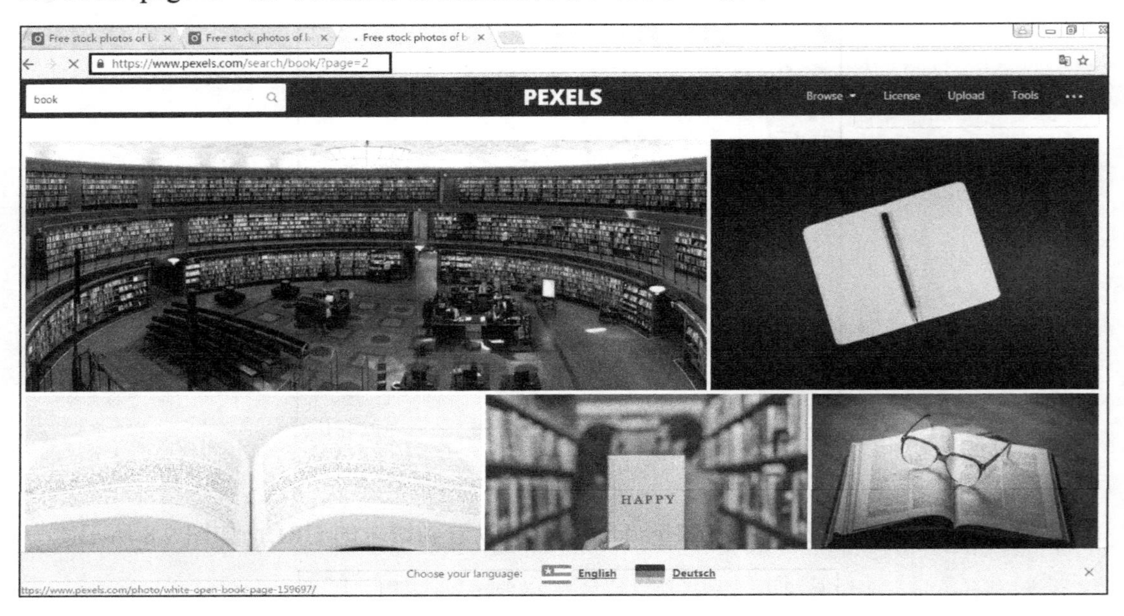

图 9.9　Response 部分的信息

（5）继续手动下滑翻页，会发现 Headers 部分请求的 URL 只是 page 后面的数字在改变。通过这个规律，就可以构建多个 URL 来爬取大量图片了。

（6）通过分析，便可以编写代码下载多页关于 book 的图片了，程序运行结果如图 9.10 所示。

```
from bs4 import BeautifulSoup
import requests                                   #导入库文件
headers ={

'accept':'text/html,application/xhtml+xml,application/xml;q=0.9,image/webp,*/*;q=0.8',
    'User-Agent':'Mozilla/5.0 (Windows NT 6.1; WOW64) AppleWebKit/537.36 (KHTML, like Gecko) Chrome/53.0.2785.143 Safari/537.36'
}                                                 #加入请求头
urls = ['https://www.pexels.com/search/book/?page={}'.format(i) for i in range(1,20)]
list = []                                         #初始化列表，用于存储图片 urls
for url in urls:
    wb_data = requests.get(url, headers=headers)
    soup = BeautifulSoup(wb_data.text, 'lxml')
    imgs = soup.select('article > a > img')
    for img in imgs:
        photo = img.get('src')
        list.append(photo)
```

```
path = 'C://Users/LP/Desktop/photo/'
for item in list:
    data = requests.get(item, headers=headers)
    fp = open(path + item.split('?')[0][-10:], 'wb')
    fp.write(data.content)                    #写入图片内容
    fp.close()                                #关闭文件
```

图 9.10　运行结果

这样就通过逆向工程对利用 AJAX 技术实现下滑分页的网页进行了数据抓取，而有些网页内容使用 AJAX 技术加载网页信息，如何利用逆向工程操作进行数据抓取，将会在爬虫案例中详细介绍。

9.2　综合案例 1——爬取简书网用户动态信息

本节将利用 Requests、Lxml 第三方库及逆向工程方法，爬取简书网用户动态信息，并存储在 MongoDB 数据库中。

9.2.1　爬虫思路分析

（1）本节爬取的内容为简书网用户动态（这里以笔者为例）的信息（http://www.jianshu.com/u/9104ebf5e177），如图 9.11 所示。

图 9.11　用户动态信息

（2）当首次打开该网页 URL 时，单击“动态”链接后，发现网页 URL 并没有发生变化，如图 9.12 和图 9.13 所示，所以判断该网页采用了异步加载技术。

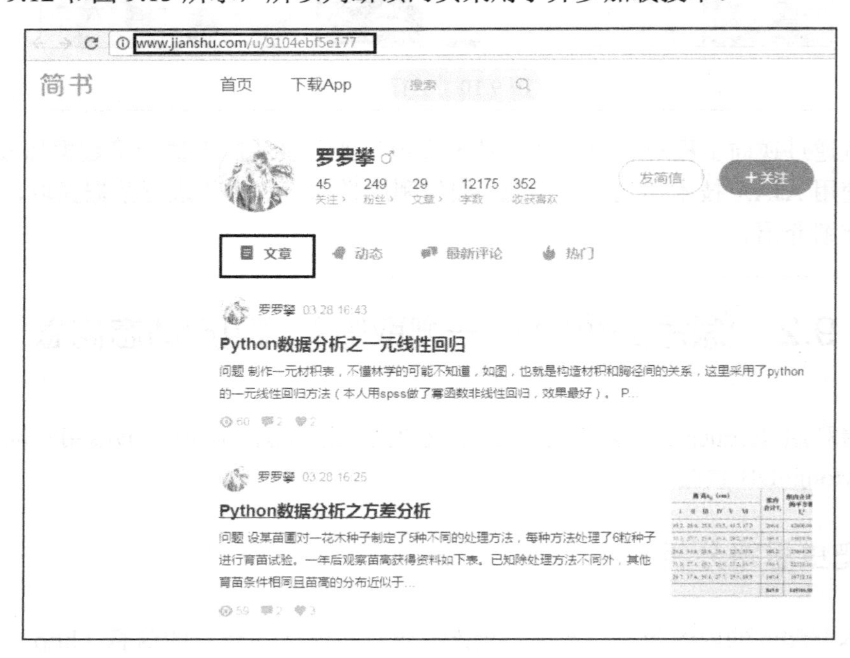

图 9.12　识别 AJAX1

图 9.13　识别 AJAX 2

（3）打开 Chrome 浏览器的开发者工具（按 F12 键），选择 Network 选项卡，再选择 XHR 项，可发现网页加载了用户“动态”内容的文件，如图 9.14 所示。

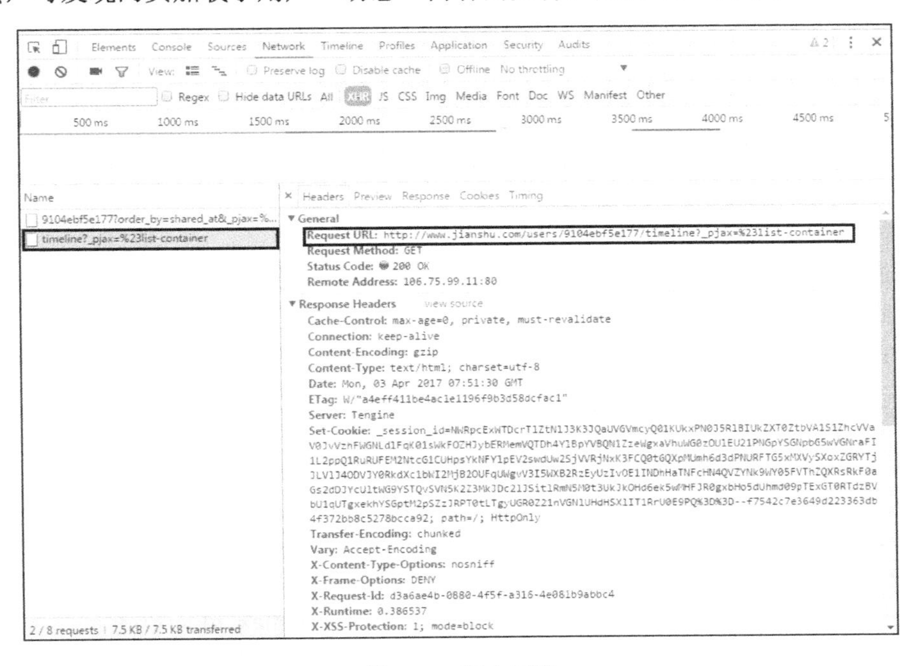

图 9.14　逆向工程

（4）观察该文件的 Response 信息发现返回的是 XML 文件，内容正是用户“动态”内容（如图 9.15 所示），每个 li 标签就是一个用户动态内容。删除 timeline 后面的字符串也可返回正确的内容，以此构造第一页的 URL 为 http://www.jianshu.com/users/9104ebf5e177/timeline。

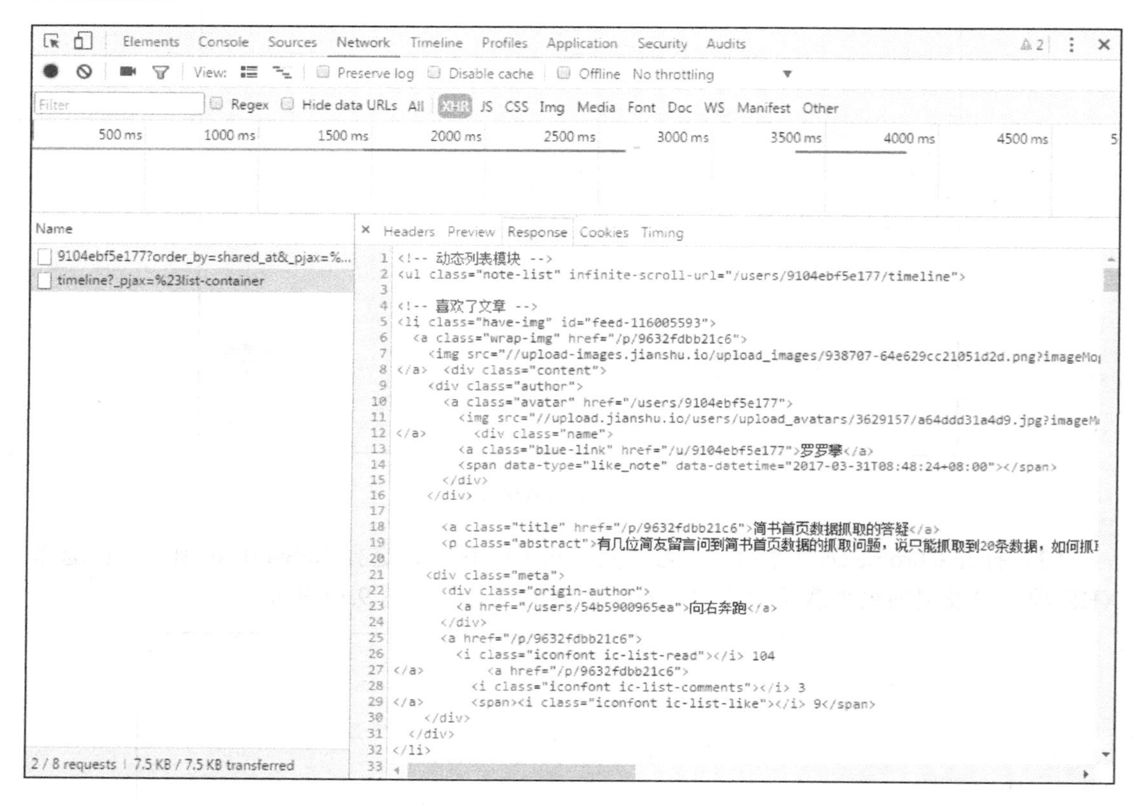

图 9.15　Response 部分的信息

（5）通过下滑浏览发现，该网页也是使用异步加载技术进行分页处理的，如图 9.16 所示，以此记录前几页的 URL：

```
http://www.jianshu.com/users/9104ebf5e177/timeline?max_id=105768197&pag
e=2
http://www.jianshu.com/users/9104ebf5e177/timeline?max_id=103239632&pag
e=3
http://www.jianshu.com/users/9104ebf5e177/timeline?max_id=102134973&pag
e=4
```

（6）通过手工删除 URL 中的 max_id，发现不能返回正常的内容，如图 9.17 所示，说明 max_id 是一个很关键的字段。而笔者发现每个页面的 max_id 都不同，通过观察数字也没有找出明显的规律，而构造 URL 的重点就在于如何获取 max_id 的数字。

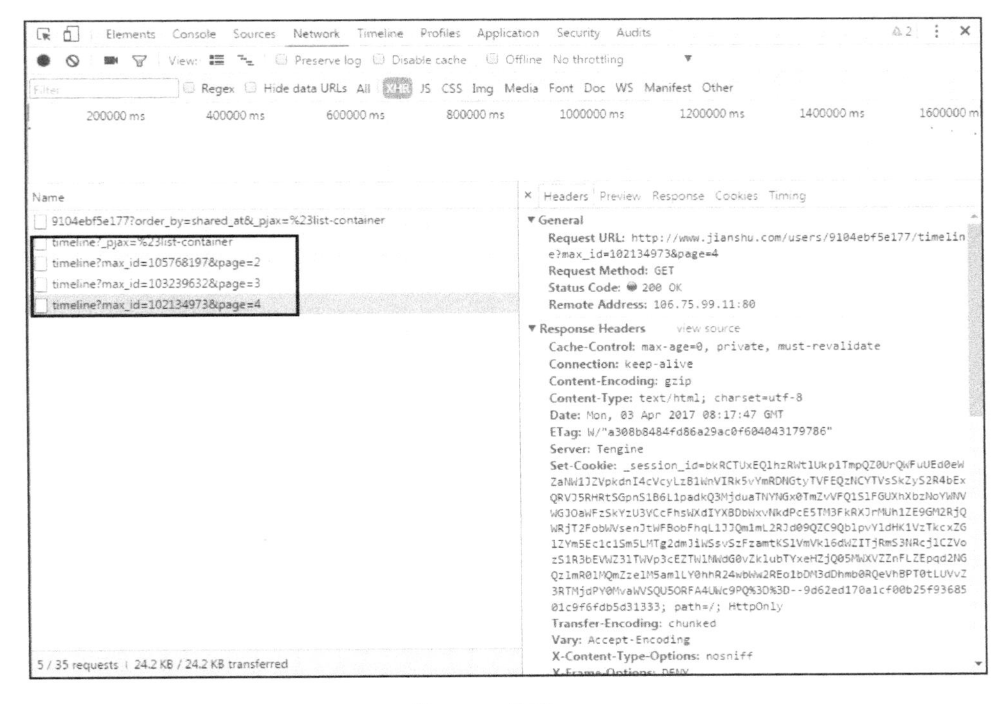

图 9.16　分页 URL

图 9.17　构造 URL 分析 1

（7）前面分析到每个 li 标签就是用户的一条动态内容，笔者发现，li 标签的 id 字段有着一串没有规律的数字信息，如图 9.18 所示。通过观察发现，前一页最后一个 li 标签中的 id 数字，刚好是它下一页 URL 中的 max_id 数字加 1，如图 9.19 所示，以此来构造出分页 URL。

```
× Headers  Preview  Response  Cookies  Timing
285
286
287 <!-- 发表了文章 -->
288 <li class="" id="feed-115021872">
289     <div class="content">
290     <div class="author">
291       <a class="avatar" href="/users/9104ebf5e177">
292         <img src="//upload.jianshu.io/users/upload_avatars/3
293 </a>        <div class="name">
294         <a class="blue-link" href="/u/9104ebf5e177">罗罗攀</a
295         <span data-type="share_note" data-datetime="2017-03-
296       </div>
297     </div>
298
299     <a class="title" href="/p/8abfa3201c28">Python数据分析之
300     <p class="abstract">问题重述 某厂生产一种弹子锁，其槽数高度
301
302     <div class="meta">
303       <a href="/p/8abfa3201c28">
304         <i class="iconfont ic-list-read"></i> 61
305 </a>          <a href="/p/8abfa3201c28">
306           <i class="iconfont ic-list-comments"></i> 5
307 </a>        <span><i class="iconfont ic-list-like"></i> 1</spa
308         <span><i class="iconfont ic-list-money"></i> 1</span
309     </div>
310
311   </div>
312 </li>
313
314
315 <!-- 喜欢了文章 -->
316 <li class="" id="feed-113511151">
```

图 9.18　构造 URL 分析 2

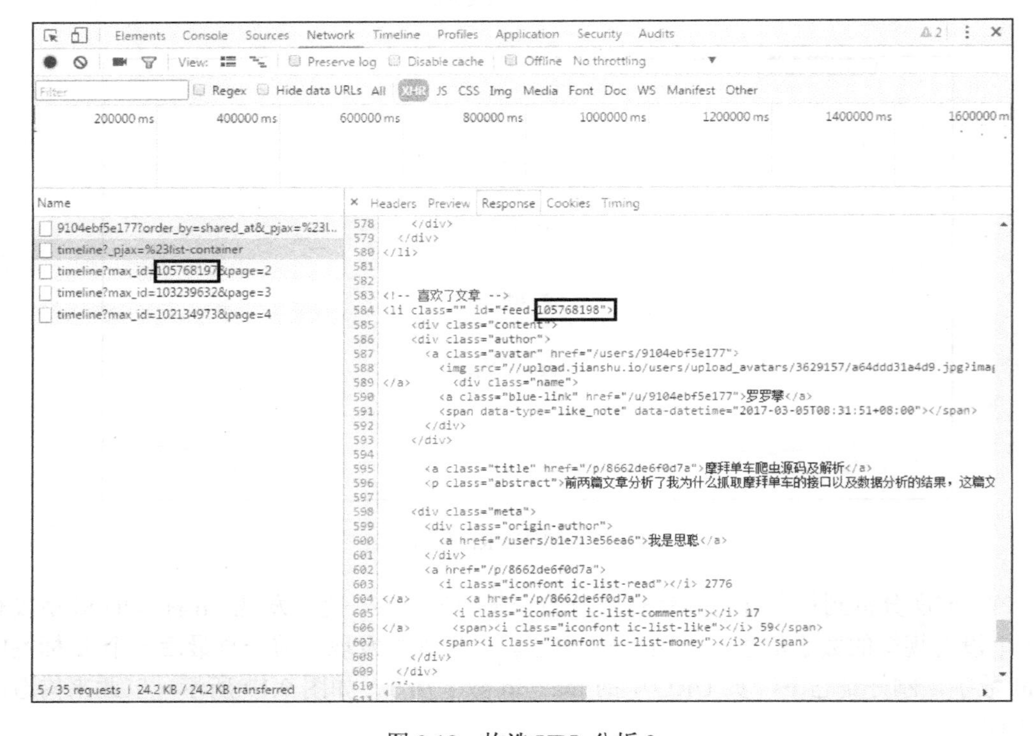

图 9.19　构造 URL 分析 3

（8）由于 Response 返回的是 XML 文档，便可通过 Lxml 库进行数据的抓取工作，需爬取的内容为用户“动态”类型和时间信息，如图 9.20 所示。

```
<!-- 喜欢了文章 -->
<li class="have-img" id="feed-105820998">
  <a class="wrap-img" href="/p/fe513189ccc8">
    <img src="//upload-images.jianshu.io/upload_images/3888998-0fd4c4280f13bf85.png?imag
</a>  <div class="content">
    <div class="author">
      <a class="avatar" href="/users/9104ebf5e177">
        <img src="//upload.jianshu.io/users/upload_avatars/3629157/a64ddd31a4d9.jpg?imag
</a>        <div class="name">
        <a class="blue-link" href="/u/9104ebf5e177">罗罗攀</a>
        <span data-type="like_note" data-datetime="2017-03-05T10:55:26+08:00"></span>
      </div>
    </div>

      <a class="title" href="/p/fe513189ccc8">爬取简书用户数据思路梳理</a>
      <p class="abstract">一、整体思路 ①从专题页的关注粉丝页面url入口，找到请求的url参数构造u

    <div class="meta">
      <div class="origin-author">
        <a href="/users/d83382d92519">Mr_Cxy</a>
      </div>
      <a href="/p/fe513189ccc8">
        <i class="iconfont ic-list-read"></i> 56
</a>          <a href="/p/fe513189ccc8">
          <i class="iconfont ic-list-comments"></i> 0
</a>        <span><i class="iconfont ic-list-like"></i> 4</span>
    </div>
  </div>
</li>
```

图 9.20　需爬取的内容

（9）最后，把爬取的信息存储在 MongoDB 数据库中。

9.2.2　爬虫代码及分析

爬虫代码如下：

```
01  import requests
02  from lxml import etree
03  import pymongo
04
05  client = pymongo.MongoClient('localhost', 27017)
06  mydb = client['mydb']
07  timeline = mydb['timeline']
08
09  def get_time_info(url,page):
10      user_id = url.split('/')
11      user_id = user_id[4]
12      if url.find('page='):
13          page = page+1
14      html = requests.get(url)
15      selector = etree.HTML(html.text)
16      infos = selector.xpath('//ul[@class="note-list"]/li')
17      for info in infos:
```

```
18          dd = info.xpath('div/div/div/span/@data-datetime')[0]
19          type = info.xpath('div/div/div/span/@data-type')[0]
20          timeline.insert_one({'date':dd,'type':type})
21
22      id_infos = selector.xpath('//ul[@class="note-list"]/li/@id')
23      if len(infos) > 1:
24          feed_id = id_infos[-1]
25          max_id = feed_id.split('-')[1]
26          next_url = 'http://www.jianshu.com/users/%s/timeline?max_id=
            %s&page=%s' %
27  (user_id, max_id, page)
28          get_time_info(next_url, page)
29
30  if __name__ == '__main__':
31  get_time_info('http://www.jianshu.com/users/9104ebf5e177/timeline',1)
```

程序运行完毕后，可打开 Robomongo 进行用户动态内容信息的查看，如图 9.21 所示。

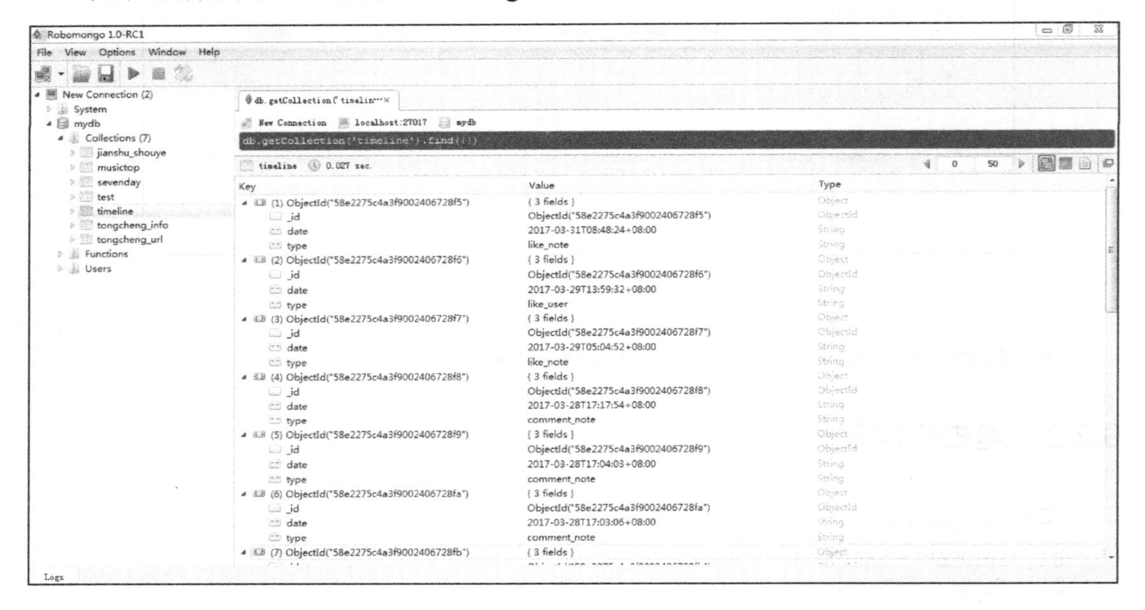

图 9.21 爬虫结果

代码分析：

（1）第 1~3 行为导入程序所需要的库，Requests 库用于请求网页，Lxml 库用于解析爬取网页数据，Pymongo 库用于对 MongoDB 数据库的操作。

（2）第 5~7 行用于创建 MongoDB 数据库和集合。

（3）第 9~28 行定义了获取用户动态内容信息的函数。其中，第 10、11 行用来获取用户 URL 中的 ID 信息，例如，在 http://www.jianshu.com/users/9104ebf5e177/timeline 中提取 9104ebf5e177 字段，因为这段信息代表着简书用户，这样提高了代码的普适性。第 12、13 行，让 page 加 1，用于构造 URL。第 14~20 行，用于爬取数据和存储数据。第 22~28 行，用于抓取 li 标签中的 id 信息，取最后一个信息，通过 split()函数获取到数据构造 max_id，最后回调该函数，用于循环爬取。

（4）第 30、31 行为函数主入口，传入 URL，调用爬虫函数。

9.3　综合案例 2——爬取简书网 7 日热门信息

本节将利用 Requests、Lxml 等第三方库及逆向工程方法，爬取简书网 7 日热门信息，并存储在 MongoDB 数据库中。

9.3.1　爬虫思路分析

（1）本节爬取的内容为简书网“7 日热门”信息（http://www.jianshu.com/trending/weekly），如图 9.22 所示。

图 9.22　简书网“7 日热门”信息

（2）该网页也采用了 AJAX 技术实现分页。打开 Chrome 浏览器的开发者工具（按 F12 键），选择 Network 选项卡，然后选择 XHR 选项，可发现翻页的网页文件，如

图 9.23 所示。

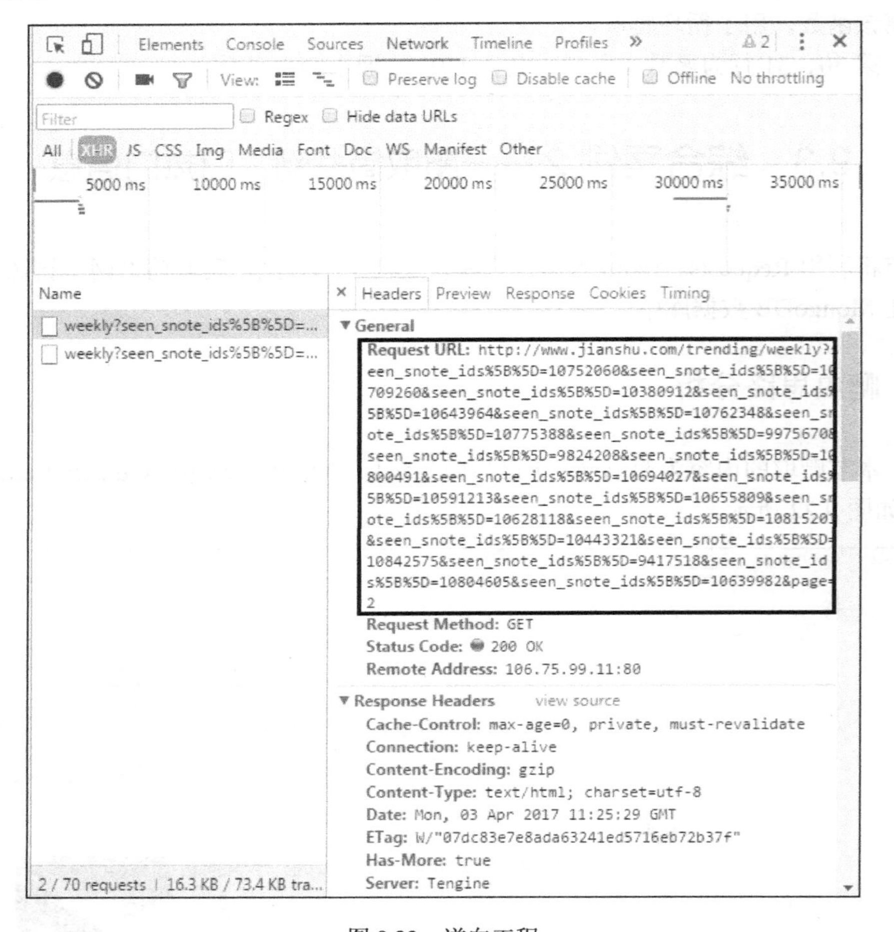

图 9.23　逆向工程

（3）人工删除 URL 中间部分的字符串，发现网址为 http://www.jianshu.com/ trending/ weekly?page=时即可返回正确的内容，发现简书网“7 日热门”信息的 page 到第 11 页就没有信息了，如图 9.24 所示，以此构造所有的 URL。

图 9.24　构造 URL

（4）本次爬虫在详细页中进行，因此先需要爬取进入详细页的网址链接，进而爬取数据。

（5）需要爬取的信息有：作者 ID、文章名、发布日期、字数、阅读、评论、喜欢、赞赏数量和收录专题，如图 9.25、图 9.26 和图 9.27 所示。

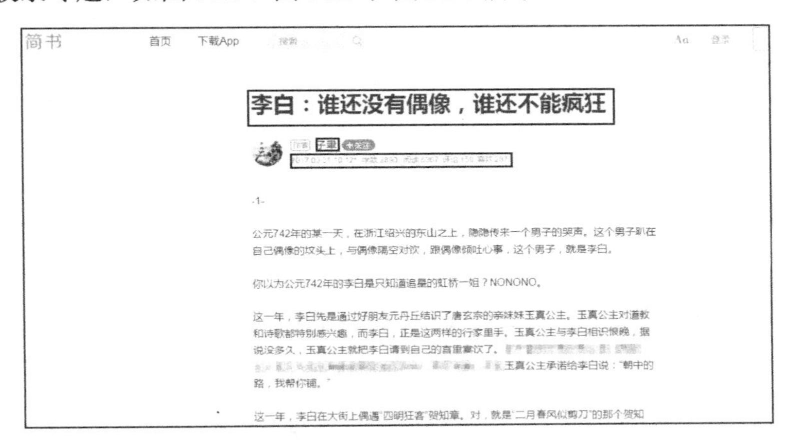

图 9.25　需爬取的内容 1

图 9.26　需爬取的内容 2

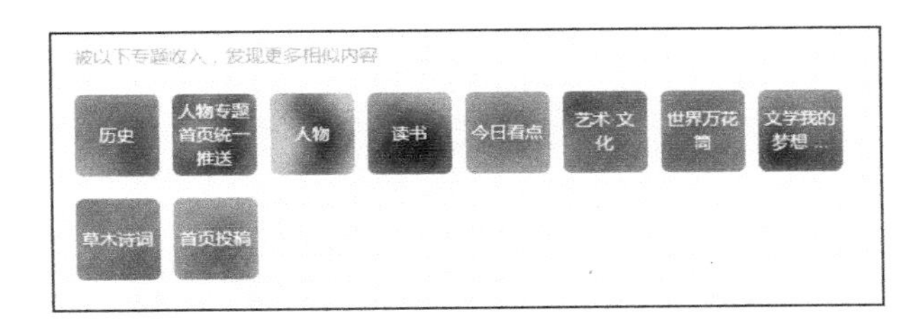

图 9.27　需爬取的内容 3

（6）通过判断元素是否在网页源代码中来识别异步加载技术，发现阅读、评论、喜欢、赞赏数量和收录专题的信息采用了异步加载技术。

（7）阅读、评论和喜欢这些信息虽然采用了异步加载技术，但其内容在<script>标签中，如图 9.28 所示，因此可采用正则表达式的方法来获取数据。

图 9.28　异步工程

（8）打开 Chrome 浏览器的开发者工具（按 F12 键），选择 Network 选项卡，然后选择 XHR 选项，可发现打赏和收录专题的文件信息。

（9）打赏请求的 URL 有一串数字信息（如图 9.29 所示）并不能删除，在网页源代码中找到了这串数字（如图 9.30 所示），可通过获取网页源代码中的数字信息构造 URL。该 URL 返回的为 JSON 数据（如图 9.31 所示），可通过 json 库获取数据。

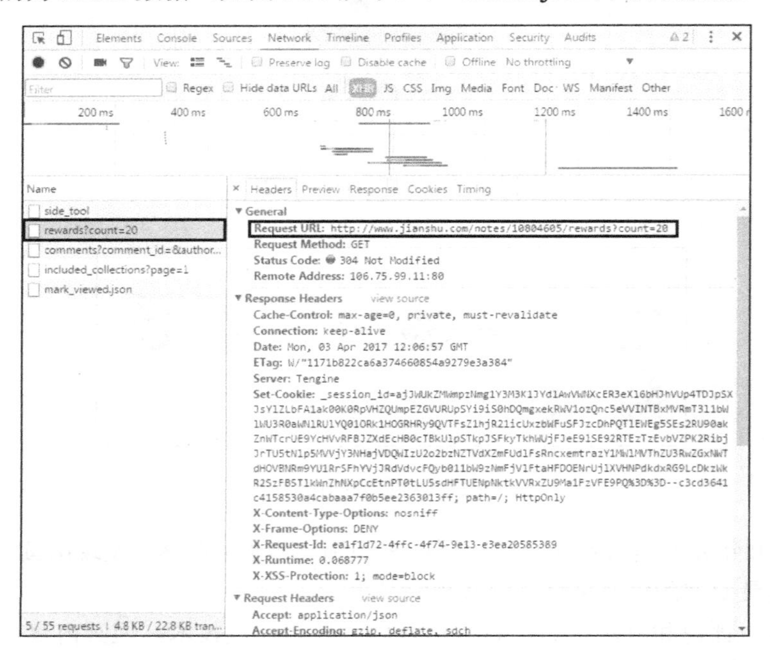

图 9.29　逆向工程 1

图 9.30　逆向工程 2

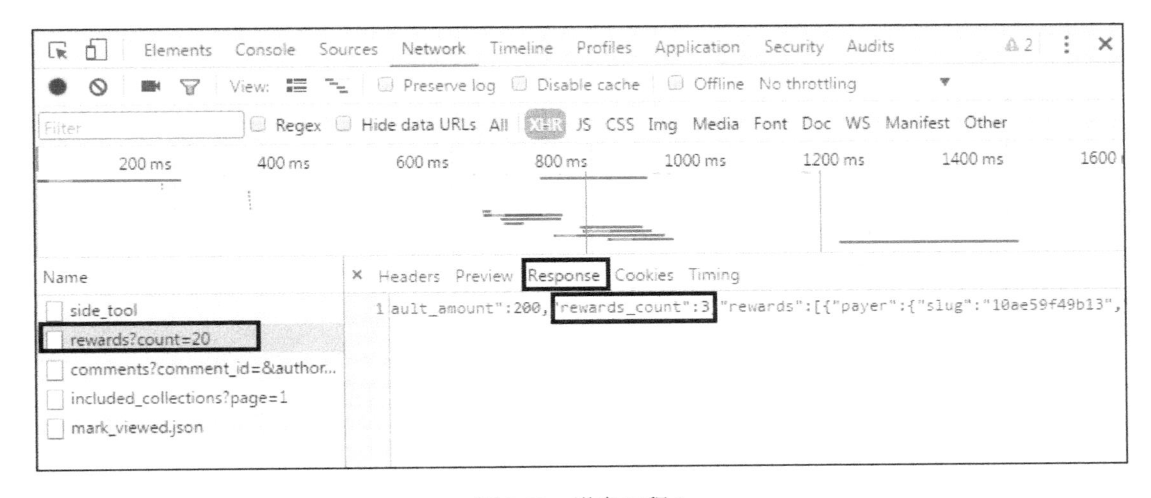

图 9.31　逆向工程 3

（10）以同样的方法，找到收录专题的文件，如图 9.32 所示，该 URL 返回的也是 JSON 数据，如图 9.33 所示。

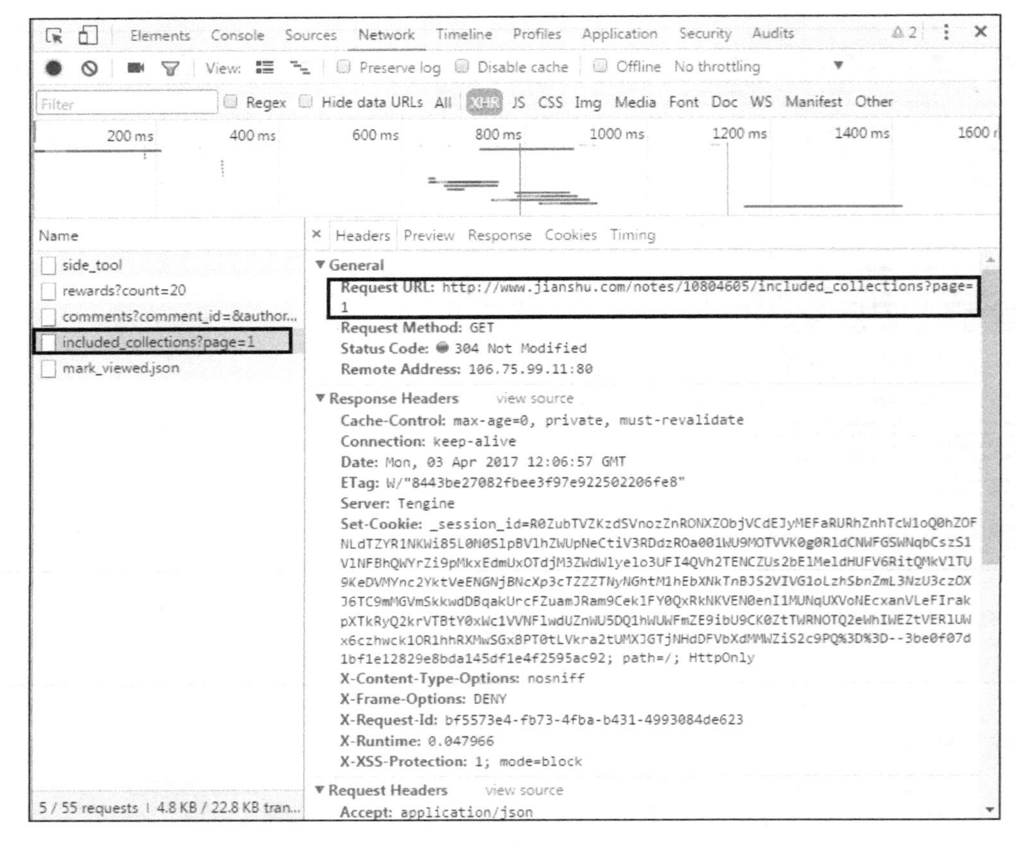

图 9.32　逆向工程 4

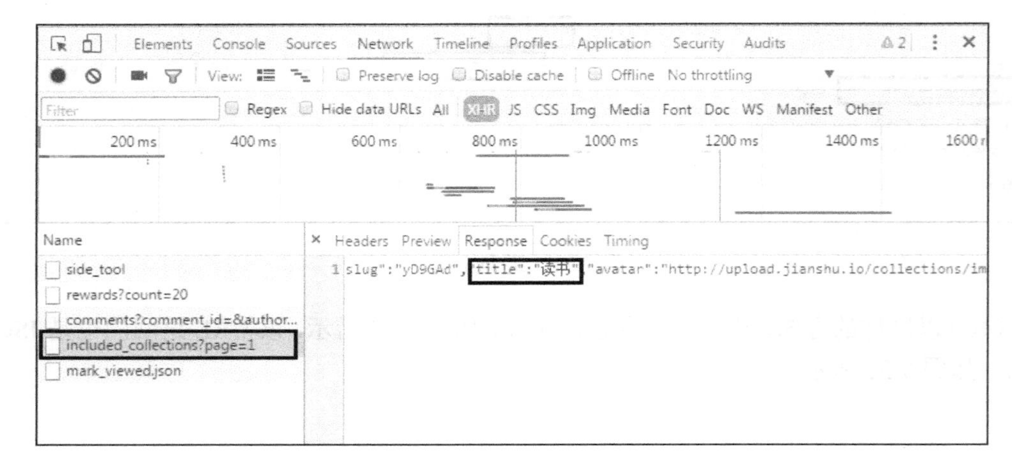

图 9.33　逆向工程 5

（11）最后，把爬取的信息存储在 MongoDB 数据库中。

9.3.2 爬虫代码及分析

爬虫代码如下：

```
01 from lxml import etree
02 import requests
03 import pymongo
04 import re
05 import json
06 from multiprocessing import Pool                  #导入相应的库文件
07
08 client = pymongo.MongoClient('localhost', 27017)   #连接数据库
09 mydb = client['mydb']
10 sevenday = mydb['sevenday']                        #创建数据库和数据集合
11
12 header = {
13     'User-Agent':'Mozilla/5.0 (Windows NT 6.1; WOW64) AppleWebKit/537.36
14      (KHTML, like Gecko) Chrome/55.0.2883.87 Safari/537.36'
15 }                                                  #加入请求头
16
17 def get_url(url):                                  #定义获取文章 url 的函数
18     html = requests.get(url,headers=header)
19     selector = etree.HTML(html.text)
20     infos = selector.xpath('//ul[@class="note-list"]/li')
21     for info in infos:
22         article_url_part = info.xpath('div/a/@href')[0]
23         get_info(article_url_part)                 #调用 get_info()函数
24
25 def get_info(url):                                 #定义获取文章信息的函数
26     article_url = 'http://www.jianshu.com/' + url
27     html = requests.get(article_url,headers=header)
28     selector = etree.HTML(html.text)
29     author = selector.xpath('//span[@class="name"]/a/text()')[0]
30     article = selector.xpath('//h1[@class="title"]/text()')[0]
31     date = selector.xpath('//span[@class="publish-time"]/text()')[0]
32     word = selector.xpath('//span[@class="wordage"]/text()')[0]
33     view = re.findall('"views_count":(.*?),',html.text,re.S)[0]
34     comment = re.findall('"comments_count":(.*?),',html.text,re.S)[0]
35     like = re.findall('"likes_count":(.*?),',html.text,re.S)[0]
36     id = re.findall('{"id":(.*?),',html.text,re.S)[0]
                                                       #通过正则获取异步加载数据
37     gain_url = 'http://www.jianshu.com/notes/{}/rewards?count= 20'.
       format(id)
38     wb_data = requests.get(gain_url,headers=header)
39     json_data = json.loads(wb_data.text)
40     gain = json_data['rewards_count']               #获取打赏数据
41
42     include_list = []                               #初始化列表，存储收入专题信息
43     include_urls =
44 ['http://www.jianshu.com/notes/{}/included_collections?page={}'.format(id,str(i))
   for i in
```

```
45  range(1,10)]
46      for include_url in include_urls:
47          html = requests.get(include_url,headers=header)
48          json_data = json.loads(html.text)
49          includes = json_data['collections']
50          if len(includes) == 0:
51              pass
52          else:
53              for include in includes:
54                  include_title = include['title']
55                  include_list.append(include_title)    #获取收入专题信息
56      info ={
57          'author':author,
58          'article':article,
59          'date':date,
60          'word':word,
61          'view':view,
62          'comment':comment,
63          'like':like,
64          'gain':gain,
65          'include':include_list
66      }
67      sevenday.insert_one(info)                         #插入数据
68
69  if __name__ == '__main__':                            #程序主入口
70      urls = ['http://www.jianshu.com/trending/weekly?page={}'.format
        (str(i)) for i in range(0,
71  11)]
    pool = Pool(processes=4)                              #创建进程池
    pool.map(get_url,urls)                                #使用进程池爬虫
```

程序运行完毕后，可打开 Robomongo 进行简书网“7 日热门”信息的查看，如图 9.34 所示。

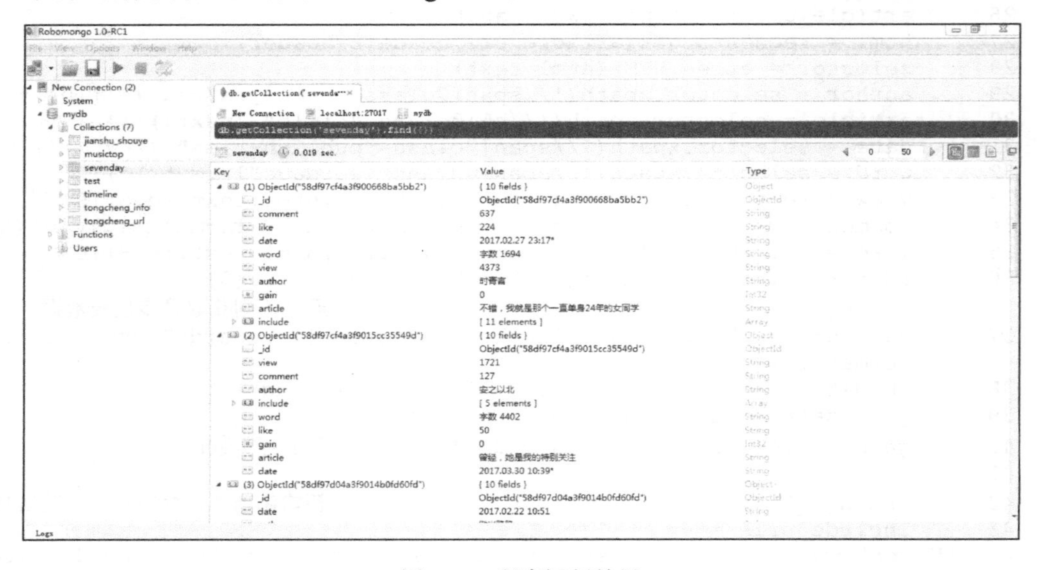

图 9.34 程序运行结果

代码分析：

（1）第 1~6 行为导入程序所需要的库，Requests 库用于请求网页，Lxml 库、re 库和 json 库用于解析爬取网页数据，Pymongo 库用于对 MongoDB 数据库的操作，multiprocessing 库用于多进程爬虫，提高爬虫效率。

（2）第 8~10 行用于创建 MongoDB 数据库和集合。

（3）第 12~15 行通过 Chrome 浏览器的开发者工具，复制 User-Agent，用于伪装为浏览器，便于爬虫的稳定性。

（4）第 17~23 行为定义获取进入详细页 URL 的函数。

（5）第 25~67 行为定义获取详细页内容的函数。其中，阅读、评论、喜欢信息是通过正则表达式获取的。而打赏数和收录专题信息是通过请求加载文件 URL，解析 JSON 数据获取的，最后插入到 MongoDB 数据库中。

（6）第 69~71 行为程序主入口，通过多进程爬虫爬取所有简书“网 7 日热门信息的”URL。

第 10 章　表单交互与模拟登录

无论是简单网页还是采用异步加载技术的网页，都是通过 GET 方法请求网址来获取网页信息的。但如何获取登录表单后的信息呢？本章将讲解 Requests 库的 POST 方法，通过观测表单源代码和逆向工程来填写表单以获取网页信息，以及通过提交 Cookie 信息来模拟登录网站。

本章涉及的主要知识点如下。

- 表单交互：利用 Requests 库的 POST 方法进行表单交互。
- Cookie：了解 Cookie 的基本概念。
- 模拟登录：学会利用 Cookie 信息模拟登录网站。

10.1　表单交互

本节将讲解 Requests 库的 POST 使用方法，通过观测表单的网页源代码进行表单的提交，最后通过逆向工程的方法获取表单提交的字段，进而进行表单交互。

10.1.1　POST 方法

Requests 库的 POST 方法使用简单，只需要简单地传递一个字典结构的数据给 data 参数。这样，在发起请求时会自动编码为表单形式，以此来完成表单的填写。

```
import requests
params = {
    'key1':'value1',
    'key2':'value2',
    'key3':'value3'
}
html = requests.post(url,data=params)      #post 方法
print(html.text)
```

10.1.2　查看网页源代码提交表单

本节以豆瓣网（https://www.douban.com/）为例，进行表单交互。

（1）打开豆瓣网，定位到登录位置，利用 Chrome 浏览器进行“检查”，找到登录元素所在的位置，如图 10.1 所示。

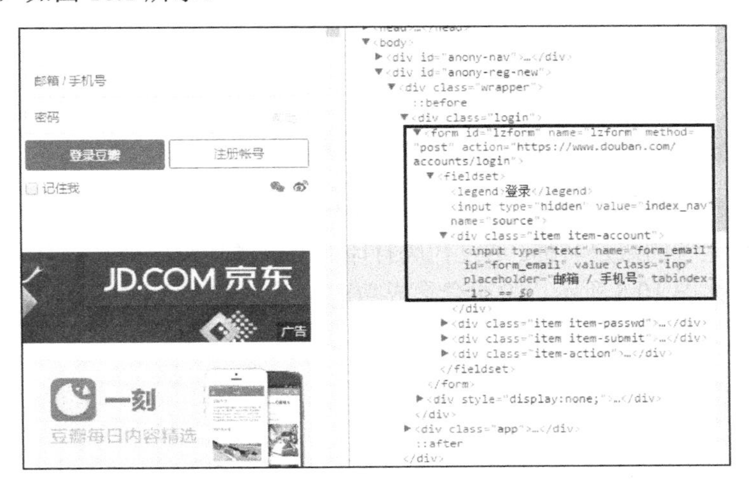

图 10.1　检查表单元素

（2）根据步骤（1）在网页源代码中找到表单的源代码信息，如图 10.2 所示。

```
<form id="lzform" name="lzform" method="post" action="https://www.douban.com/accounts/login">
    <fieldset>
        <legend>登录</legend>
        <input type="hidden" value="index_nav" name="source">
        <div class="item item-account">
            <input type="text" name="form_email" id="form_email" value="" class="inp" placeholder="邮箱 / 手机号" tabIndex="1">
        </div>
        <div class="item item-passwd">
            <input name="form_password" placeholder="密码" id="form_password" class="inp" type="password" tabIndex="2">
            <div class="opt">
                <a href="https://www.douban.com/accounts/resetpassword">帮助</a>
            </div>
        </div>
        <div class="item item-submit">
            <input value="登录豆瓣" type="submit" class="bn-submit" tabIndex="4">
            <a href="/accounts/register" class="lnk-reg">注册帐号</a>
        </div>
        <div class="item-action">
            <label for="form_remember">
                <input name="remember" type="checkbox" id="form_remember" tabIndex="4">记住我
            </label>
            <ul class="item-action-third">
                <li><a class="wechat" href="https://www.douban.com/accounts/connect/wechat/?from=douban-web-anony-home" target="_blank" title="微信登录">微信登录</a></li>
                <li><a class="weibo" href="https://www.douban.com/accounts/connect/sina_weibo/?from=douban-web-anony-home" target="_blank" title="微博登录">微博登录</a></li>
            </ul>
        </div>
    </fieldset>
</form>
```

图 10.2　表单源代码

注意：表单源代码都在 form 标签下，熟练后可跳过步骤（1）。

（3）对于表单源代码，有几个重要组成部分，分别是 form 标签的 action 属性和 input 标签。action 属性为表单提交的 URL；而 input 为表单提交的字段，input 标签的 name 属性就是提交表单的字段名称。

（4）根据表单源代码，就可以构造表单进行登录网页了。

```
import requests
url = 'https://www.douban.com/accounts/login'
```

```
    params = {
        'source':'index_nav',
        'form_email':'xxxx',
        'form_password':'xxxx'
    }
    html = requests.post(url,params)
    print(html.text)
```

注意： form_email 和 form_password 字段为用户注册的账号和密码信息。

（5）通过比较未登录和登录豆瓣网页（如图 10.3 和图 10.4 所示），可以看出登入后的网页右上角有笔者的账户名称。通过代码打印的网页源代码检查是否有此信息来判断是否登录了豆瓣，如图 10.5 所示，说明登录成功。

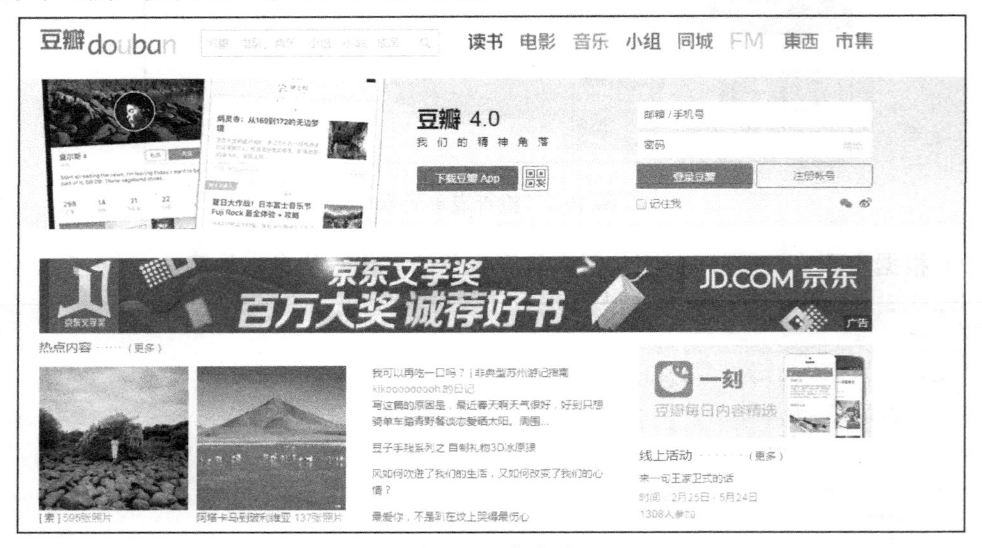

图 10.3　未登录

图 10.4　已登录

```
<li><a id="top-nav-doumail-link" href="https://www.douban.com/doumail/">豆邮</a></li>
<li class="nav-user-account">
<a target="_blank" href="https://www.douban.com/accounts/" class="bn-more">
  <span>罗罗攀的帐号</span><span class="arrow"></span>
</a>
<div class="more-items">
<table cellpadding="0" cellspacing="0">
    <tr><td><a href="https://www.douban.com/mine/">个人主页</a></td></tr>
    <tr><td><a target="_blank" href="https://www.douban.com/mine/orders/">我的订单</a></td></tr>
    <tr><td><a target="_blank" href="https://www.douban.com/mine/wallet/">我的钱包</a></td></tr>
    <tr><td><a target="_blank" href="https://www.douban.com/accounts/">帐号管理</a></td></tr>
    <tr><td><a href="https://www.douban.com/accounts/logout?source=main&amp;ck=m4Ct">退出</a></td></tr>
  </table>
</div>
```

图 10.5　登录成功

10.1.3　逆向工程提交表单

对于初学者而言，观察表单的网页源代码可能有些头疼，对 input 标签不敏感，可能会遗漏一些表单提交的字段。本节就通过 Chrome 浏览器的开发者工具中的 Network 选项卡查看表单交互情况，以此构造提交表单的字段信息，同样以豆瓣网为例。

（1）进入豆瓣网，打开 Chrome 浏览器的开发者工具，选择 Network 选项。

（2）手工输入账号和密码后进行登录，此时会发现 Network 中会加载许多文件，如图 10.6 所示。

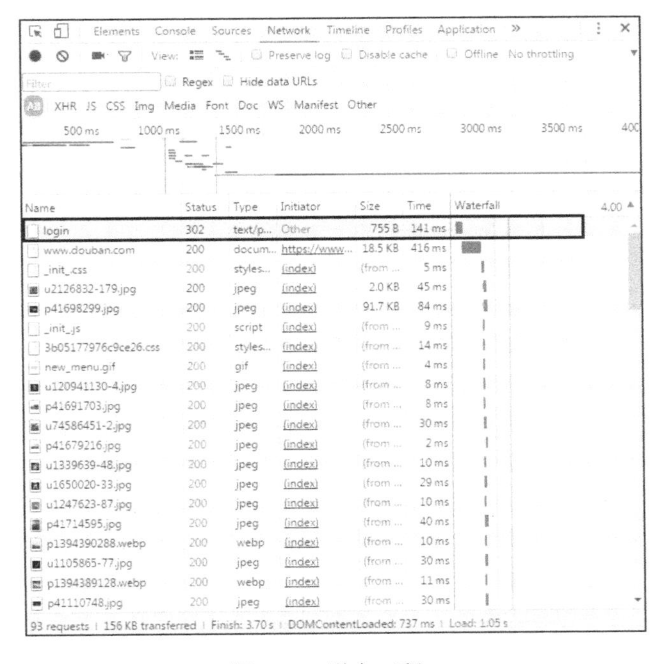

图 10.6　逆向工程 1

（3）打开第一个文件，可以看到请求的网址为表单源代码中的 action 属性值，请求方法为 POST 方法，如图 10.7 所示。接着往下查看，在最底部的 Form Data 中就是提交的表单信息，如图 10.8 所示，这时便可以构造表单了。

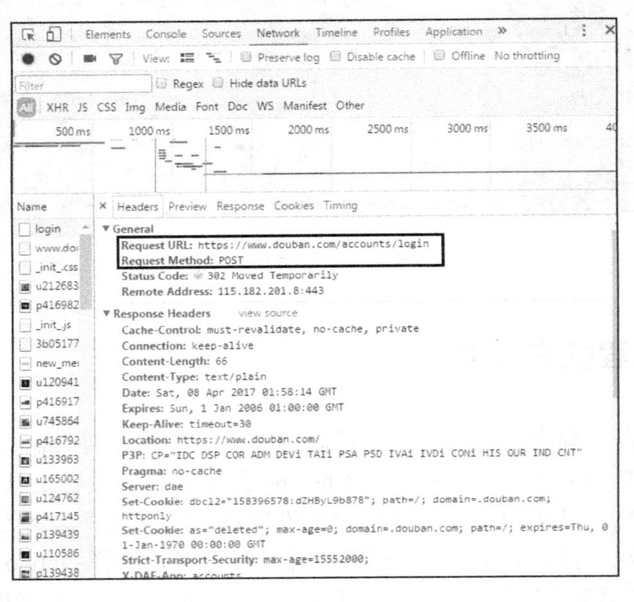

图 10.7　逆向工程 2

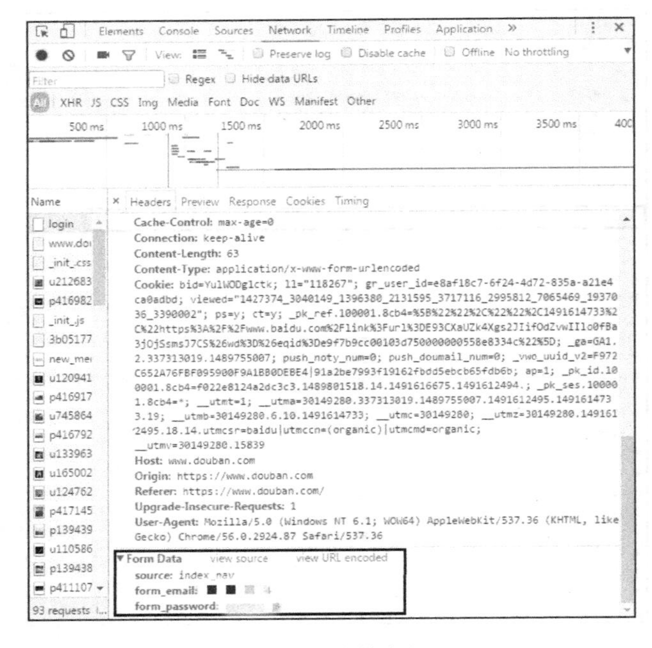

图 10.8　表单字段

10.2　模拟登录

有时，表单字段可能通过加密或者其他形式进行包装，这就增大了构造表单的难度，这时可选择提交 Cookie 信息进行模拟登录。本节将简单讲解 Cookie 的概念，并查找和使用 Cookie 进行模拟登录。

10.2.1　Cookie 概述

Cookie，指某些网站为了辨别用户身份、进行 session 跟踪而储存在用户本地终端上的数据。互联网购物公司通过追踪用户的 Cookie 信息，给用户提供相关兴趣的商品。同样，因为 Cookie 保存了用户的信息，我们便可通过提交 Cookie 来模拟登录网站了。

10.2.2　提交 Cookie 模拟登录

下面同样以豆瓣网为例，查找 Cookie 信息并提交来模拟登录豆瓣网。

（1）进入豆瓣网，打开 Chrome 浏览器的开发者工具，选择 Network 选项。

（2）手工输入账号和密码进行登录，此时会发现 Network 中会加载许多文件。

（3）这时并不需要查看登录网页的文件信息，而是直接查看登录后的文件信息，如图 10.9 所示，可看到相应的 Cookie 信息。

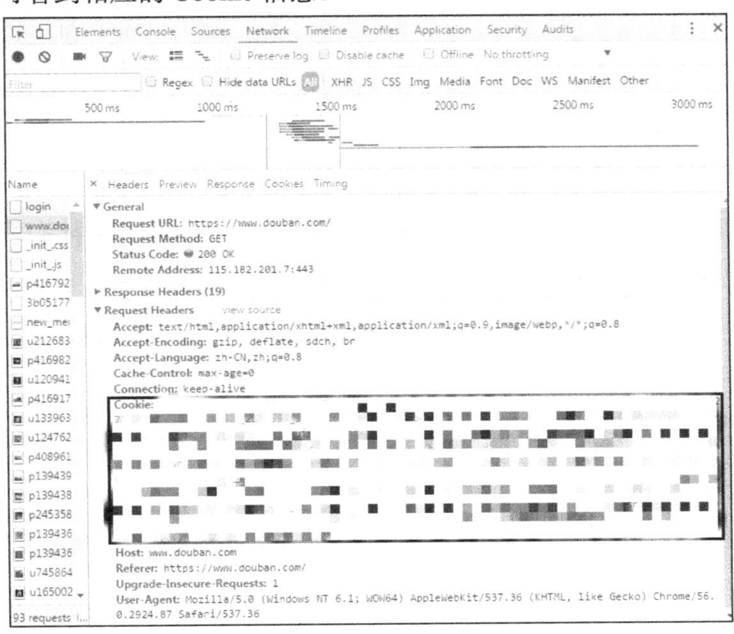

图 10.9　查找 cookie 信息

注意：不要把自己的 Cookie 信息泄露了。

（4）在请求头中加入 cookie 信息即可完成豆瓣网的模拟登录。

```
import requests
url = 'https://www.douban.com/'
headers = {
    'Cookie':'xxxxxxxxxxxxxx'
}
html = requests.get(url,headers=headers)
print(html.text)
```

（5）通过上面的方法检查是否成功登录了，如图 10.10 所示，即模拟登录成功后显示的界面。

```
<li><a id="top-nav-doumail-link" href="https://www.douban.com/doumail/">豆邮</a></li>
<li class="nav-user-account">
<a target="_blank" href="https://www.douban.com/accounts/" class="bn-more">
  <span>罗罗攀的帐号</span><span class="arrow"></span>
</a>
<div class="more-items">
<table cellpadding="0" cellspacing="0">
      <tr><td><a href="https://www.douban.com/mine/">个人主页</a></td></tr>
      <tr><td><a target="_blank" href="https://www.douban.com/mine/orders/">我的订单</a></td></tr>
      <tr><td><a target="_blank" href="https://www.douban.com/mine/wallet/">我的钱包</a></td></tr>
      <tr><td><a target="_blank" href="https://www.douban.com/accounts/">帐号管理</a></td></tr>
      <tr><td><a href="https://www.douban.com/accounts/logout?source=main&amp;ck=_M-f">退出</a></td></tr>
  </table>
</div>
```

图 10.10　登录成功

10.3　综合案例 1——爬取拉勾网招聘信息

拉勾网结合了异步加载技术和提交表单，是爬虫者一个不错的练习网站。本节将通过逆向工程爬取拉勾网招聘的信息，并存储在 MongoDB 数据库中。

10.3.1　爬虫思路分析

（1）本节爬取的内容为拉勾网（https://www.lagou.com/）上 Python 的招聘信息，如图 10.11 所示。

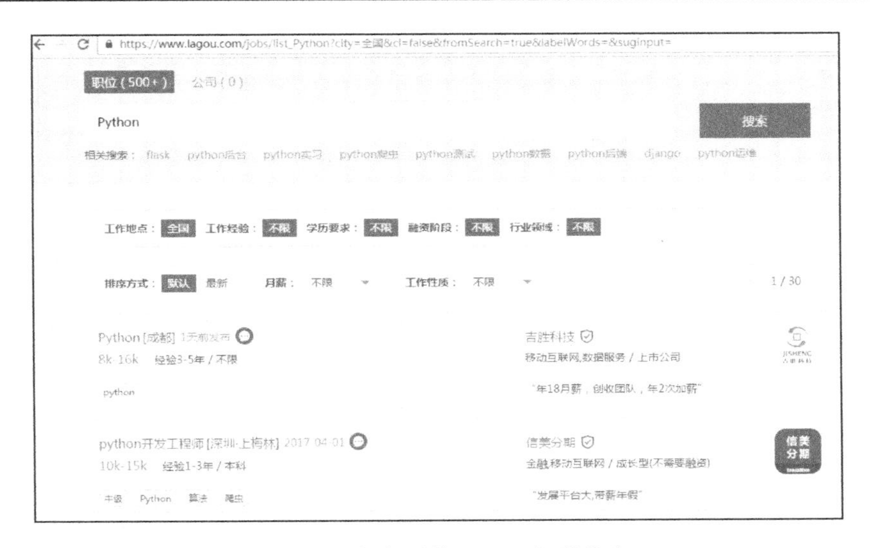

图 10.11　拉勾网的 Python 招聘信息

（2）通过观察，网页元素不在网页源代码中，这说明该网页使用了 AJAX 技术，如图 10.12 所示。

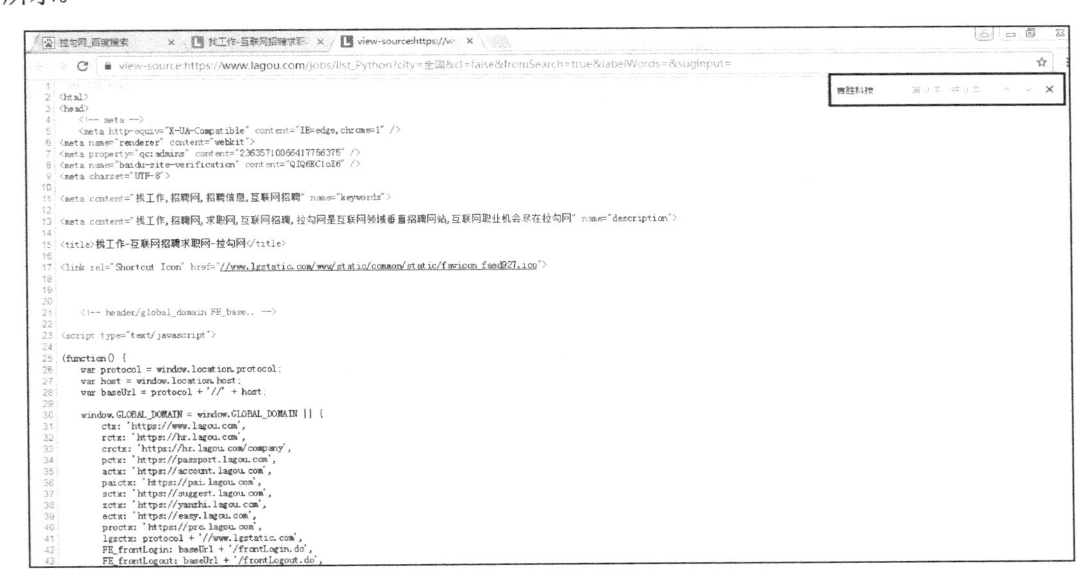

图 10.12　识别 AJAX 技术

（3）打开 Chrome 浏览器的开发者工具（按 F12 键），选择 Network 选项卡，选中 XHR 项，可以看到加载招聘信息的文件。在 Headers 中可以看到请求的网址，如图 10.13 所示，网址中的“？”后面的字符串可省略。在 Response 中可看到返回的信息，如图 10.14 所示，信息为 JSON 格式。

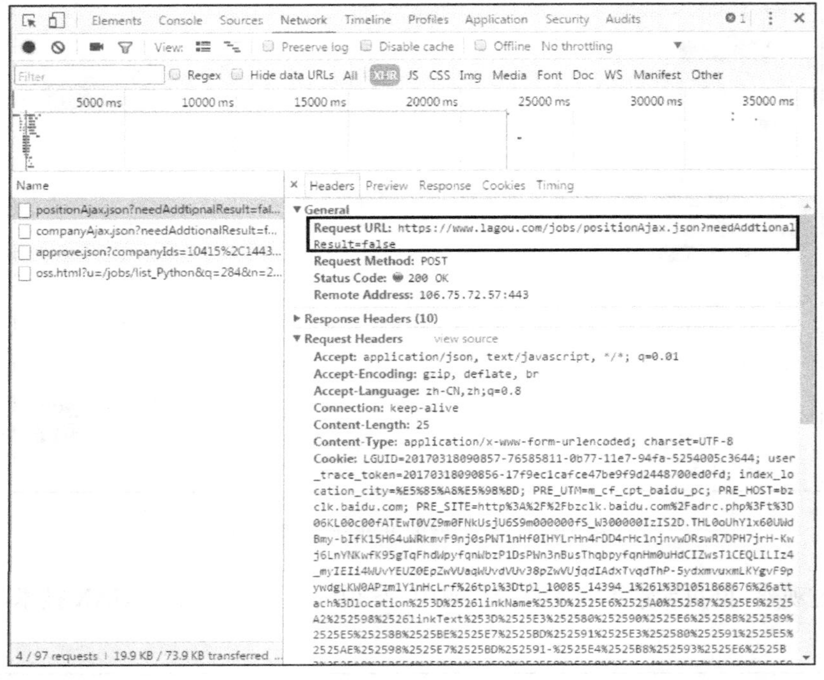

图 10.13 Headers 部分的信息

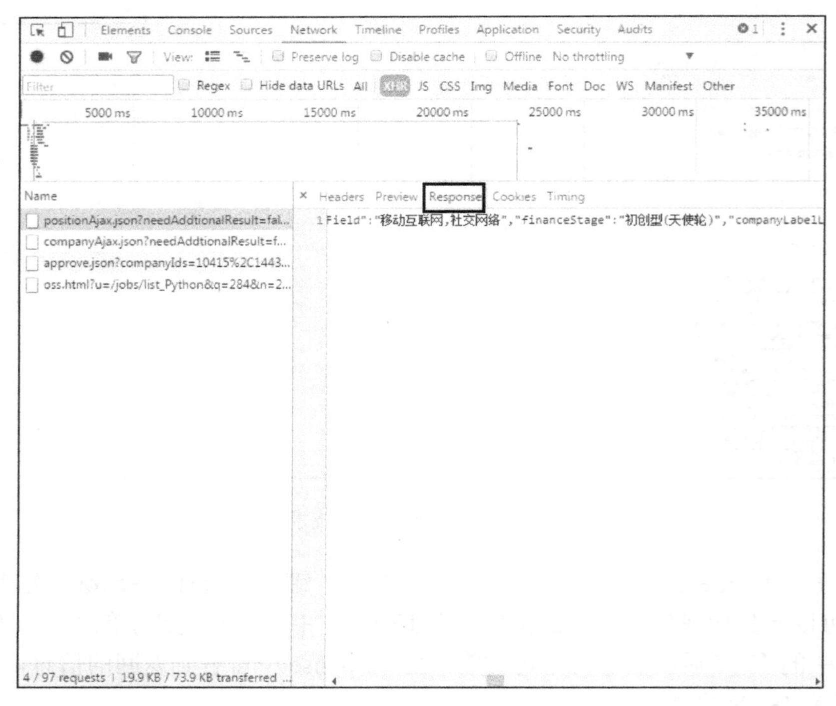

图 10.14 Response 部分的信息

（4）当 JSON 格式很复杂时，可通过 Preview 标签来观察，如图 10.15 所示。可发现招聘信息在 content-positionResult-result 中的大部分信息是爬虫的抓取内容。

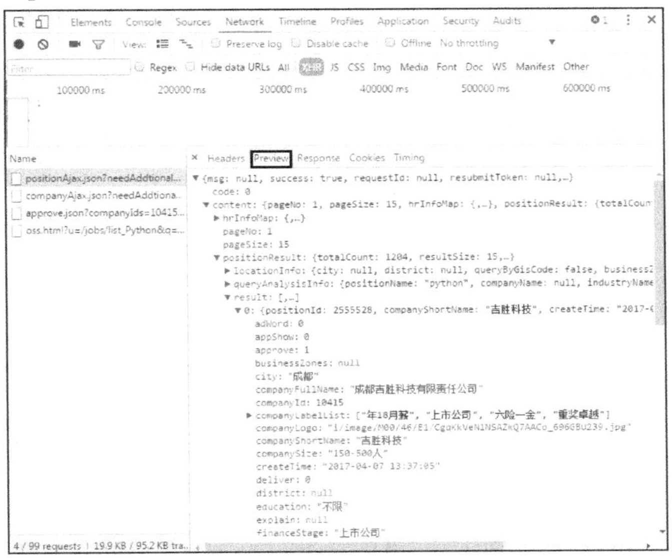

图 10.15　查看 JSON 数据结构

（5）手动翻页，发现网页 URL 没有发生变化，因此也采用了 AJAX 技术。打开 Chrome 浏览器的开发者工具（按 F12 键），选择 Network 选项卡，选中 XHR 项，手动翻页，可发现翻页的网页文件，但也发现请求的 URL 没有发生变化，如图 10.16 所示。通过仔细观察，请求该网页为 POST 方法，提交的表单数据根据 pn 字段实现页数变化，如图 10.17 和图 10.18 所示。

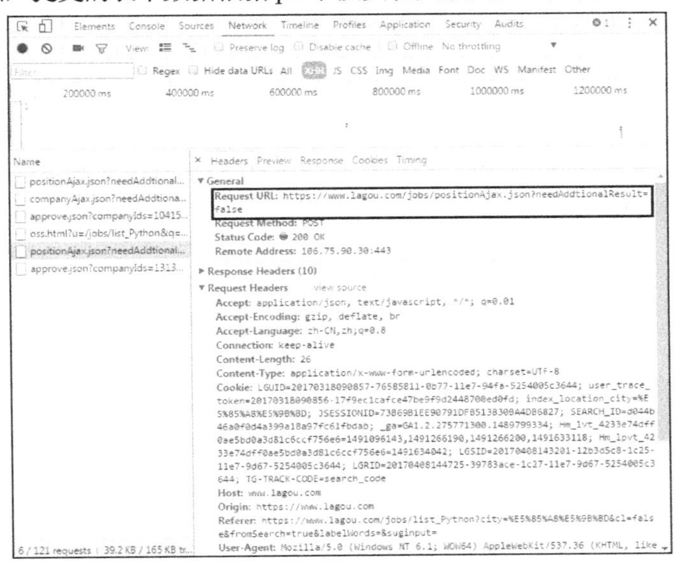

图 10.16　翻页后的 URL

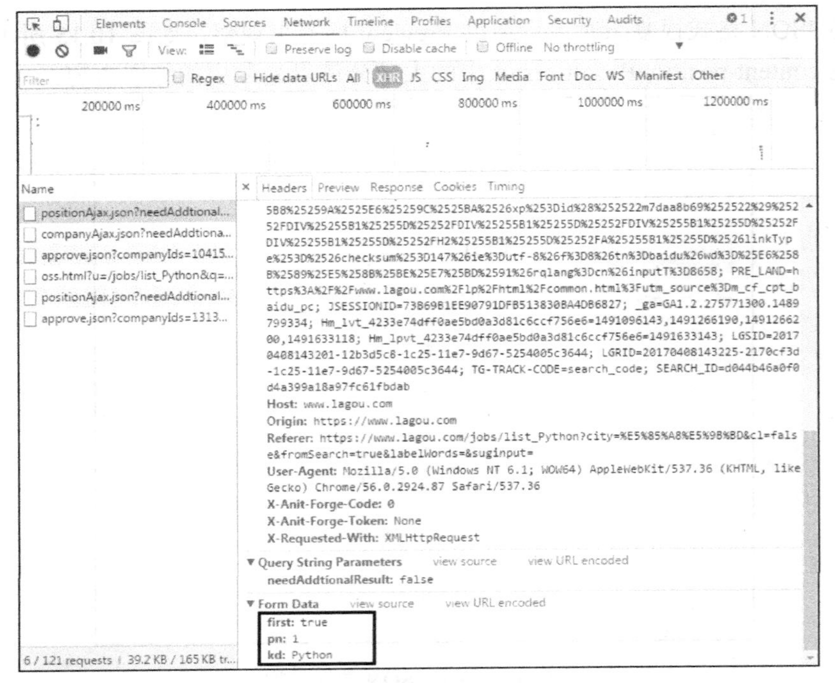

图 10.17　第 1 页

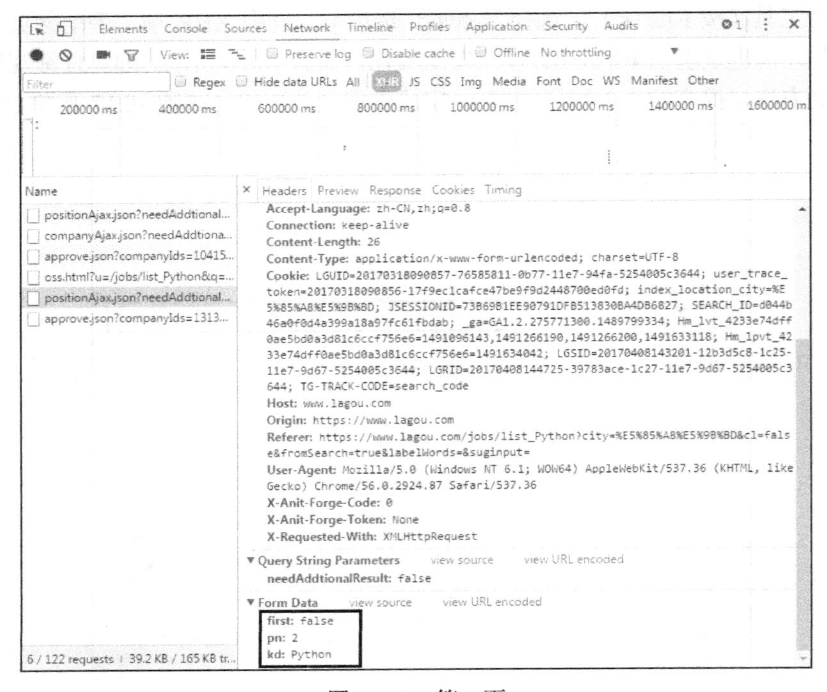

图 10.18　第 2 页

（6）在返回的 JSON 数据中，可找到招聘信息总数量，如图 10.19 所示，每页是 15 个招聘信息。而拉勾网默认只有 30 页信息，通过抓取招聘信息总数量除以 15，如果结果小于 30 页，就取计算结果为页面总数量；如果结果大于 30 页，就取 30 页。最后将数据存储到 MongoDB 数据库中。

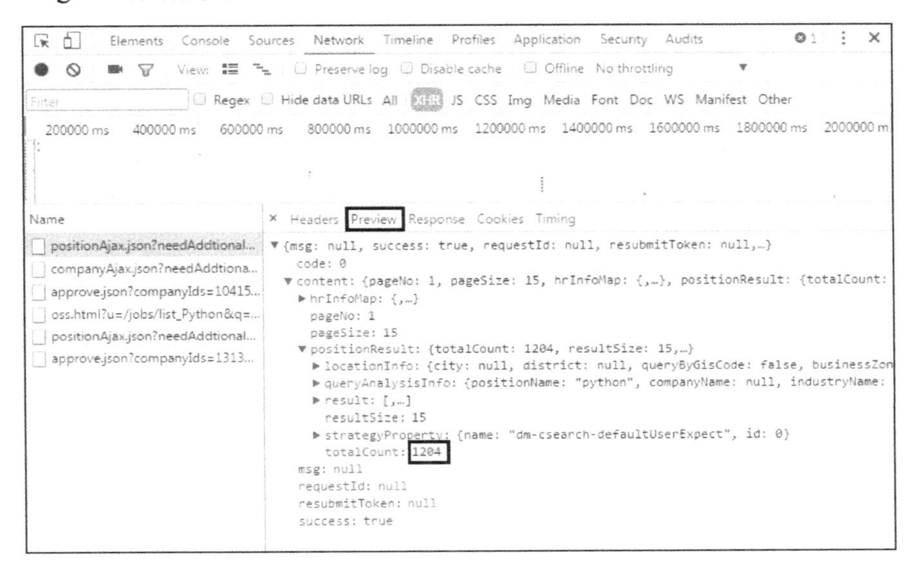

图 10.19　招聘信息数量

10.3.2　爬虫代码及分析

爬虫代码如下：

```
01  import requests
02  import json
03  import time
04  import pymongo                                      #导入相应的库文件
05
06  client = pymongo.MongoClient('localhost', 27017)#连接数据库
07  mydb = client['mydb']
08  lagou = mydb['lagou']                               #创建数据库和数据集合
09
10  headers = {
11      'Cookie':'xxxxxx',
12      'User-Agent':'Mozilla/5.0 (Windows NT 6.1; WOW64) AppleWebKit/ 537.36
13      (KHTML, like Gecko) Chrome/56.0.2924.87 Safari/537.36',
14      'Connection':'keep-alive'
15  }                                                   #加入请求头
16
17  def get_page(url,params):                           #定义获取页数的函数
18      html = requests.post(url, data=params, headers=headers)
```

```
19      json_data = json.loads(html.text)
20      total_Count = json_data['content']['positionResult']['totalCou nt']
21      page_number = int(total_Count/15) if int(total_Count/15)<30 else 30
22      get_info(url,page_number)          #调用 get_info()函数，传入 url 和页数
23
24  def get_info(url,page):                #定义获取招聘信息函数
25      for pn in range(1,page+1):
26          params = {
27              'first': 'true',
28              'pn': str(pn),
29              'kd': 'Python'
30          }                              #post 请求参数
31          try:
32              html = requests.post(url,data=params,headers=headers)
33              json_data = json.loads(html.text)
34              results = json_data['content']['positionResult']['result']
35              for result in results:
36                  infos = {
37                      'businessZones':result['businessZones'],
38                      'city':result['city'],
39                      'companyFullName':result['companyFullName'],
40                      'companyLabelList':result['companyLabelList'],
41                      'companySize':result['companySize'],
42                      'district':result['district'],
43                      'education':result['education'],
44                      'explain':result['explain'],
45                      'financeStage':result['financeStage'],
46                      'firstType':result['firstType'],
47                      'formatCreateTime':result['formatCreateTime'],
48                      'gradeDescription':result['gradeDescription'],
49                      'imState':result['imState'],
50                      'industryField':result['industryField'],
51                      'jobNature':result['jobNature'],
52                      'positionAdvantage':result['positionAdvantage'],
53                      'salary':result['salary'],
54                      'secondType':result['secondType'],
55                      'workYear':result['workYear']
56                  }
57                  lagou.insert_one(infos)    #插入数据库
58                  time.sleep(2)              #睡眠 2
59          except requests.exceptions.ConnectionError:
60              pass                           #pass 掉异常
61
62  if __name__ == '__main__':                 #程序主入口
63      url = 'https://www.lagou.com/jobs/positionAjax.json'
64      params = {
65          'first': 'true',
66          'pn': '1',
67          'kd': 'Python'                     #post 请求参数
68      }
69      get_page(url,params)
```

程序运行完毕后，可打开 Robomongo 进行拉勾网信息的查看，如图 10.20 所示。

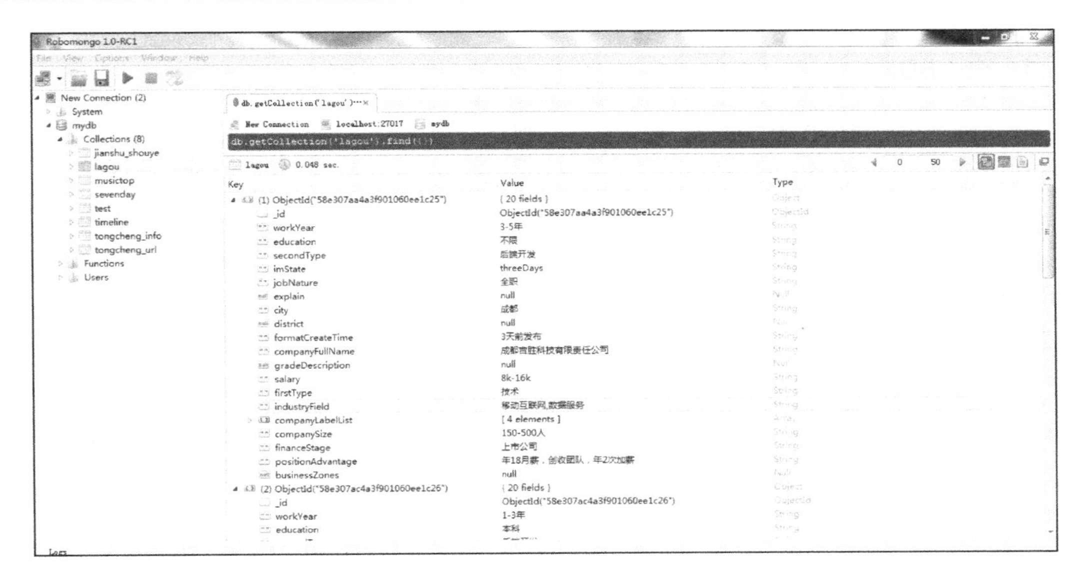

图 10.20　程序运行结果

代码分析：

（1）第 1~4 行导入程序所需要的库，Requests 库用于请求网页，JSON 库用于解析 JSON 数据，Pymongo 库用于对 MongoDB 数据库的操作，time 库用于设置延迟时间。

（2）第 6~8 行用于创建 MongoDB 数据库和集合。

（3）第 10~15 行通过 Chrome 浏览器的开发者工具，复制 cookie、User-Agent 和 Connection，这是因为拉勾网添加这些请求头才能爬取到数据。

（4）第 17~22 行定义获取页数的函数，用于获取招聘信息总数量，经过计算求得总页数，并调用函数获取详细招聘信息。

（5）第 24~60 行定义获取详细招聘信息的函数，用于解析异步加载的 JSON 数据。

（6）第 62~69 行为代码主入口，给定了 URL 和初始的表单数据，调用获取总页数的函数。

10.4　综合案例 2——爬取新浪微博好友圈信息

新浪微博的表单是较为复杂的，本节将通过提交 cookie 信息模拟登录移动端的新浪微博，爬取新浪微博好友圈的信息，并制作词云。

10.4.1　词云制作

词云就是对文本中出现频率较高的关键词予以视觉上的突出，形成关键词图片，从而过滤掉大量的文本信息，使读者对文本的主要内容有大概的了解。

1．个人BDP

前面讲到个人 BDP 是一款在线版数据可视化分析工具，并讲了制作地图的方法。本节将利用个人 BDP 制作词云。

（1）在浏览器中打开个人 BDP 网址（https://me.bdp.cn/home.html），进行登录。

（2）登录后，选择“工作表”，然后单击“上传数据”，本次上传第 5 章中豆瓣图书 TOP250 的 CSV 文件，如图 10.21 所示。

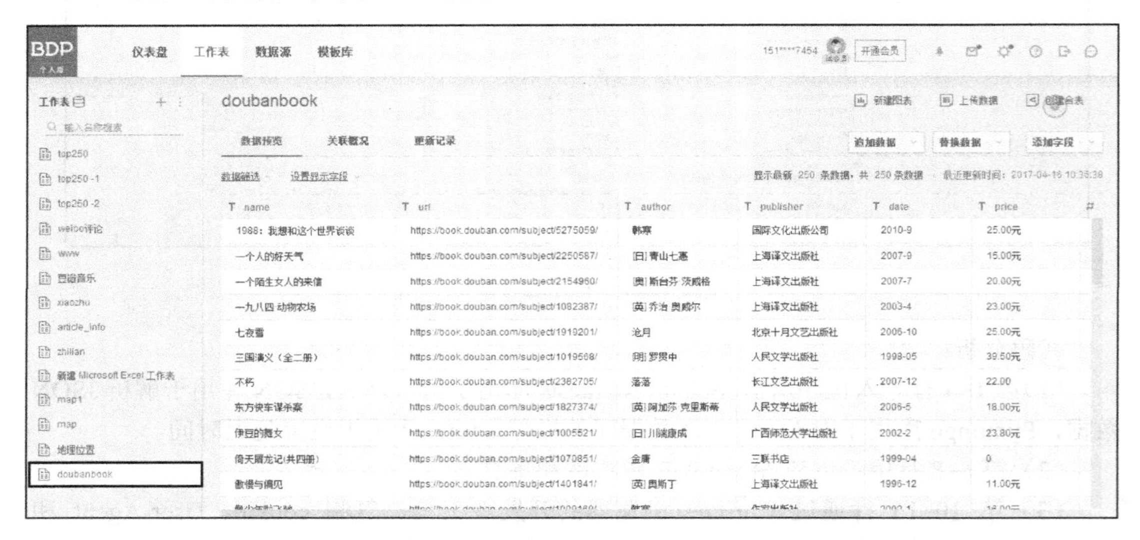

图 10.21　上传数据

（3）在“工作表”中，单击“新建图表”按钮，然后在弹出的对话框中选择“普通图表”，再单击“确定”按钮，如图 10.22 所示。

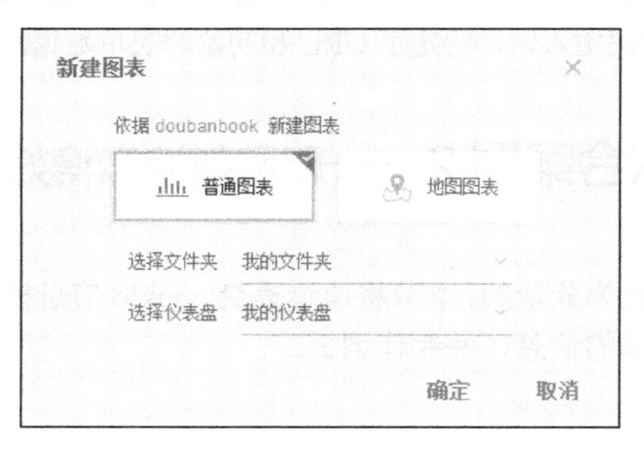

图 10.22　新建普通图表

注意：“仪表盘”为存放图表的位置，读者也可以新建多个仪表盘。

（4）制作评论的词云：把 comment 字段拖入“维度”中，然后选择词云工具即可完成词云的制作，如图 10.23 所示。

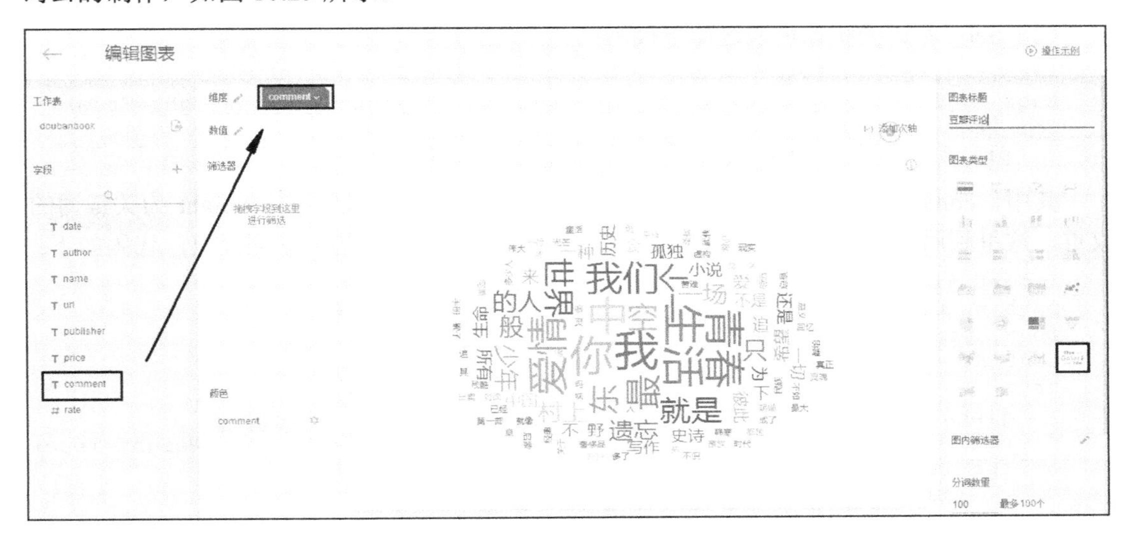

图 10.23　制作词云

（5）单击界面左上角的“←”返回“仪表盘”，此时可在“仪表盘”中找到完成的词云图表，也可将其导出为图片，导出的图片如图 10.24 所示。

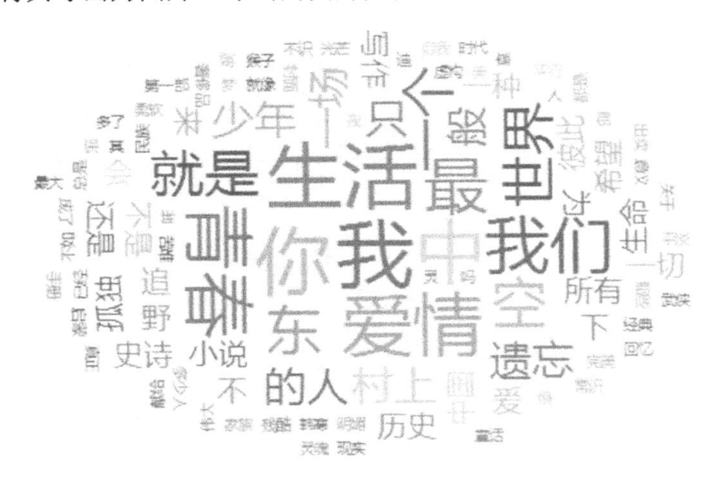

图 10.24　导出的图片

2. jieba分词和TAGUL在线制作词云工具

前面利用个人 BDP 制作词云，关键词和词云制作一气呵成。而本节将使用 Python 第三方库 jieba，进行文本的关键词提取，再利用 TAGUL 在线制作词云工具来制作词云。

（1）jieba 为 Python 第三方库，通过 PIP 进行安装：

```
pip3 install jieba
```

（2）jieba 库词频统计可通过如下代码：

```
import jieba.analyse
tags = jieba.analyse.extract_tags(content, topK=num, withWeight=True)
for item in tags:
    print(item[0],item[1])
```

其中，content 为文本信息，topK 参数为提取关键词的个数，withWeight 为关键词的权重。这里利用第 4 章的《斗破苍穹》小说文本，进行该小说的关键词提取，代码如下：

```
import jieba.analyse
path = 'C:/Users/LP/Desktop/doupo.txt'
fp = open(path,'r')
content = fp.read()
try:
    jieba.analyse.set_stop_words('中文停用词表.txt')
    tags = jieba.analyse.extract_tags(content, topK=100, withWeight=True)
    for item in tags:
        print(item[0]+'\t'+str(int(item[1]*1000)))
finally:
fp.close()
```

程序运行结果如图 10.25 所示。

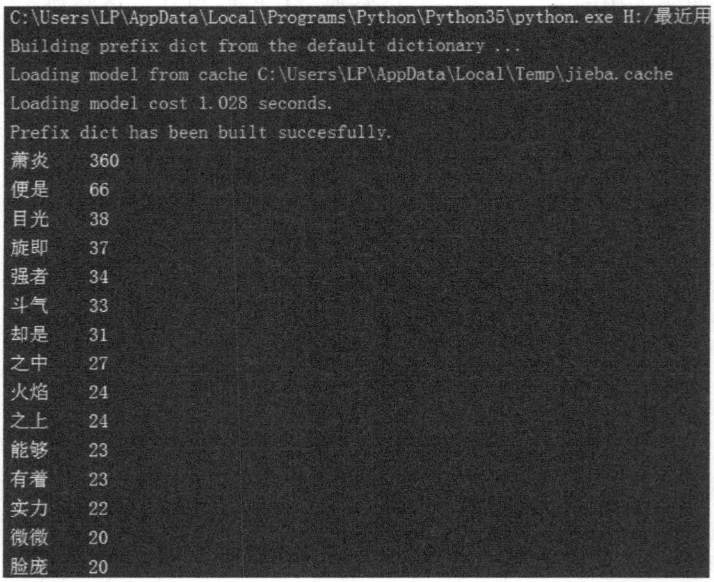

```
C:\Users\LP\AppData\Local\Programs\Python\Python35\python.exe H:/最近用
Building prefix dict from the default dictionary ...
Loading model from cache C:\Users\LP\AppData\Local\Temp\jieba.cache
Loading model cost 1.028 seconds.
Prefix dict has been built succesfully.
萧炎	360
便是	66
目光	38
旋即	37
强者	34
斗气	33
却是	31
之中	27
火焰	24
之上	24
能够	23
有着	23
实力	22
微微	20
脸庞	20
```

图 10.25　词频统计

在上面的代码中加入了停用词表，如图 10.26 所示，其作用为是在计算词频的时候，这些词不会被统计计算。

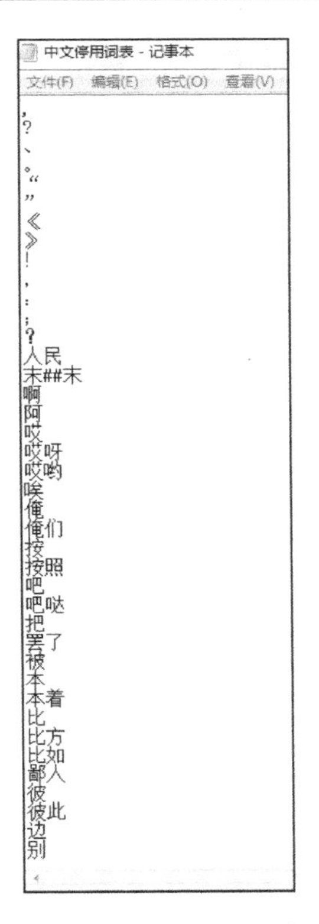

图 10.26　中文停用词表

注意：jieba 词频统计的权重为小数，这里乘了 1000 取整。

（3）打开 TAGUL 官网（https://wordart.com/），单击 CREATE NOW 按钮，进行词云的制作，如图 10.27 所示。

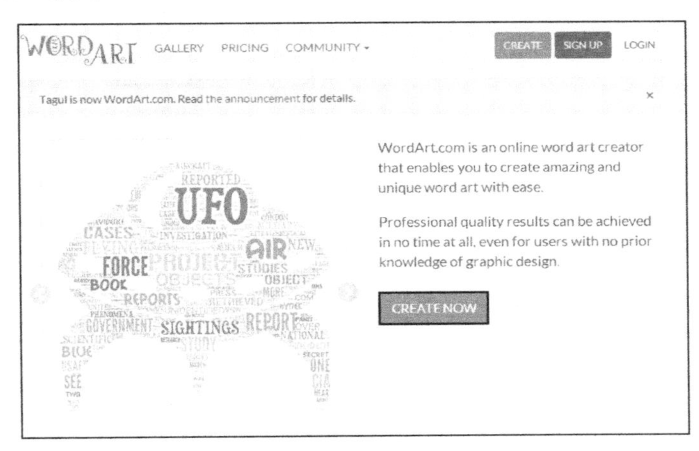

图 10.27　创建词云

（4）在 Words 标签下，单击 Import words 按钮，复制通过 jieba 库统计的词频信息，如图 10.28 和图 10.29 所示。

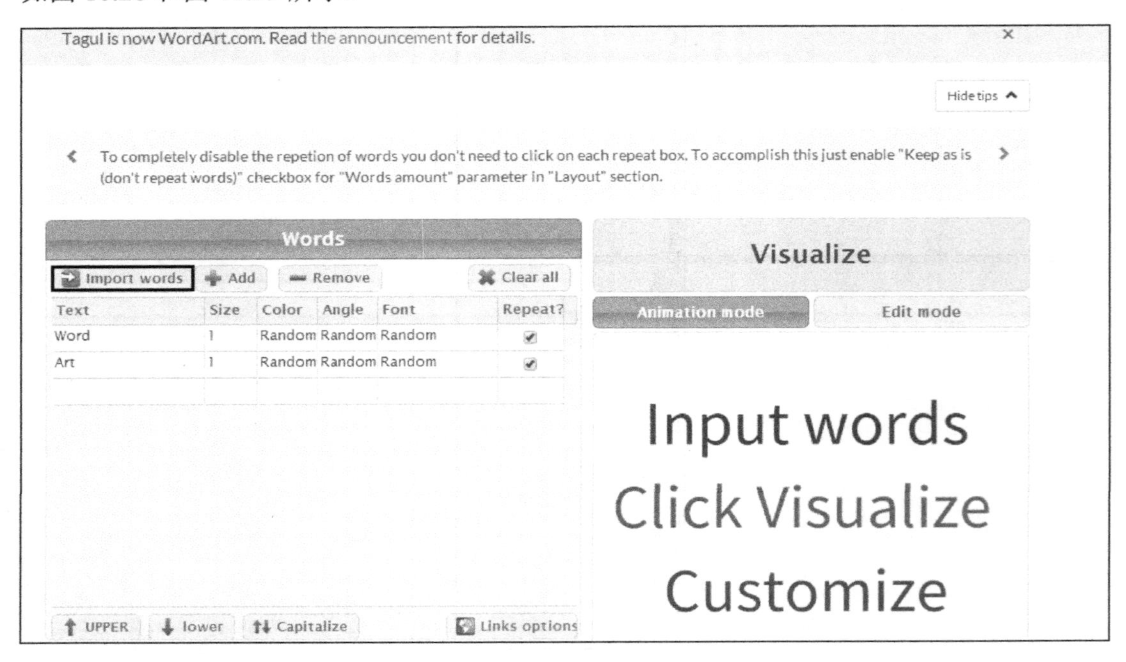

图 10.28　导入 words1

（5）在 Shapes 标签下，选择词云的形状，也可选择 ADD IMAGE，导入本地图片。这里导入网上下载的图片作为词云的形状，如图 10.30 所示。

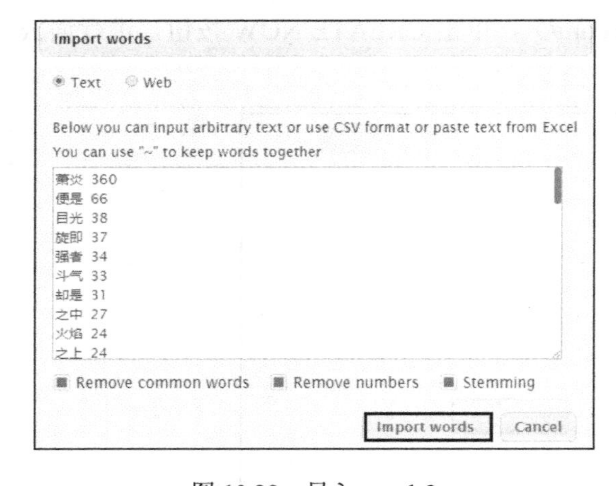

图 10.29　导入 words2

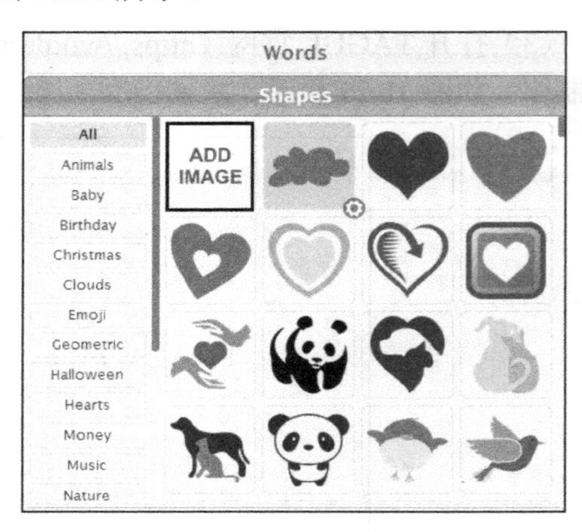

图 10.30　导入图片

（6）在 Fonts 标签下，单击 Add font 按钮，添加字体，如图 10.31 所示。

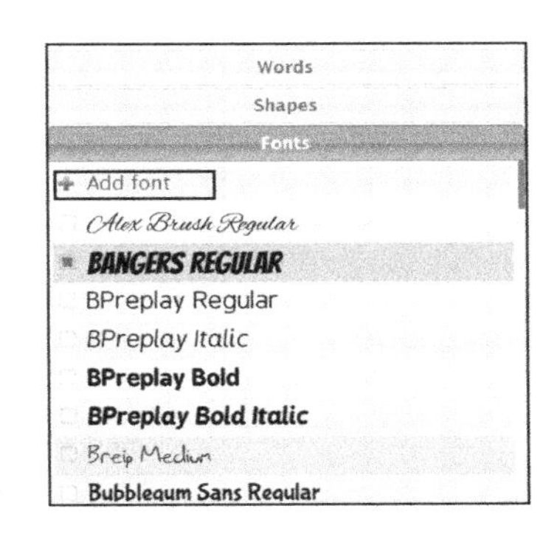

图 10.31　添加字体

注意：由于默认的字体无法显示中文字体，需要添加字体，因此可导入本地 Office 中的字体。

（7）其他设置默认即可，然后选择 Visualize 完成词云的可视化，如图 10.32 所示。

（8）在 Download and Share 标签下，选择 Download PNG image，然后导出图片到本地，如图 10.33 和图 10.34 所示。

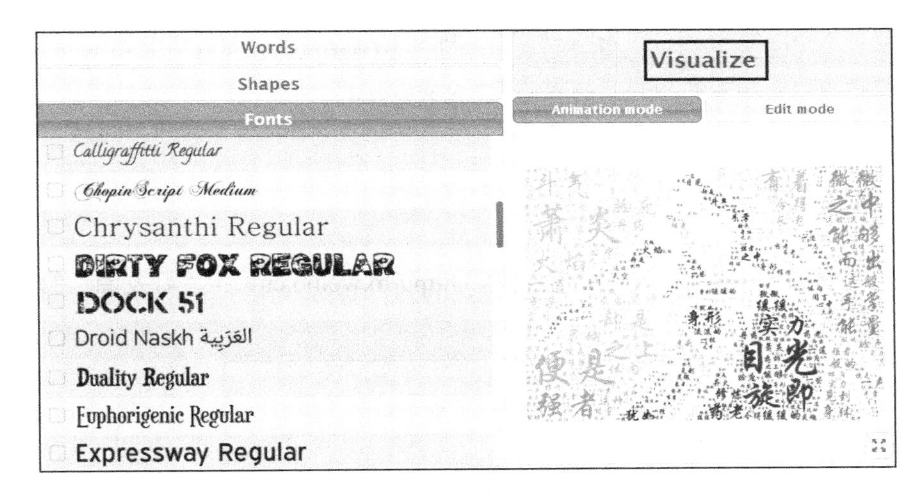

图 10.32　可视化词云

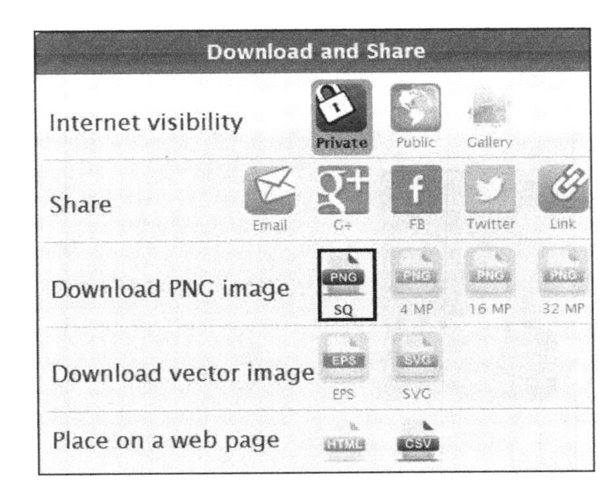

图 10.33　导出图片

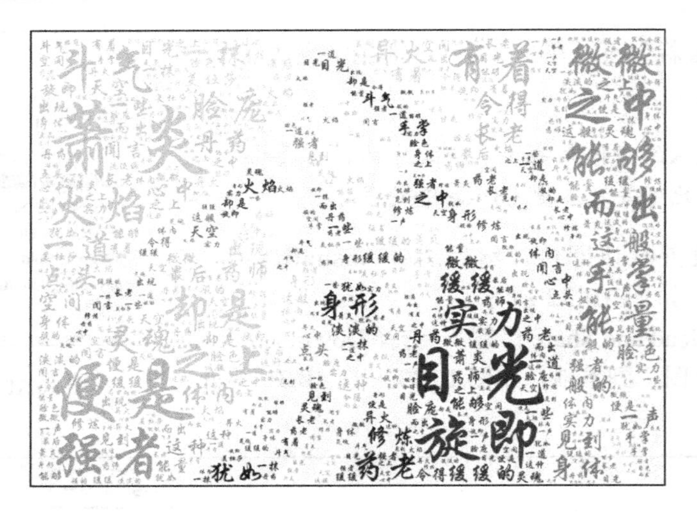

图 10.34　斗破苍穹词云

10.4.2　爬虫思路分析

（1）本节爬取的内容为移动端新浪微博（http://m.weibo.cn）上“好友圈”的信息，如图 10.35 所示。

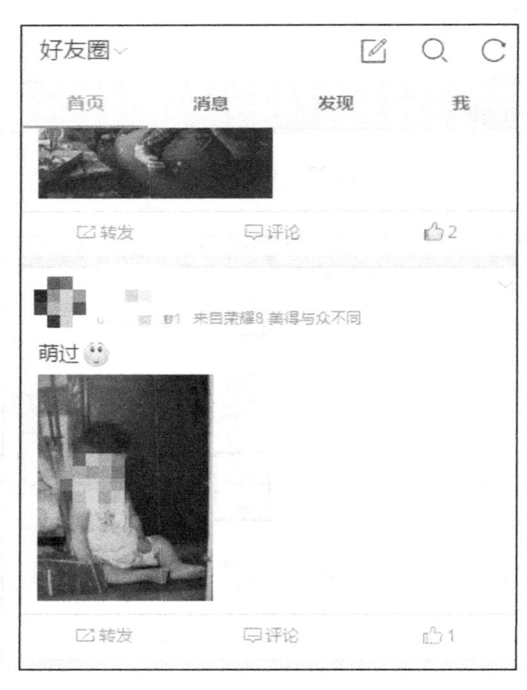

图 10.35　“好友圈”信息

（2）通过新浪微博网页版登录后，打开 Chrome 浏览器的开发者工具（按 F12 键），选择左上角的手机形状工具，然后刷新网页，即可以转换为移动端新浪微博，如图 10.36 所示。

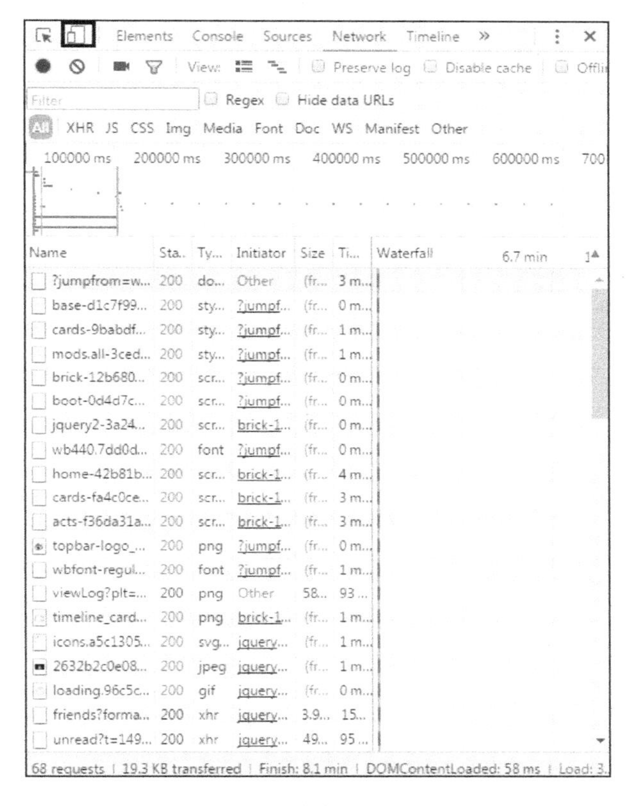

图 10.36　转换移动端爬取

注意：一般来说，移动端的数据更容易抓取。

（3）通过观察，发现网页元素不在网页源代码中，说明该网页使用了 AJAX 技术，如图 10.37 所示。

图 10.37　识别 AJAX 技术

（4）打开 Chrome 浏览器的开发者工具（按 F12 键），选择 Network 选项卡，选中 XHR 项，可以看到加载好友圈信息的文件。在 Headers 中可以看到请求的网址，如图 10.38 所示。在 Response 中可看到返回的信息，如图 10.39 所示，信息为 JSON 格式。

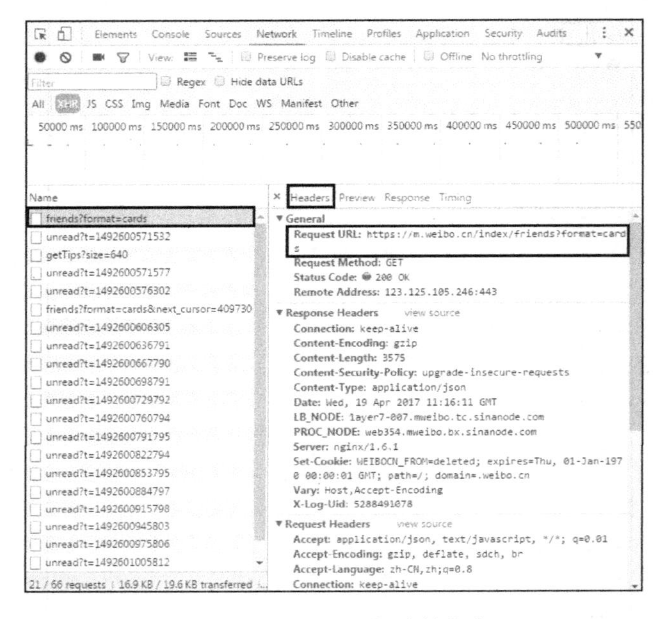

图 10.38 Headers 部分的信息

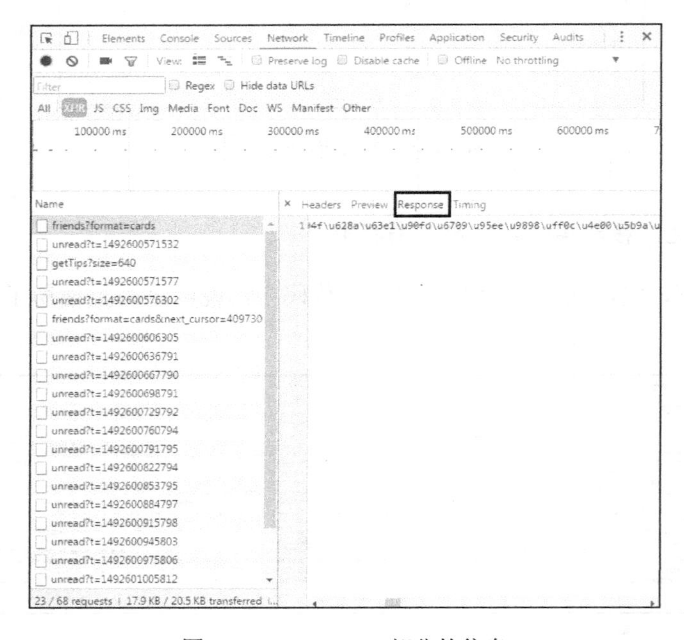

图 10.39 Response 部分的信息

🔔注意：由于编码原因，这里显示的是乱码。

（5）通过手动下拉信息，可以找到下一页的 URL，如图 10.40 所示。该 URL 中有 next_cursor 字段，通过观察第一页 URL 中的 Preview 标签发现，返回的 JSON 数据中刚好有 next_cursor，恰好和本页 URL 中的数字相同，如图 10.41 所示。通过查看多页 URL，可确定前一页的 next_cursor 字段是后一页 URL 中的数字信息，这样，便可通过爬取 next_cursor 字段依次构造出下一页的 URL。

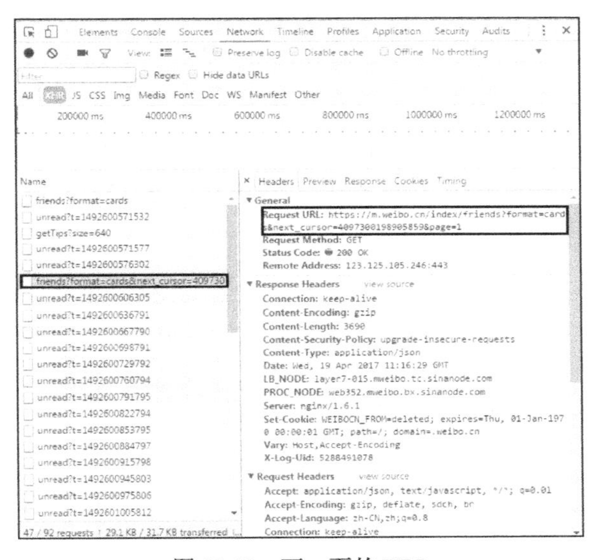

图 10.40　下一页的 URL

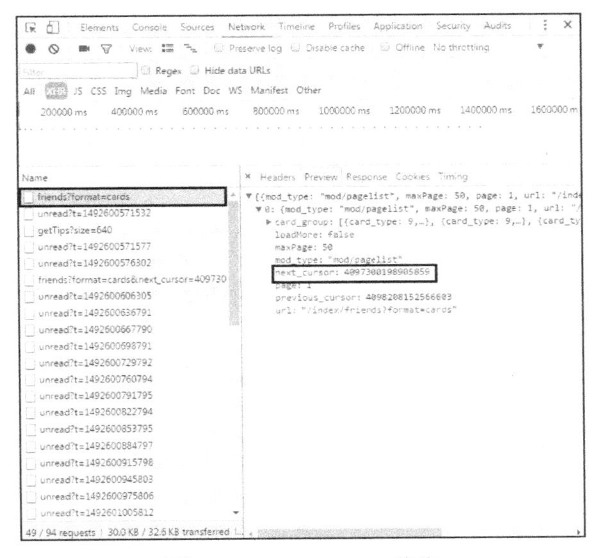

图 10.41　next_cursor 信息

（6）通过提交 Cookie 信息模拟登录新浪微博，如图 10.42 所示，复制 Cookie 信息。

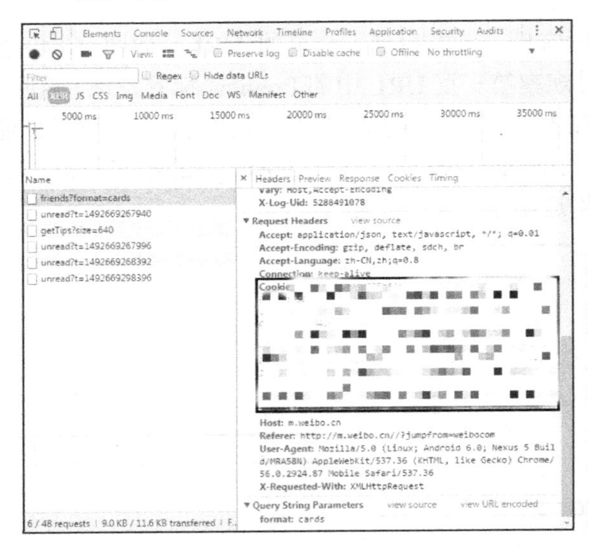

图 10.42　复制 Cookie 信息

（7）然后爬取“好友圈”50 页的微博信息，并保存到 TXT 文档中，最后通过分词制作词云。

10.4.3　爬虫代码及分析

爬虫代码如下：

```
01  import requests
02  import json                                  #导入相应的库文件
03
04  headers = {
05      'Cookie':'xxxxxx',
06      'User_Agent':'Mozilla/5.0 (Windows NT 6.1; WOW64) AppleWebKit/
07      537.36 (KHTML, like Gecko) Chrome/56.0.2924.87 Safari/537.36'
08  }                                            #加入 Cookie，模拟登录信息
09
10  f = open('C:/Users/LP/Desktop/weibo.txt','a+',encoding='utf-8')
    #创建 TXT 文件
11
12  def get_info(url,page):                          #定义获取信息的函数
13      html = requests.get(url,headers=headers)
14      json_data = json.loads(html.text)
15      card_groups = json_data[0]['card_group']
16      for card_group in card_groups:
17          f.write(card_group['mblog']['text'].split(' ')[0]+'\n')
                                                     #写入 TXT 文件中
18
```

```
19      next_cursor = json_data[0]['next_cursor']    #找到下一页的 cursor
20
21      if page<50:
22          next_url =
23  'https://m.weibo.cn/index/friends?format=cards&next_cursor='+str
    (next_cursor)+'&page=1'
24          page = page + 1
25          get_info(next_url,page)                      #请求下一页
26      else:
27          pass
28          f.close()                                    #关闭文件
29
30  if __name__ == '__main__':                           #函数主入口
31      url = 'https://m.weibo.cn/index/friends?format=cards'
32  get_info(url,1)
```

程序运行的结果保存在计算机中文件名为 weibo 的文档中，如图 10.43 所示。

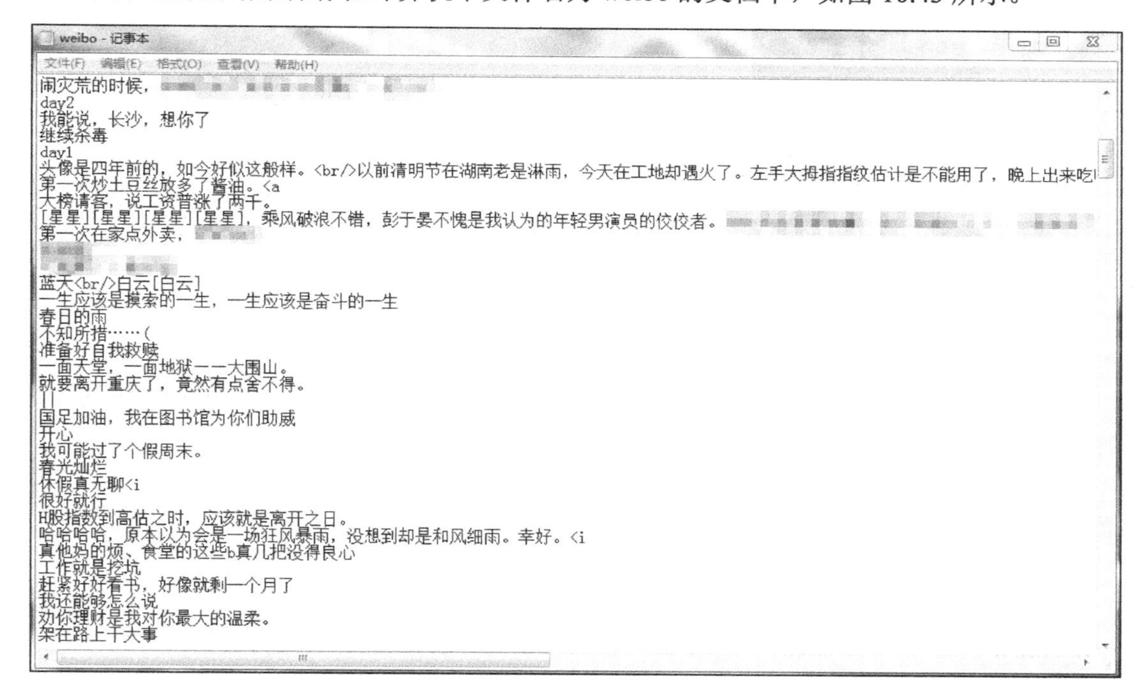

图 10.43　爬虫结果

词频统计代码如下：

```
import jieba.analyse
path = 'C:/Users/LP/Desktop/weibo.txt'
fp = open(path,'r',encoding='utf-8')             #打开文件
content = fp.read()                              #读数据
try:
    jieba.analyse.set_stop_words('H:\最近用（笔记本）\python\中文停用词
表.txt')                                          #停用词表
```

```
        tags = jieba.analyse.extract_tags(content, topK=100, withWeight=True)
        for item in tags:
            print(item[0]+'\t'+str(int(item[1]*1000)))
finally:
    fp.close()
```

程序运行结果如图 10.44 所示。

最后，通过 TAGUL 制作的图云如图 10.45 所示。

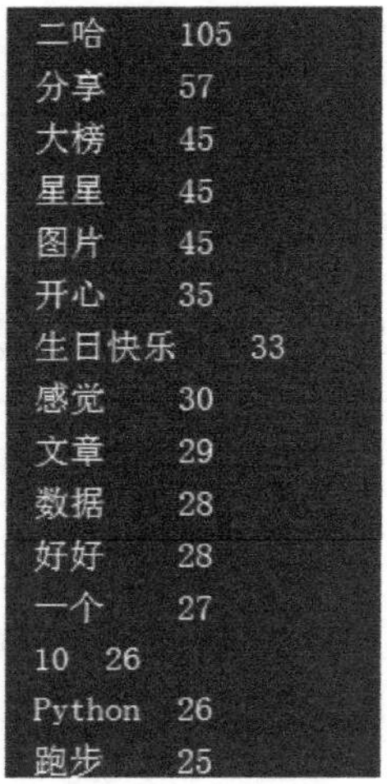

```
二哈	105
分享	57
大榜	45
星星	45
图片	45
开心	35
生日快乐	33
感觉	30
文章	29
数据	28
好好	28
一个	27
10	26
Python	26
跑步	25
```

图 10.44　词频统计结果

图 10.45　微博词云

代码分析：

（1）第 1~2 行导入程序所需要的库，Requests 库用于请求网页，JSON 库用于解析 JSON 数据。

（2）第 4~8 行通过 Chrome 浏览器的开发者工具，复制 cookie、User-Agent，用于模拟登录微博爬取数据。

（3）第 10 行创建用于存储爬虫数据的 TXT 文档。

（4）第 12~28 行定义获取爬虫信息的函数，用于获取文本数据并写入数据，获取 next_cursor 构造下一页 URL，依次回调该函数 50 次，以获取 50 页微博数据。

（5）第 30~32 行为函数主入口，传入第一页 URL 到爬虫函数中。

第 11 章　Selenium 模拟浏览器

对于采用异步加载技术的网页，有时候通过逆向工程来构造爬虫是比较困难的。想用 Python 获取异步加载返回的数据，可以使用 Selenium 模块模拟浏览器。本章将讲解 Selenium 模块的安装、Selenium 浏览器的选择和安装，以及 Selenium 模块的使用方法，最后通过综合案例对采用异步加载技术的网页进行爬虫。

本章涉及的主要知识点如下。

- Selenium 模块：了解 Selenium 模块并进行安装。
- PhantomJS 浏览器：了解 PhantomJS 浏览器并进行安装。
- Selenium 和 PhantomJS：学会利用 Selenium 模块和 PhantomJS 浏览器爬取异步加载网页的数据。

11.1　Selenium 和 PhantomJS

本节将讲解 Selenium 的概念和安装，查看 Selenium 支持的浏览器，并选择 PhantomJS 浏览器进行基本讲解和安装。

11.1.1　Selenium 的概念和安装

Selenium 是一个用于 Web 应用程序测试的工具，它直接运行在浏览器中，就像真实的用户在操作一样。由于这个性质，Selenium 也是一个强大的网络数据采集工具，它可以让浏览器自动加载页面，这样使用了异步加载技术的网页，也可获取其需要的数据。

Selenium 模块是 Python 的第三方库，可以通过 PIP 进行安装：

```
pip3 install selenium
```

11.1.2　浏览器的选择和安装

Selenium 自己不带浏览器，需要配合第三方浏览器来使用。可以通过 help 命令查看 Selenium 的 Webdriver 功能及 Webdriver 支持的浏览器：

```
from selenium import webdriver
help(webdriver)
```

查看命令执行后的结果，如图 11.1 所示。

```
PACKAGE CONTENTS
    android (package)
    blackberry (package)
    chrome (package)
    common (package)
    edge (package)
    firefox (package)
    ie (package)
    opera (package)
    phantomjs (package)
    remote (package)
    safari (package)
    support (package)
```

图 11.1　Webdriver 支持的浏览器

其中，android 和 blackberry 是移动端的浏览器，这里不做考虑。事实上，常用的浏览器是 Firefox、Chrome 和 PhantomJS。如果使用 Chrome 或 FireFox，我们可以看得到一个浏览器的窗口被自动打开，然后执行代码中的操作。而 PhantomJS 是无界面的，是一种“无头”浏览器，这意味着开销小、速度快，所以本书选择使用 PhantomJS 进行安装和讲解。

（1）打开浏览器，进入 PhantomJS 官网（http://phantomjs.org/），如图 11.2 所示。

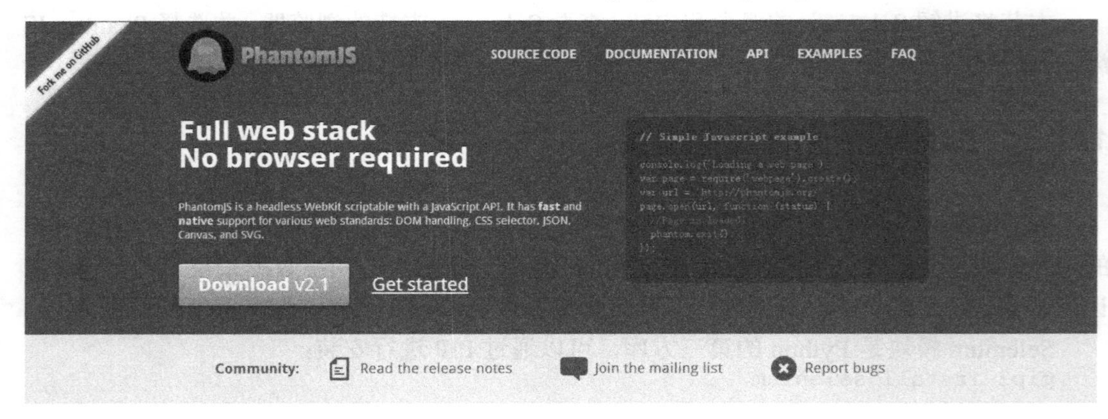

图 11.2　PhantomJS 官网

（2）单击 Download v2.1 按钮进入下载页面，如图 11.3 所示，然后根据自己的计算机系统下载相应的版本，这里以 Windows 系统为例。

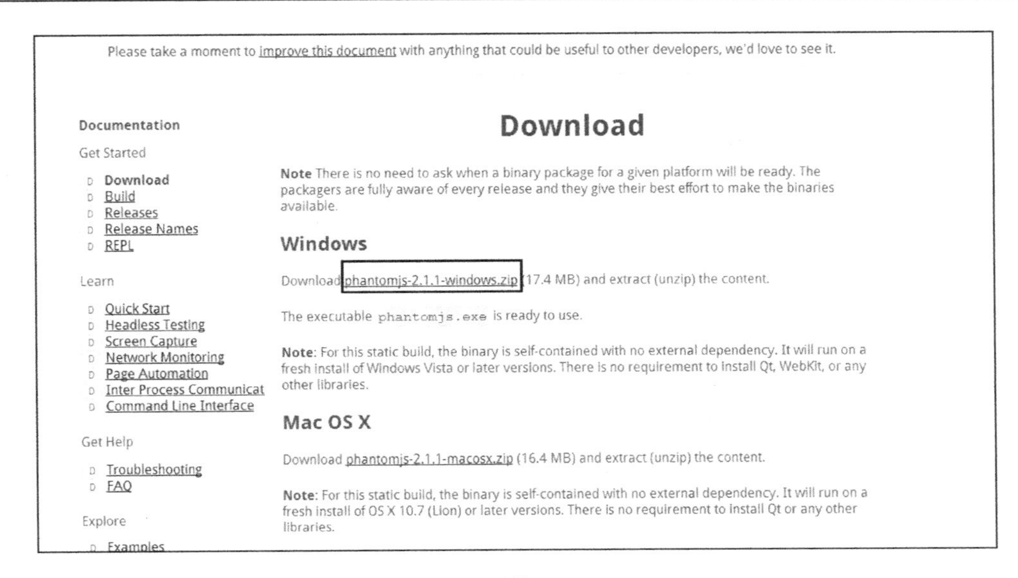

图 11.3　下载 PhantomJS

（3）下载完成后，解压压缩包，如图 11.4 所示。由于 PhantomJS 路径没有添加到系统路径中，每次编写代码都要手动进行路径的输入，并且由于之前安装的 Python 路径已经添加到了系统路径中，因此把 PhantomJS.exe 复制到 Python 目录下即可，如图 11.5 所示。

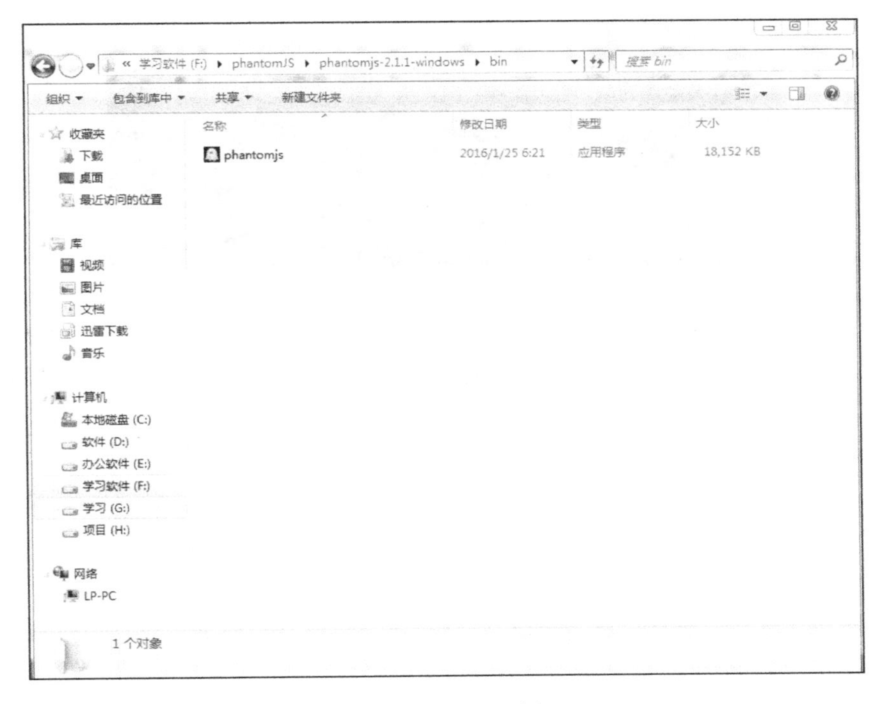

图 11.4　解压压缩包

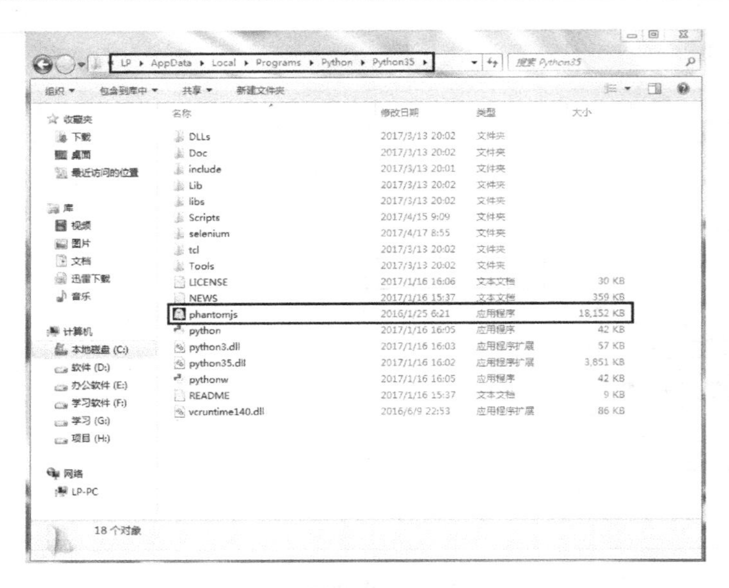

图 11.5　设置 PhantomJS 环境

（4）如果不知道 Python 的安装路径时，可在 Python 环境中输入如下命令进行查看：

```
import sys
print(sys.path)
```

运行结果如图 11.6 所示。

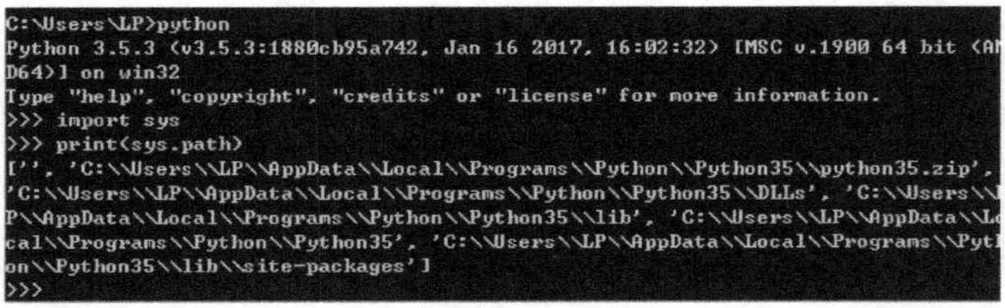

```
C:\Users\LP>python
Python 3.5.3 (v3.5.3:1880cb95a742, Jan 16 2017, 16:02:32) [MSC v.1900 64 bit (AM
D64)] on win32
Type "help", "copyright", "credits" or "license" for more information.
>>> import sys
>>> print(sys.path)
['', 'C:\\Users\\LP\\AppData\\Local\\Programs\\Python\\Python35\\python35.zip',
'C:\\Users\\LP\\AppData\\Local\\Programs\\Python\\Python35\\DLLs', 'C:\\Users\\L
P\\AppData\\Local\\Programs\\Python\\Python35\\lib', 'C:\\Users\\LP\\AppData\\Lo
cal\\Programs\\Python\\Python35', 'C:\\Users\\LP\\AppData\\Local\\Programs\\Pyth
on\\Python35\\lib\\site-packages']
>>>
```

图 11.6　查看 Python 安装路径

（5）最后在 Python 环境中输入以下代码进行测试，运行没有报错，说明 PhantomJS 环境已配置好，如图 11.7 所示。

```
from selenium import webdriver
driver = webdriver.PhantomJS()
```

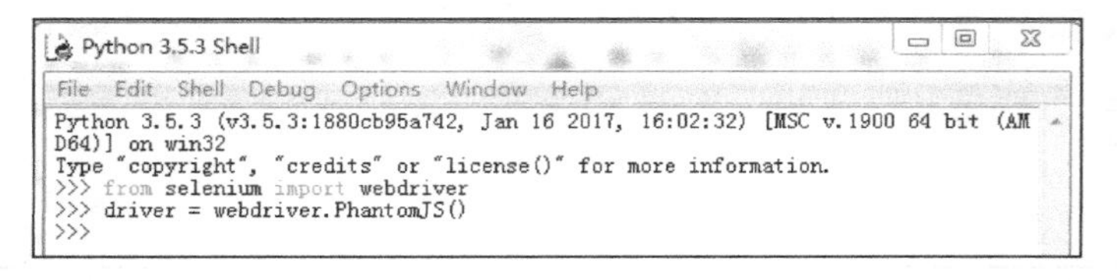

图 11.7　测试 PhantomJS 环境

11.2 Selenium 和 PhantomJS 的配合使用

Selenium 和 PhantomJS 的配合使用可以实现浏览器的各种操作，也可以轻松获取异步加载后的数据。本节将通过前面的两个小案例来讲解 Selenium 和 PhantomJS 的配合使用。

11.2.1 模拟浏览器操作

Selenium 和 PhantomJS 的配合使用可以完全模拟用户在浏览器上的所有操作，包括输入框的内容填写、单击、截屏、下滑等各种操作。这样，对于需要登录的网站，用户可以不需要通过构造表单或提交 cookie 信息来登录网站。下面以豆瓣网（https://www.douban.com/）为例，只需输入以下代码便可完成登录：

```
01  from selenium import webdriver                                 #导入库
02  driver = webdriver.PhantomJS()                                 #指定浏览器
03  driver.get('https://www.douban.com/')                          #请求 URL
04  driver.implicitly_wait(10)                                     #隐式等待 10 秒
05  driver.find_element_by_id('form_email').clear()                #清除输入框数据
06  driver.find_element_by_id('form_email').send_keys('账号')#输入账号
07  driver.find_element_by_id('form_password').clear()
08  driver.find_element_by_id('form_password').send_keys('密码')
09  driver.find_element_by_class_name('bn-submit').click() #单击登入框
10  print(driver.page_source)                                      #打印网页源代码
```

（1）第 1、2 行导入库和指定浏览器。

（2）第 3 行的 driver.get('https://www.douban.com/')类似于 requests 库的 get()方法，同样是请求网址，不同的是 driver.get()方法请求过后的网页源代码中有异步加载的信息，这样便可以轻松获取 JavaScript 数据。

（3）第 4 行的 driver.implicitly_wait(10)是代表隐式等待 10 秒。当 Selenium 和 PhantomJS 配合使用解释 JavaScript 是需要时间的，前面使用的 time.sleep()是强制停止一个固定时间。如果这个时间定短了，则没法解释完 JavaScript，可能导致无法正常获取数据。如果时间定长了，则会浪费时间。implicitly_wait()函数完美地解决了这个问题，给定一个时间参数，则 implicitly_wait()函数会智能等待，当解释完 JavaScript 后，就会进入下一步，不会浪费时间。

（4）第 5~9 行用于定位到输入框，输入账号和密码，然后登录。首先打开 Chrome 浏览器，访问豆瓣网，将鼠标光标定位到账号输入的地方，“检查”其元素位置，如图 11.8 所示。find_element_by_id 用于获取元素位置，clear 用于清除内容，send_keys 用于输入账号，这样就可以完成账号的输入。密码输入也是一样的，这里不再解释。光标定位到“登录豆瓣”按钮，“检查”其元素位置，如图 11.9 所示。find_element_by_class_name 用于获取元素位置，click 用于单击，完成登录。

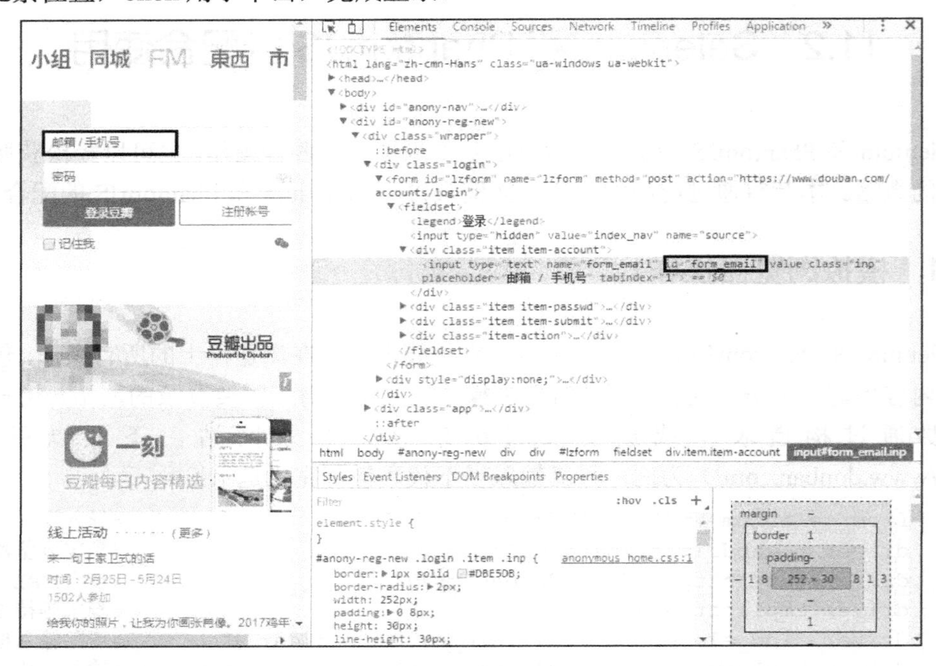

图 11.8　检查元素位置 1

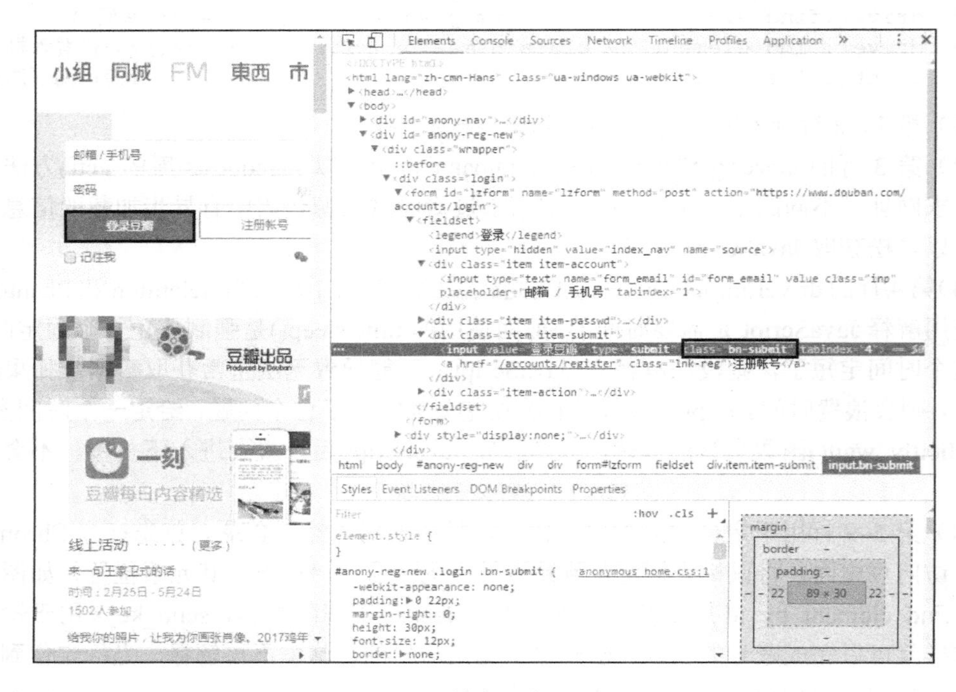

图 11.9　检查元素位置 2

（5）第 10 行用于打印登录豆瓣网后的源代码，如图 11.10 所示，证明已经成功登录豆瓣网。

```
<ul>

  <li><a id="top-nav-doumail-link" href="https://www.douban.com/doumail/">豆邮</a></li>
  <li class="nav-user-account">
  <a target="_blank" href="https://www.douban.com/accounts/" class="bn-more">
    <span>罗罗攀的帐号</span><span class="arrow"></span>
  </a>
  <div class="more-items">
 <table cellpadding="0" cellspacing="0">
       <tbody><tr><td><a href="https://www.douban.com/mine/">个人主页</a></td></tr>
       <tr><td><a target="_blank" href="https://www.douban.com/mine/orders/">我的订单</a></td></tr>
       <tr><td><a target="_blank" href="https://www.douban.com/mine/wallet/">我的钱包</a></td></tr>
       <tr><td><a target="_blank" href="https://www.douban.com/accounts/">帐号管理</a></td></tr>
       <tr><td><a href="https://www.douban.com/accounts/logout?source=main&amp;ck=_M-f">退出</a></td></tr>
    </tbody></table>
  </div>

  </li>
 </ul>
```

图 11.10　登录成功

注意：定位元素的函数在后面将会详细讲解。

11.2.2　获取异步加载数据

前面提到的 driver.get()方法请求过后的网页源代码中有异步加载的信息，这样便可以轻松获取 JavaScript 数据。首先来学习下有哪些函数可以定位获取元素信息，对于单个元素来说，有以下函数：

```
find_element_by_id
find_element_by_name
find_element_by_xpath
find_element_by_link_text
find_element_by_partial_link_text
find_element_by_tag_name
find_element_by_class_name
find_element_by_css_selector
```

对于获取多个元素信息，有如下几个函数，通常返回的为列表结构：

```
find_elements_by_id
find_elements_by_name
find_elements_by_xpath
find_elements_by_link_text
find_elements_by_partial_link_text
```

```
find_elements_by_tag_name
find_elements_by_class_name
find_elements_by_css_selector
```

对于不复杂的网页结构，可以使用 class、name、id 属性来定位元素，但对于复杂的网页结构来说，使用 Xpath 更加合适。前面已详细介绍了 Xpath 语法，但在 Selenium 中略有不同。下面以简书网的“文章”专题为例，如图 11.11 所示，利用 Selenium 和 PhantomJS 获取异步加载数据。

图 11.11　简书网“文章”专题信息

前面讲过简书网的阅读、评论、喜欢、收录专题采用了异步加载技术，但通过 Selenium 和 PhantomJS 配合使用，不需要进行逆向工程，代码如下：

```
from selenium import webdriver                        #导入库文件
url = 'http://www.jianshu.com/p/c9bae3e9e252'
def get_info(url):                                    #定义获取信息函数
    include_title =[]                                 #初始化列表，存入收录专题信息
    driver = webdriver.PhantomJS()                    #选择浏览器
    driver.get(url)
    driver.implicitly_wait(20)                        #隐式等待 20 秒
    author = driver.find_element_by_xpath('//span[@class="name"]/a').text
    date = driver.find_element_by_xpath('//span[@class="publish-time"]
    ').text
    word = driver.find_element_by_xpath('//span[@class="wordage"]').text
    view = driver.find_element_by_xpath('//span[@class="views-count"]').
    text
    comment = driver.find_element_by_xpath('//span[@class="comments-count
    "]').text
    like = driver.find_element_by_xpath('//span[@class="likes-count"]').
    text
    included_names = driver.find_elements_by_xpath('//div[@class="include
    -collection"]/a/div')
    for i in included_names:
```

```
            include_title.append(i.text)                    #获取数据
        print(author,date,word,view,comment,like,include_title)     #打印
    get_info(url)
```

程序运行结果如图 11.12 所示。

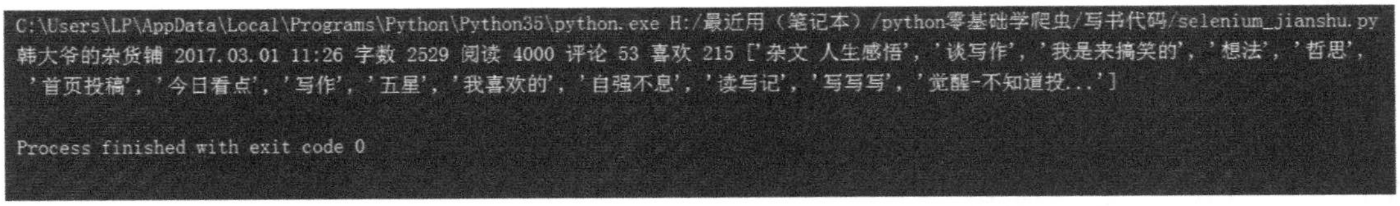

```
C:\Users\LP\AppData\Local\Programs\Python\Python35\python.exe H:/最近用（笔记本）/python零基础学爬虫/写书代码/selenium_jianshu.py
韩大爷的杂货铺 2017.03.01 11:26 字数 2529 阅读 4000 评论 53 喜欢 215 ['杂文 人生感悟', '谈写作', '我是来搞笑的', '想法', '哲思',
 '首页投稿', '今日看点', '写作', '五星', '我喜欢的', '自强不息', '读写记', '写写写', '觉醒-不知道投...']

Process finished with exit code 0
```

图 11.12　程序运行结果

下面以文章“喜欢”数为例，讲解 Selenium 中 Xpath 语法的不同之处。由于 driver.get() 方法请求过后已经解释了 JavaScript 代码，所以要获取相应的数据，直接在 Chrome 浏览器中相应元素的位置“检查”元素即可，如图 11.13 所示。

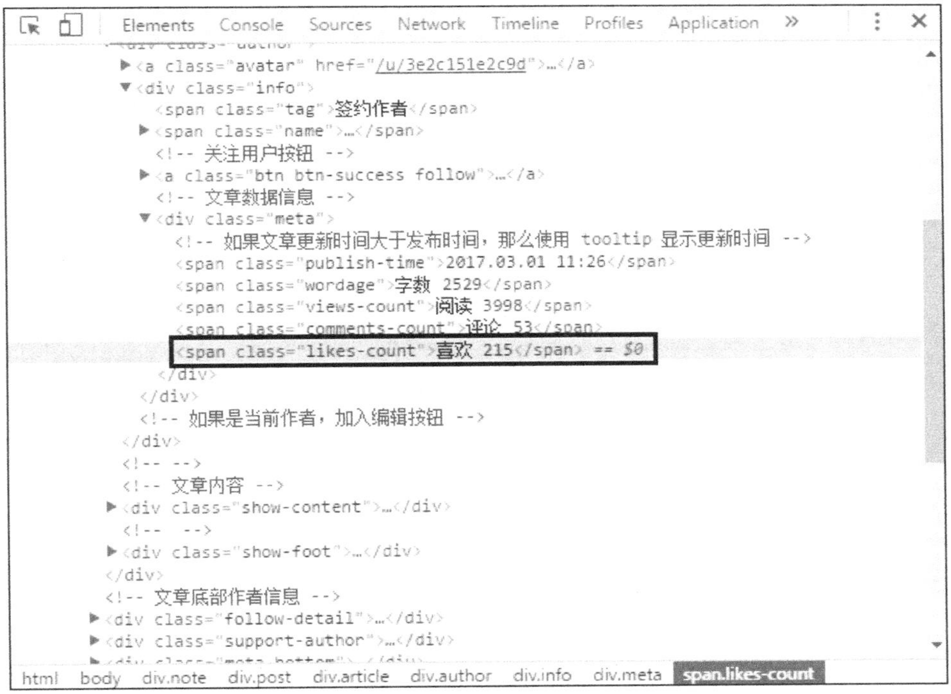

```
Elements  Console  Sources  Network  Timeline  Profiles  Application  »
  ▶<a class="avatar" href="/u/3e2c151e2c9d">…</a>
  ▼<div class="info">
      <span class="tag">签约作者</span>
    ▶<span class="name">…</span>
      <!-- 关注用户按钮 -->
    ▶<a class="btn btn-success follow">…</a>
      <!-- 文章数据信息 -->
    ▼<div class="meta">
        <!-- 如果文章更新时间大于发布时间，那么使用 tooltip 显示更新时间 -->
        <span class="publish-time">2017.03.01 11:26</span>
        <span class="wordage">字数 2529</span>
        <span class="views-count">阅读 3998</span>
        <span class="comments-count">评论 53</span>
        <span class="likes-count">喜欢 215</span> == $0
      </div>
    </div>
    <!-- 如果是当前作者，加入编辑按钮 -->
  </div>
  <!-- -->
  <!-- 文章内容 -->
▶<div class="show-content">…</div>
  <!--  -->
▶<div class="show-foot">…</div>
</div>
<!-- 文章底部作者信息 -->
▶<div class="follow-detail">…</div>
▶<div class="support-author">…</div>
html  body  div.note  div.post  div.article  div.author  div.info  div.meta  span.likes-count
```

图 11.13　检查元素

从 like = driver.find_element_by_xpath('//span[@class="likes-count"]').text 这行代码看出，要想取得文本信息，要在末尾加上.text，而前面是在 Xpath 路径后加/text()，除了这一点不同之处外，其他的语法使用没有任何区别。

11.3 综合案例 1——爬取 QQ 空间好友说说

QQ 空间的账号登录与信息爬取都是很复杂的。本节将使用 Selenium 和 PhantomJS，将爬虫简单化，进行 QQ 空间好友说说的爬取。

11.3.1 CSV 文件读取

前面讲了使用 Python 第三方库 csv 存储数据到 CSV 文件中。csv 库不仅可以存储 CSV 数据，也可以读取 CSV 文件的数据，如图 11.14 所示为 CSV 文件内容。

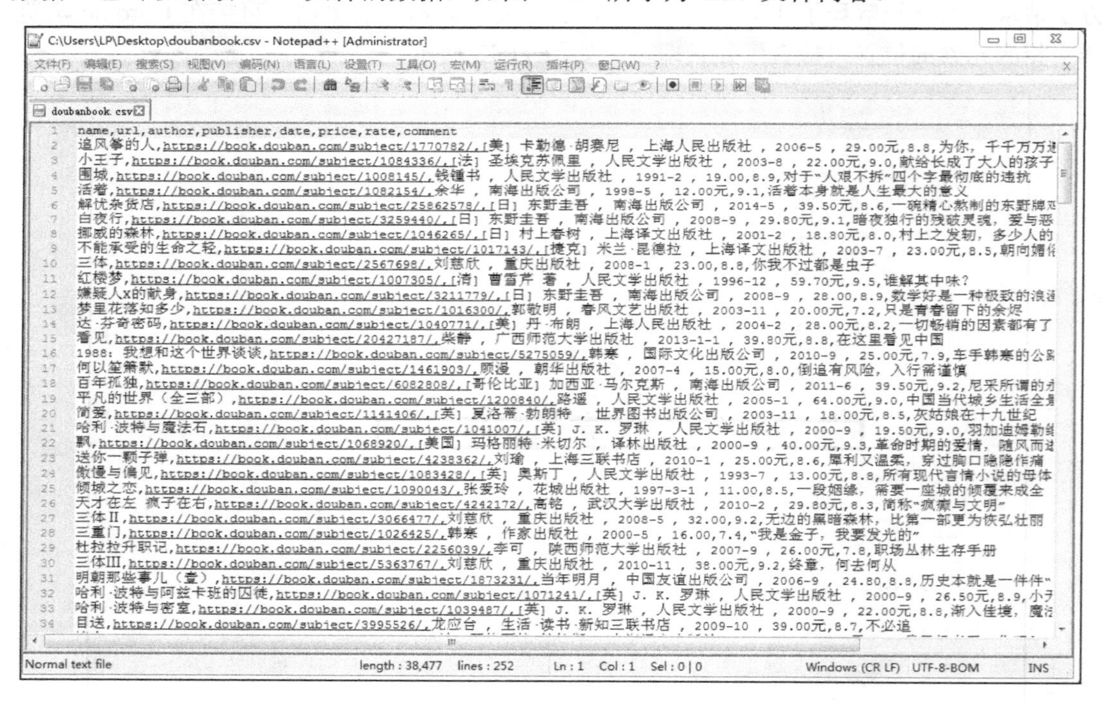

图 11.14 CSV 文件内容

可通过如下代码读取 CSV 文件：

```
import csv
fp = open('C:/Users/LP/Desktop/doubanbook.csv',encoding='utf-8')
reader = csv.reader(fp)
for row in reader:
    print(row)
fp.close()
```

读取结果如图 11.15 所示。

```
['\ufeffname', 'url', 'author', 'publisher', 'date', 'price', 'rate', 'comment']
['追风筝的人', 'https://book.douban.com/subject/1770782/', '[美] 卡勒德·胡赛尼 ', ' 上海人民出版社 ', ' 2006-5 ', ' 29.00元', '8.8',
'为你，千千万万遍']
['小王子', 'https://book.douban.com/subject/1084336/', '[法] 圣埃克苏佩里 ', ' 人民文学出版社 ', ' 2003-8 ', ' 22.00元', '9.0',
'献给长成了大人的孩子们']
['围城', 'https://book.douban.com/subject/1008145/', '钱锺书 ', ' 人民文学出版社 ', ' 1991-2 ', ' 19.00', '8.9', '对于“人艰不拆”四个字最
彻底的违抗']
['活着', 'https://book.douban.com/subject/1082154/', '余华 ', ' 南海出版公司 ', ' 1998-5 ', ' 12.00元', '9.1', '活着本身就是人生最大的意义']
['解忧杂货店', 'https://book.douban.com/subject/25862578/', '[日] 东野圭吾 ', ' 南海出版公司 ', ' 2014-5 ', ' 39.50元', '8.6',
'一碗精心熬制的东野牌鸡汤，拒绝很难']
['白夜行', 'https://book.douban.com/subject/3259440/', '[日] 东野圭吾 ', ' 南海出版公司 ', ' 2008-9 ', ' 29.80元', '9.1',
'暗夜独行的残破灵魂，爱与恶本就难分难舍']
['挪威的森林', 'https://book.douban.com/subject/1046265/', '[日] 村上春树 ', ' 上海译文出版社 ', ' 2001-2 ', ' 18.80元', '8.0',
'村上之发轫，多少人的青春启蒙']
['不能承受的生命之轻', 'https://book.douban.com/subject/1017143/', '[捷克] 米兰·昆德拉 ', ' 上海译文出版社 ', ' 2003-7 ', ' 23.00元',
'8.5', '朝向媚俗的一次伟大的进军']
['三体', 'https://book.douban.com/subject/2567698/', '刘慈欣 ', ' 重庆出版社 ', ' 2008-1 ', ' 23.00', '8.8', '你我不过都是虫子']
['红楼梦', 'https://book.douban.com/subject/1007305/', '[清] 曹雪芹 著 ', ' 人民文学出版社 ', ' 1996-12 ', ' 59.70元', '9.5', '谁解其中味？']
```

图 11.15　读取结果

从读取结果看出，这种读取方法把 CSV 文件的每行数据转化为一个列表，列表的每一个元素就是一个字符串。也可以通过下面代码进行 CSV 文件的读取。

```
import csv
fp = open('C:/Users/LP/Desktop/doubanbook.csv',encoding='utf-8')
reader = csv.DictReader(fp)
for row in reader:
    print(row)
fp.close()
```

读取结果如图 11.16 所示。

```
{'comment': '为你，千千万万遍', 'url': 'https://book.douban.com/subject/1770782/', '\ufeffname': '追风筝的人', 'author': '[美]
卡勒德·胡赛尼 ', 'publisher': ' 上海人民出版社 ', 'date': ' 2006-5 ', 'price': ' 29.00元', 'rate': '8.8'}
{'comment': '献给长成了大人的孩子们', 'url': 'https://book.douban.com/subject/1084336/', '\ufeffname': '小王子', 'author': '[法]
圣埃克苏佩里 ', 'publisher': ' 人民文学出版社 ', 'date': ' 2003-8 ', 'price': ' 22.00元', 'rate': '9.0'}
{'comment': '对于“人艰不拆”四个字最彻底的违抗', 'url': 'https://book.douban.com/subject/1008145/', '\ufeffname': '围城', 'author':
'钱锺书 ', 'publisher': ' 人民文学出版社 ', 'date': ' 1991-2 ', 'price': ' 19.00', 'rate': '8.9'}
{'comment': '活着本身就是人生最大的意义', 'url': 'https://book.douban.com/subject/1082154/', '\ufeffname': '活着', 'author': '余华 ',
'publisher': ' 南海出版公司 ', 'date': ' 1998-5 ', 'price': ' 12.00元', 'rate': '9.1'}
{'comment': '一碗精心熬制的东野牌鸡汤，拒绝很难', 'url': 'https://book.douban.com/subject/25862578/', '\ufeffname': '解忧杂货店', 'author':
'[日] 东野圭吾 ', 'publisher': ' 南海出版公司 ', 'date': ' 2014-5 ', 'price': ' 39.50元', 'rate': '8.6'}
{'comment': '暗夜独行的残破灵魂，爱与恶本就难分难舍', 'url': 'https://book.douban.com/subject/3259440/', '\ufeffname': '白夜行', 'author':
'[日] 东野圭吾 ', 'publisher': ' 南海出版公司 ', 'date': ' 2008-9 ', 'price': ' 29.80元', 'rate': '9.1'}
{'comment': '村上之发轫，多少人的青春启蒙', 'url': 'https://book.douban.com/subject/1046265/', '\ufeffname': '挪威的森林', 'author': '[日]
村上春树 ', 'publisher': ' 上海译文出版社 ', 'date': ' 2001-2 ', 'price': ' 18.80元', 'rate': '8.0'}
{'comment': '朝向媚俗的一次伟大的进军', 'url': 'https://book.douban.com/subject/1017143/', '\ufeffname': '不能承受的生命之轻', 'author':
'[捷克] 米兰·昆德拉 ', 'publisher': ' 上海译文出版社 ', 'date': ' 2003-7 ', 'price': ' 23.00元', 'rate': '8.5'}
{'comment': '你我不过都是虫子', 'url': 'https://book.douban.com/subject/2567698/', '\ufeffname': '三体', 'author': '刘慈欣 ', 'publisher':
' 重庆出版社 ', 'date': ' 2008-1 ', 'price': ' 23.00', 'rate': '8.8'}
{'comment': '谁解其中味？', 'url': 'https://book.douban.com/subject/1007305/', '\ufeffname': '红楼梦', 'author': '[清] 曹雪芹 著 ',
'publisher': ' 人民文学出版社 ', 'date': ' 1996-12 ', 'price': ' 59.70元', 'rate': '9.5'}
```

图 11.16　读取结果

从读取结果可以看出，该方法把 CSV 文件的第一行作为字典格式的“键”，其余行作为“值”，把文件内容转化为字典。

11.3.2 爬虫思路分析

（1）从 QQ 邮箱中获取 QQ 好友号。打开 QQ 邮箱，选择“通讯录”，如图 11.17 所示，然后选择部分 QQ 好友，选择“工具”|“导出联系人”命令，如图 11.18 所示，然后选择以 CSV 格式导出，如图 11.19 所示。这样便可以通过 csv 库读取 CSV 文件，并获取好友的 QQ 号码了。

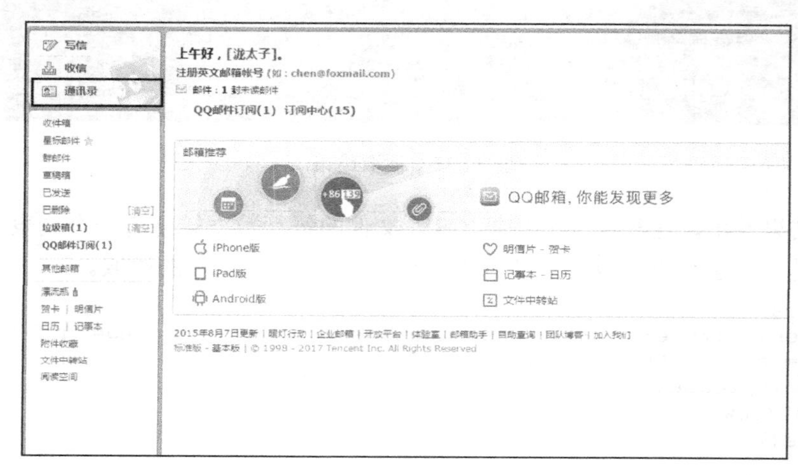

图 11.17　通讯录

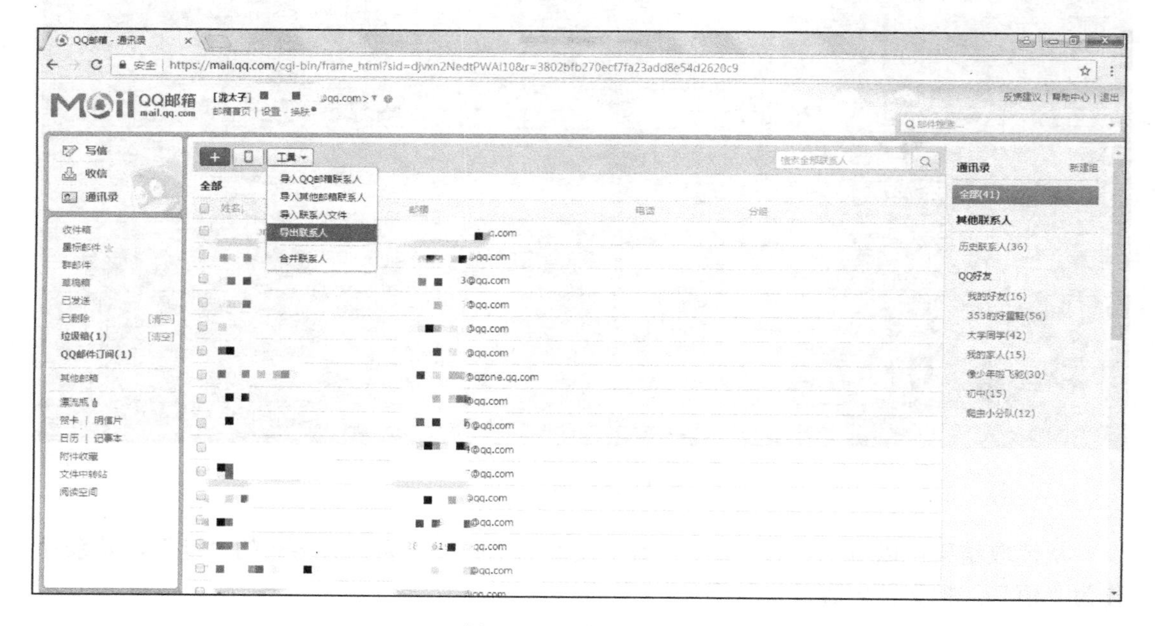

图 11.18　导出联系人

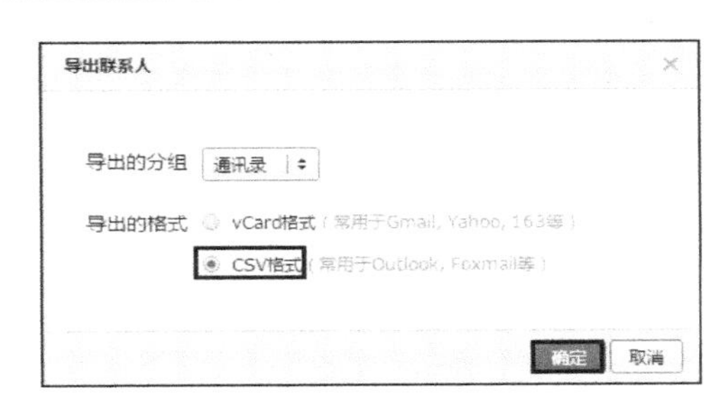

图 11.19 导出 CSV 格式文件

（2）QQ 空间好友说说的链接为 http://user.qzone.qq.com/{好友 QQ 号}/311。首次打开 QQ 空间时需要登录，如图 11.20 所示，使用 Selenium 和 PhantomJS，然后选择“账号密码登录”方式。

（3）爬取的内容为好友说说和发表时间信息，如图 11.21 所示。

（4）最后把爬取数据存储到 MongoDB 数据库中即可。

图 11.20 登录 QQ

图 11.21 爬取内容

11.3.3 爬虫代码及分析

爬虫代码如下：

```
01  from selenium import webdriver
02  import time
03  import csv
04  import pymongo                                   #导入相应的库文件
05
06  client = pymongo.MongoClient('localhost', 27017) #连接数据库
07  mydb = client['mydb']
08  qq_shuo = mydb['qq_shuo']                        #创建数据库和数据集合
```

```
09
10  driver = webdriver.PhantomJS()                          #选择浏览器
11  driver.maximize_window()                                #窗口最大化
12
13  def get_info(qq):                                       #定义获取信息的函数
14      driver.get('http://user.qzone.qq.com/{}/311'.format(qq))
15      driver.implicitly_wait(10)                          #隐式等待 10 秒
16      try:
17          driver.find_element_by_id('login_div')
18          a = True
19      except:
20          a = False
21      if a == True:
22          driver.switch_to.frame('login_frame')
23          driver.find_element_by_id('switcher_plogin').click()
24          driver.find_element_by_id('u').clear()
25          driver.find_element_by_id('u').send_keys('账号')
26          driver.find_element_by_id('p').clear()
27          driver.find_element_by_id('p').send_keys('密码')
28          driver.find_element_by_id('login_button').click()
29          time.sleep(3)
30      driver.implicitly_wait(3)                           #登录 QQ
31      try:
32          driver.find_element_by_id('QM_OwnerInfo_Icon')
33          b = True
34      except:
35          b = False
36      if b == True:
37          driver.switch_to.frame('app_canvas_frame')
38          contents = driver.find_elements_by_css_selector('.content')
39        times = driver.find_elements_by_css_selector('.c_tx.c_tx3.goDetail')
40          for content, tim in zip(contents, times):
41              data = {
42                  'time': tim.text,
43                  'content': content.text
44              }
45              qq_shuo.insert_one(data)                    #获取说说信息插入数据库
46
47  if __name__ == '__main__':                              #程序主入口
48      qq_lists = []                                       #初始化列表，存储 QQ 账号
49      fp = open('C:/Users/LP/Desktop/QQmail.csv')
50      reader = csv.DictReader(fp)
51      for row in reader:
52        qq_lists.append(row['电子邮件'].split('@')[0])#存入 QQ 账号
53      fp.close()
54      for item in qq_lists:
55          get_info(item)
```

程序运行完毕后，可打开 Robomongo 进行好友说说信息的查看，如图 11.22 所示。

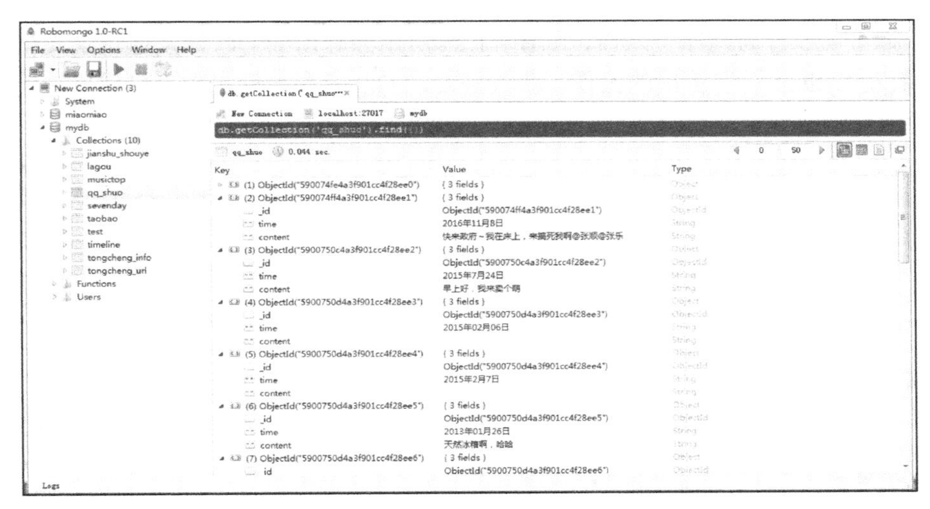

图 11.22　程序运行结果

代码分析：

（1）第 1~4 行导入程序所需要的库。

（2）第 6~8 行用于创建 MongoDB 数据库和集合。

（3）第 10、11 行使用 Selenium 的 webdriver 实例化一个浏览器对象，并设置 Phantomjs 窗口最大化。

（4）第 13~45 行定义获取说说信息的函数。首先，请求 URL，隐式等待 10 秒，判断页面是否需要登录，通过查找是否有 ID 为 login_div 的 div 标签来进行判断。如果需要登录，则切换到登录的框架进行登录，如图 11.23 所示。然后判断是否有权限访问 QQ 好友空间，通过查找是否有 ID 为 QM_OwnerInfo_Icon 的 div 标签来进行判断。如果可以访问，则切换到好友说说框架，进行数据的爬取和存储。

```
                key = kvArr[0];
                if('s_url' == key) {
                    value = kvArr[1];
                    break;
                }
            }
        }
    }
    value = decodeURIComponent(value);
    if(value.search(/^https?:\/\/(.*)\.qzone\.qq\.com\//) == -1 && value.search(/^https?:\/\/(.*)\.qzone\.com\//) == -1 && value.search(/^https?:\/\/gameapp\.qq\.com\
value.search(/^https?:\/\/nextradio\.qq\.com\//) == -1) {//为安全计，不是非qzone.qq.com和qzone.com域的
        value = encodeURIComponent('https://qzs.qzone.qq.com/qzone/v5/loginsucc.html?para=izone&from=iqq');
    } else {
        value = encodeURIComponent('https://qzs.qzone.qq.com/qzone/v5/loginsucc.html?para=izone&from=iqq&specifyurl=' + encodeURIComponent(value));
    }
    var pt_no_auth = location.href.indexOf('?fl=1')>-1 ? 1 : 0;
    var src = 'https://xui.ptlogin2.qq.com/cgi-bin/xlogin?
proxy_url='+encodeURIComponent('https:')+'//qzs.qq.com/qzone/v6/portal/proxy.html&amp;daid=5&amp;&amp;hide_title_bar=1&amp;low_login=0&amp;qlogin_auto_login=1&amp;no_verifyimg=1&amp;link
amp;appid=549000912&amp;style=22&amp;target=self&amp;s_url=' + value + '&amp;pt_qr_app=手机QQ空间
&amp;pt_qr_link=http%3A//z.qzone.com/download.html&amp;self_regurl='+encodeURIComponent('https:')+'//qzs.qq.com/qzone/v6/reg/index.html&amp;pt_qr_help_link=http%3A//z.qzone.com/download.
_auth='+pt_no_auth;
    document.write('<iframe id="login_frame" name="login_frame" height="100%" scrolling="no" width="100%" frameborder="0" src="' + src + '"></iframe>');
                </script>
            </div>
        </div>

        <div class="login_mask"></div>
    </div>
</div>


<!--页脚部分-->
<div class="lay_foot">
    <div class="lay_inner">
        <div class="login_device">
            <ul>
                <li><a href="http://z.qzone.com/download.html" onclick="TCISD.pv('ihome.qzone.qq.com','bottom.iphone');" target="_blank"><i class="ui_icon icon_iphone"></i><span>iPho
</li>
                <li><a href="http://z.qzone.com/download.html" onclick="TCISD.pv('ihome.qzone.qq.com','bottom.ipad');" target="_blank"><i class="ui_icon icon_ipad"></i><span>iPad</sp
                <li><a href="http://z.qzone.com/download.html" onclick="TCISD.pv('ihome.qzone.qq.com','bottom.android');" target="_blank"><i class="ui_icon icon_android"></i><span>An
</a></li>
                <li><a href="http://z.qzone.com/download.html" onclick="TCISD.pv('ihome.qzone.qq.com','bottom.windowsphone');" target="_blank"><i class="ui_icon icon_windowsphone"></
<span>Windows Phone</span></a></li>
```

图 11.23　QQ 登录框架

（5）第 47~55 行为程序主入口，如图 11.24 所示为导出的 QQ 好友通讯录文件，通过 csv 库读取及 Python 对字符串的操作，获取好友的 QQ 号存入列表中，最后依次调用获取好友说说信息的函数。

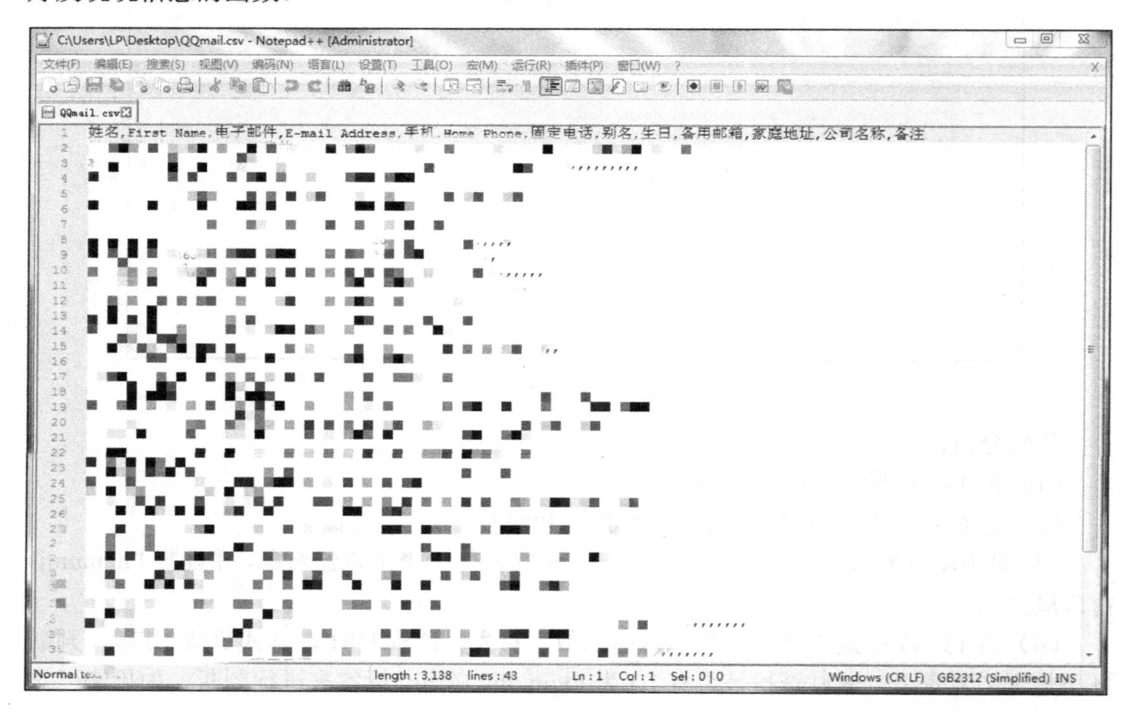

图 11.24 QQ 好友通讯录文件

11.4 综合案例 2——爬取淘宝商品信息

淘宝商品信息 URL 构造较为复杂。本节将使用 Selenium 和 PhantomJS，模拟计算机搜索和翻页操作，爬取淘宝网男士短袖上衣的信息。

11.4.1 爬虫思路分析

（1）本书爬取的内容为淘宝网（https://www.taobao.com/）上男士短袖上衣的商品信息，如图 11.25 所示。

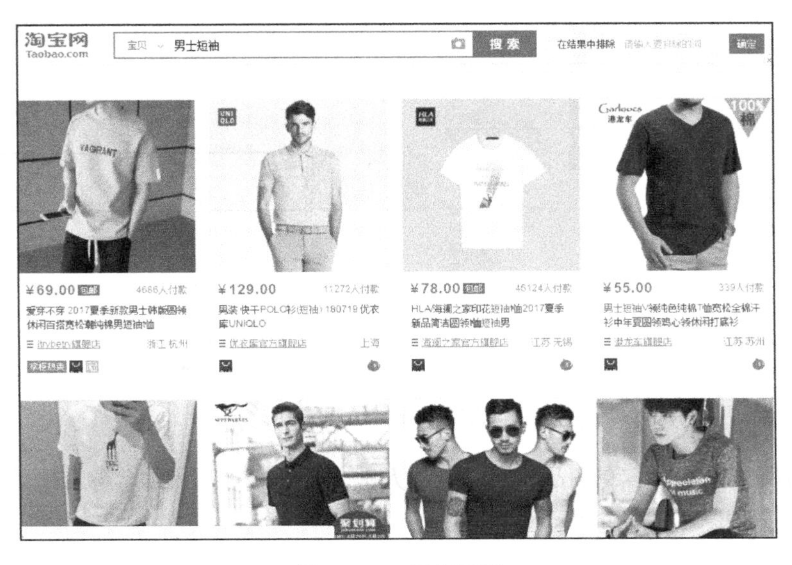

图 11.25　爬虫网页

（2）本节的爬虫并不是请求该网页，而是使用 Selenium 和 PhantomJS，模拟计算机的搜索操作，输入商品名称进行搜索，“检查”搜索框元素，如图 11.26 所示。

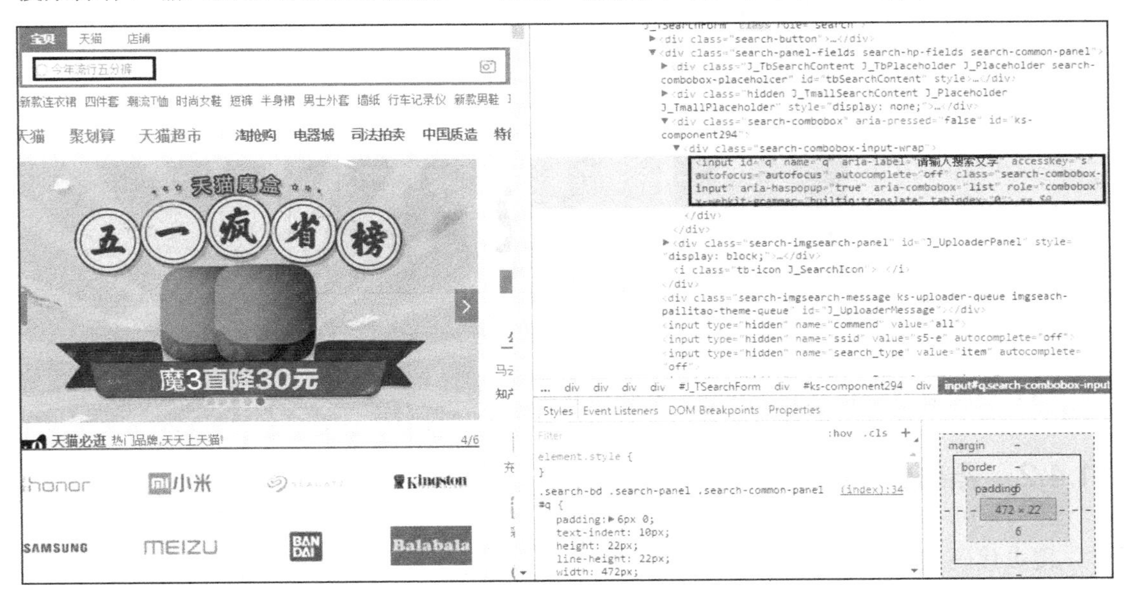

图 11.26　“检查”搜索框

（3）前面都是通过观察不同页面 URL 规律，来构造多页 URL。本节使用 Selenium 和 PhantomJS，模拟计算机的翻页操作，如图 11.27 所示，“检查”下一页元素。

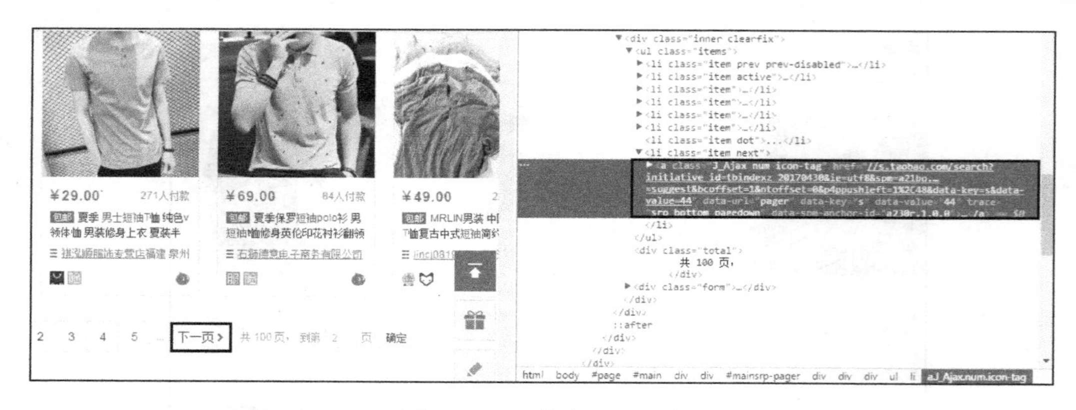

图 11.27 “检查”下一页

（4）本节所爬取的内容有商品价格、付款人数、商品名称、商家名称和地址，如图 11.28 所示。

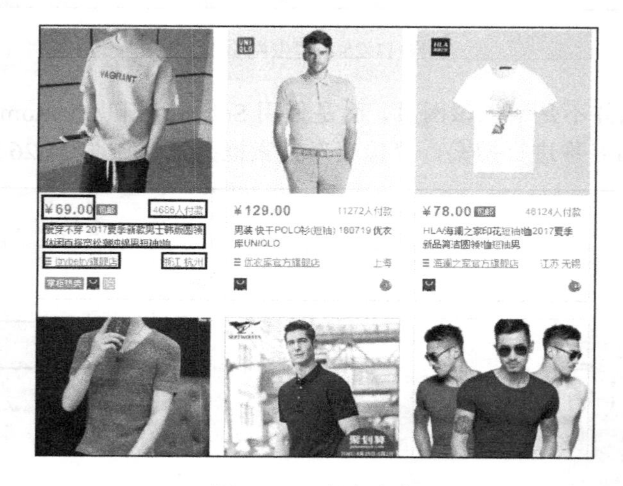

图 11.28 爬虫内容

（5）把爬取数据存储到 MongoDB 数据库中。

11.4.2 爬虫代码及分析

爬虫代码如下：

```
01  from selenium import webdriver
02  from lxml import etree
03  import time
04  import pymongo                                    #导入相应的库文件
05
06  client = pymongo.MongoClient('localhost', 27017)#连接数据库
07  mydb = client['mydb']
```

```
08  taobao = mydb['taobao']                              #创建数据库和数据集合
09
10  driver = webdriver.PhantomJS()                       #实例化浏览器
11  driver.maximize_window()                             #窗口最大化
12
13  def get_info(url,page):                              #定义获取商品信息的函数
14      page = page + 1
15      driver.get(url)
16      driver.implicitly_wait(10)                       #隐式等待 10 秒
17      selector = etree.HTML(driver.page_source)        #请求网页源代码
18      infos = selector.xpath('//div[@class="item J_MouserOnverReq  "]')
19      for info in infos:
20          data = info.xpath('div/div/a')[0]
21          goods = data.xpath('string(.)').strip()
22          price = info.xpath('div/div/div/strong/text()')[0]
23          sell = info.xpath('div/div/div[@class="deal-cnt"]/text()')[0]
24          shop = info.xpath('div[2]/div[3]/div[1]/a/span[2]/text()')[0]
25          address = info.xpath('div[2]/div[3]/div[2]/text()')[0]
26          commodity = {
27              'good':goods,
28              'price':price,
29              'sell':sell,
30              'shop':shop,
31              'address':address
32          }
33          taobao.insert_one(commodity)                 #插入数据库
34
35      if page <= 50:
36          NextPage(url,page)
37      else:
38          pass                                         #进入下一页
39
40  def NextPage(url,page):                              #定义下一页函数
41      driver.get(url)
42      driver.implicitly_wait(10)
43      driver.find_element_by_xpath('//a[@trace="srp_bottom_pagedown"]').
        click()
44      time.sleep(4)
45      driver.get(driver.current_url)
46      driver.implicitly_wait(10)
47      get_info(driver.current_url,page)                #用 get_info()函数
48
49  if __name__ == '__main__':                           #程序主入口
50      page = 1
51      url = 'https://www.taobao.com/'
52      driver.get(url)
53      driver.implicitly_wait(10)
54      driver.find_element_by_id('q').clear()
55      driver.find_element_by_id('q').send_keys('男士短袖')     #输入商品名
56      driver.find_element_by_class_name('btn-search').click()  #单击搜索
57  get_info(driver.current_url,page)
```

程序运行完毕后，可打开 Robomongo 进行商品信息的查看，如图 11.29 所示。

图 11.29 程序运行结果

代码分析：

（1）第 1~4 行导入程序所需要的库。

（2）第 6~8 行用于创建 MongoDB 数据库和集合。

（3）第 10、11 行使用 Selenium 的 webdriver 实例化一个浏览器对象，并设置 Phantomjs 窗口最大化。

（4）第 13~38 行定义了获取商品信息的函数。请求传入的 URL 链接，并隐式等待 10 秒。获取 page_source，利用 lxml 库解析爬取数据，并存储到 MongoDB 数据库中。

（5）第 40~47 行定义获取翻页后 URL 的函数。传入当前 URL，通过使用 Selenium 和 PhantomJS，模拟电脑的翻页操作，获取下一页 URL。

（6）第 49~57 行为函数主入口。使用 Selenium 和 PhantomJS，模拟计算机输入文字，并展开搜索功能，获取男士短袖的 URL，调用获取商品信息的函数。

第 12 章　Scrapy 爬虫框架

前面章节着重介绍了单脚本的爬虫代码编写，从数据请求到数据解析和提取，都需要读者自行编写程序。本章所介绍的 Scrapy 爬虫框架，集数据字段定义、网络请求和解析、数据获取和处理等为一体，极大地方便了爬虫的编写过程。Scrapy 是一个为了爬取网站信息，提取结构性数据而编写的应用爬虫框架。本章将讲解 Windows 7 环境下 Scrapy 的安装，以及如何创建 Scrapy 项目；并通过案例详细讲解各 Scrapy 文件的作用和使用方法；最后通过多个综合案例，讲解如何通过 Scrapy 爬虫框架把数据存储到不同类型的文件中，并对跨页面网站的爬虫代码编写进行介绍。

本章涉及的主要知识点如下。

- Scrapy 的安装和使用：学会 Scrapy 的安装和各 Scrapy 文件的使用。
- Scrapy 爬虫数据存储：通过多个综合案例，讲解如何使用 Scrapy 把数据存储到不同类型的文件中。
- 跨页面爬虫：针对跨页面的网站，讲解如何使用 Scrapy 进行数据的爬取。

12.1　Scrapy 的安装和使用

本节将讲解基于 Python 3.5 版本和 Windows 7 系统下的 Scrapy 的安装，通过简单的爬虫案例，讲解 Scrapy 的创建文件和各文件的使用方法。

12.1.1　Scrapy 的安装

由于 Scrapy 爬虫框架依赖许多第三方库，所以在安装 Scrapy 前，需确保以下第三方库均已安装。

1．Lxml库

由于 Lxml 库在前面介绍时已经安装，这里可以通过以下命令查看 Python 已经安装的库文件：

```
pip3 list
```

如图 12.1 所示，Lxml 库已经安装。

```
C:\Users\LP>pip3 list
DEPRECATION: The default format will switch to columns in the future. You can us
e --format=(legacy|columns) (or define a format=(legacy|columns) in your pip.con
f under the [list] section) to disable this warning.
beautifulsoup4 (4.5.3)
itchat (1.3.5)
jieba (0.38)
lxml (3.7.3)
olefile (0.44)
Pillow (4.1.0)
pip (9.0.1)
pymongo (3.4.0)
PyMySQL (0.7.10)
pypng (0.0.18)
PyQRCode (1.2.1)
requests (2.13.0)
selenium (3.3.3)
setuptools (28.8.0)
wheel (0.29.0)
xlwt (1.2.0)
```

图 12.1　查看已安装的库

2．zope.interface库

通过 PIP 进行安装：

```
pip3 install zope.interface
```

结果如图 12.2 所示。

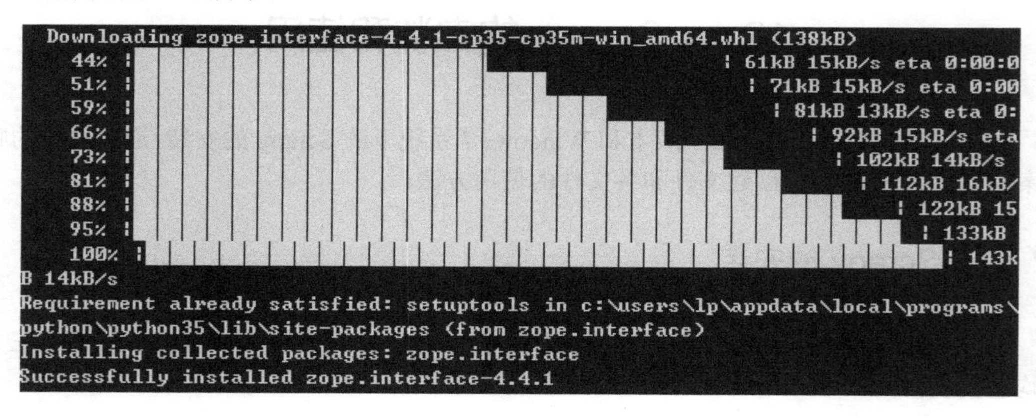

Downloading zope.interface-4.4.1-cp35-cp35m-win_amd64.whl (138kB)
44% | 61kB 15kB/s eta 0:00:0
51% | 71kB 15kB/s eta 0:00
59% | 81kB 13kB/s eta 0:
66% | 92kB 15kB/s eta
73% | 102kB 14kB/s
81% | 112kB 16kB/
88% | 122kB 15
95% | 133kB
100% | 143k
B 14kB/s
Requirement already satisfied: setuptools in c:\users\lp\appdata\local\programs\
python\python35\lib\site-packages (from zope.interface)
Installing collected packages: zope.interface
Successfully installed zope.interface-4.4.1

图 12.2　安装 zope.interface 库

3．twisted库

twisted 库不能通过 PIP 进行安装，可通过前面讲到的 whl 文件进行安装。

（1）进入 http://www.lfd.uci.edu/~gohlke/pythonlibs/，搜索 twisted 库，下载到本地，如图 12.3 所示。

```
Twisted, an event-driven networking engine.
  Twisted-17.1.0-cp27-cp27m-win32.whl
  Twisted-17.1.0-cp27-cp27m-win_amd64.whl
  Twisted-17.1.0-cp34-cp34m-win32.whl
  Twisted-17.1.0-cp34-cp34m-win_amd64.whl
  Twisted-17.1.0-cp35-cp35m-win32.whl
  Twisted-17.1.0-cp35-cp35m-win_amd64.whl
  Twisted-17.1.0-cp36-cp36m-win32.whl
  Twisted-17.1.0-cp36-cp36m-win_amd64.whl
```

图 12.3　下载 whl 文件

注意：应下载与本机系统相对应的版本。

（2）由于前面已经安装了 wheel 库，因此这一步可以跳过。

（3）等待执行完成后在命令行输入：

```
d
cd D:\python\ku
#后面为下载 whl 文件的路径
```

（4）最后，在命令行输入：

```
pip3 install Twisted-17.1.0-cp35-cp35m-win_amd64.whl
```

这样就可以下载库到本地了，如图 12.4 所示。

```
F:\ku>pip3 install F:\ku\Twisted-17.1.0-cp35-cp35m-win_amd64.whl
Processing f:\ku\twisted-17.1.0-cp35-cp35m-win_amd64.whl
Collecting incremental>=16.10.1 (from Twisted==17.1.0)
  Downloading incremental-16.10.1-py2.py3-none-any.whl
Collecting constantly>=15.1 (from Twisted==17.1.0)
  Downloading constantly-15.1.0-py2.py3-none-any.whl
Requirement already satisfied: zope.interface>=4.0.2 in c:\users\lp\appdata\loca
l\programs\python\python35\lib\site-packages (from Twisted==17.1.0)
Collecting Automat>=0.3.0 (from Twisted==17.1.0)
  Downloading Automat-0.6.0-py2.py3-none-any.whl
Requirement already satisfied: setuptools in c:\users\lp\appdata\local\programs\
python\python35\lib\site-packages (from zope.interface>=4.0.2->Twisted==17.1.0)
Requirement already satisfied: six in c:\users\lp\appdata\local\programs\python\
python35\lib\site-packages (from Automat>=0.3.0->Twisted==17.1.0)
Collecting attrs (from Automat>=0.3.0->Twisted==17.1.0)
  Downloading attrs-17.1.0-py2.py3-none-any.whl
Installing collected packages: incremental, constantly, attrs, Automat, Twisted
Successfully installed Automat-0.6.0 Twisted-17.1.0 attrs-17.1.0 constantly-15.1
.0 incremental-16.10.1
```

图 12.4　安装 twisted 库

4．pyOpenSSL库

还是通过 PIP 进行安装：

```
pip3 install pyOpenSSL
```

结果如图 12.5 所示。

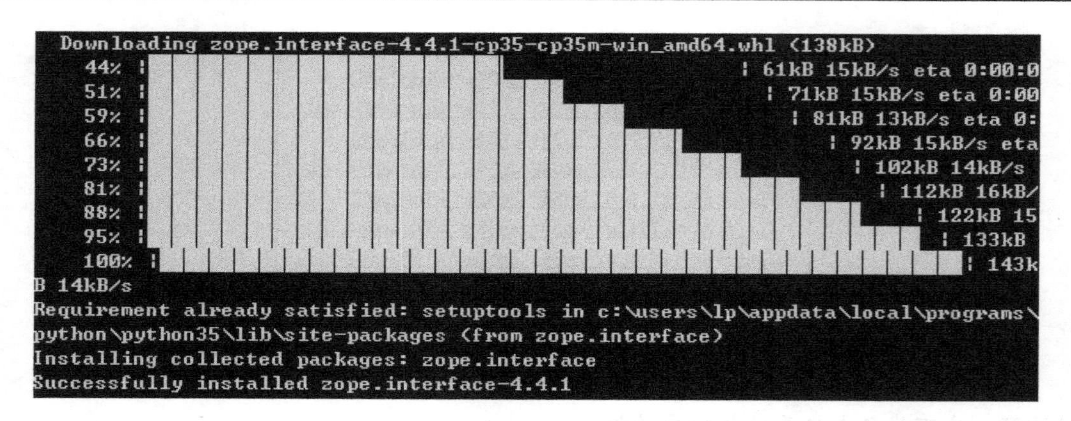

```
 Downloading zope.interface-4.4.1-cp35-cp35m-win_amd64.whl (138kB)
    44% |                                | 61kB 15kB/s eta 0:00:0
    51% |                                | 71kB 15kB/s eta 0:00
    59% |                                | 81kB 13kB/s eta 0:
    66% |                                | 92kB 15kB/s eta
    73% |                                | 102kB 14kB/s
    81% |                                | 112kB 16kB/
    88% |                                | 122kB 15
    95% |                                | 133kB
    100% |                               | 143k
B 14kB/s
Requirement already satisfied: setuptools in c:\users\lp\appdata\local\programs\
python\python35\lib\site-packages (from zope.interface)
Installing collected packages: zope.interface
Successfully installed zope.interface-4.4.1
```

图 12.5　安装 pyOpenSSL 库

5．pywin32库

pywin32 库也不能通过 PIP 进行安装，通过下载 whl 文件进行安装，与安装 twisted 库过程一样，这里不再赘述。安装完 pywin32 库后，需要对其进行文件的配置，打开 Python 环境，导入 pywin32 会出错，如图 12.6 所示。

```
import pywin32
```

```
Microsoft Windows [版本 6.1.7601]
版权所有 (c) 2009 Microsoft Corporation。保留所有权利。

C:\Users\LP>python
Python 3.5.3 (v3.5.3:1880cb95a742, Jan 16 2017, 16:02:32) [MSC v.1900 64 bit (AM
D64)] on win32
Type "help", "copyright", "credits" or "license" for more information.
>>> import pywin32
Traceback (most recent call last):
  File "<stdin>", line 1, in <module>
ImportError: No module named 'pywin32'
>>>
```

图 12.6　导入失败

（1）在本机中找到 pywin32 库，如图 12.7 所示，复制其文件。

Python35 ▸ Lib ▸ site-packages ▸ pywin32_system32　　搜索 pywin32_system32

到库中 ▾　共享 ▾　新建文件夹

名称	修改日期	类型	大小
pythoncom35.dll	2017/5/18 10:22	应用程序扩展	540 KB
pywintypes35.dll	2017/5/18 10:22	应用程序扩展	135 KB

位置

图 12.7　复制 pywin32 文件

（2）然后把复制的文件复制到 C:\Windows\System32 路径下，如图 12.8 所示。

本地磁盘 (C:) ▸ Windows ▸ System32 ▸　　搜索 System32

新建文件夹

名称	修改日期	类型	大小
psr	2009/7/14 9:39	应用程序	716 KB
pstorec.dll	2009/7/14 9:41	应用程序扩展	52 KB
pstorsvc.dll	2009/7/14 9:41	应用程序扩展	36 KB
pub_store.dat	2017/4/2 19:19	DAT 文件	1 KB
puiapi.dll	2009/7/14 9:41	应用程序扩展	190 KB
puiobj.dll	2010/11/21 11:23	应用程序扩展	420 KB
PushPrinterConnections	2010/11/21 11:24	应用程序	54 KB
pwrshplugin.dll	2009/7/14 9:41	应用程序扩展	54 KB
pythoncom35.dll	2017/5/18 10:22	应用程序扩展	540 KB
pywintypes35.dll	2017/5/18 10:22	应用程序扩展	135 KB
QAGENT.DLL	2010/11/21 11:23	应用程序扩展	260 KB

图 12.8　复制文件

6．Scrapy库

安装完以上依赖库后，通过 PIP 安装 Scrapy 爬虫框架。

```
pip3 install scrapy
```

这样就成功安装好 Scrapy 爬虫框架了。

12.1.2　创建 Scrapy 项目

本节以小猪短租网的一页租房信息为例，如图 12.9 所示，进行 Scrapy 爬虫代码的编写工作。

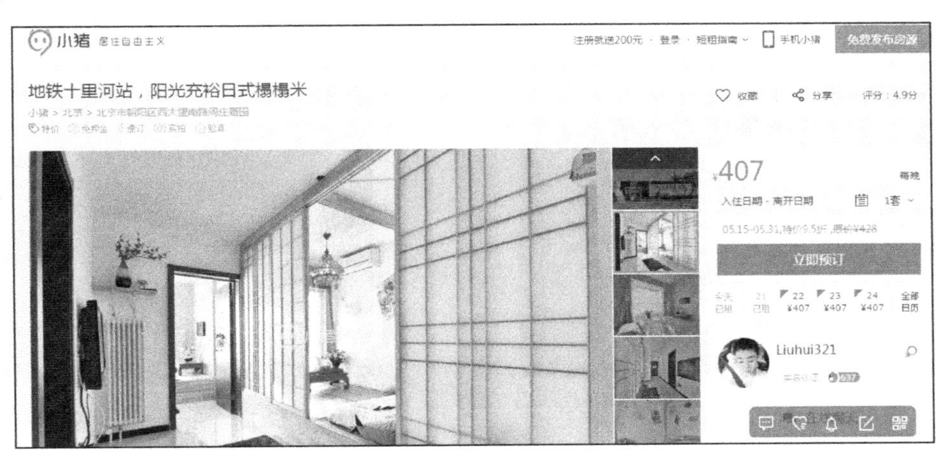

图 12.9　小猪短租网信息

对于 Scrapy 爬虫框架而言，需在命令窗口进行 Scrapy 爬虫项目的创建。

```
h
cd H:\scrapy
scrapy startproject xiaozhu
```

执行结果如图 12.10 所示。

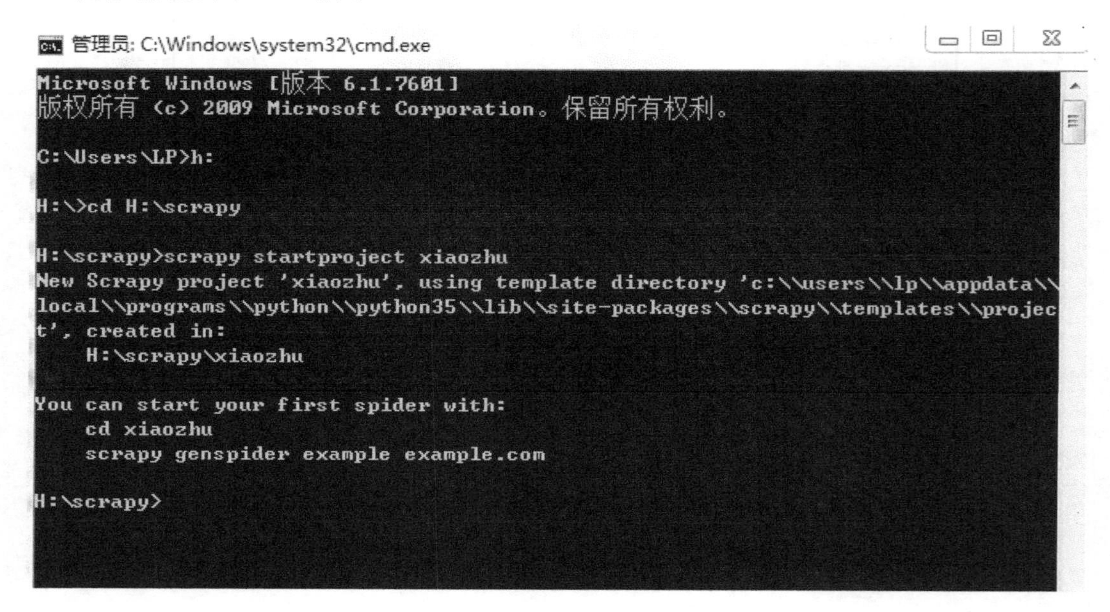

图 12.10　创建 Scrapy 项目

这样就能在本地 H 盘的 scrapy 文件夹下创建 xiaozhu 这个 Scrapy 项目了。通过 Pycharm 可查看 xiaozhu 项目下的所有文件，如图 12.11 所示。

最后在 spiders 文件夹下新建 xiaozhuspider.py 的 Python 文件，用于爬虫代码的编写，最后的 xiaozhu 文件内容如图 12.12 所示。

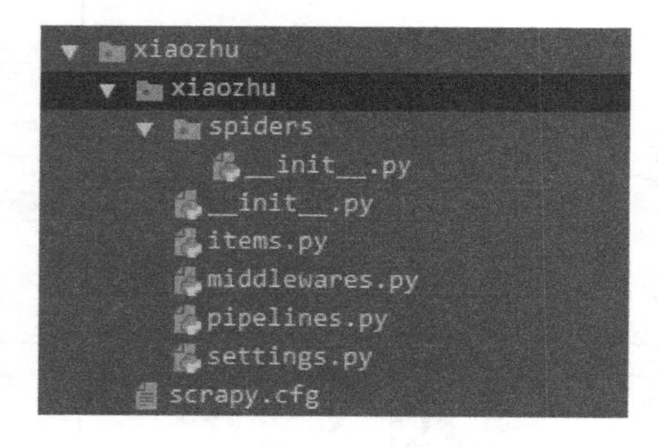

图 12.11　Scrapy 项目下的文件

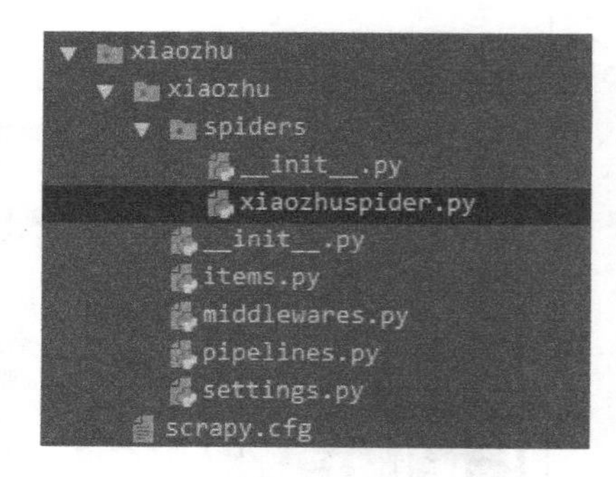

图 12.12　Scrapy 项目文件

12.1.3　Scrapy 文件介绍

如图 12.12 为 Scrapy 项目的所有文件，下面看看各文件的内容和相应的作用。

（1）最顶层的 xiaozhu 文件夹是项目名。

（2）第 2 层由与项目同名的文件夹 xiaozhu 和 scrapy.cfg 文件构成。这里的 xiaozhu 文件夹就是模块，通常叫包，所有的爬虫代码都在这个包中添加。scrapy.cfg 文件为该 Scrapy 项目的配置文件，其中的内容如下：

```
# Automatically created by: scrapy startproject
#
# For more information about the [deploy] section see:
# https://scrapyd.readthedocs.org/en/latest/deploy.html

[settings]
default = xiaozhu.settings

[deploy]
#url = http://localhost:6800/
project = xiaozhu
```

除了注销的代码以外，该文件声明了两件事：

- 定义默认设置文件的位置为 xiaozhu 模块下的 settings 文件；
- 定义项目名称为 xiaozhu。

（3）第 3 层由 5 个 Python 文件和 spiders 文件夹构成。spiders 文件夹实际上也是一个模块。在这 5 个 Python 文件中，__init__.py 是空文件，主要作用为供 Python 导入使用。middlewares.py 为 Spider 的中间件，在基础环节不做讲解，该书主要介绍其他 3 个 Python 文件的使用。

1．items.py文件

items.py 文件的作用为定义爬虫抓取的项目，简单来说，就是定义爬取的字段信息。items.py 文件的容如下：

```
# -*- coding: utf-8 -*-

# Define here the models for your scraped items
#
# See documentation in:
# http://doc.scrapy.org/en/latest/topics/items.html

import scrapy


class XiaozhuItem(scrapy.Item):
    # define the fields for your item here like:
    # name = scrapy.Field()
pass
```

2. pipelines.py文件

pipelines.py 文件的主要作用为爬虫数据的处理，在实际爬虫项目中，主要用于爬虫数据的清洗和入库操作。pipelines.py 文件的内容如下：

```
# -*- coding: utf-8 -*-

# Define your item pipelines here
#
# Don't forget to add your pipeline to the ITEM_PIPELINES setting
# See: http://doc.scrapy.org/en/latest/topics/item-pipeline.html


class XiaozhuPipeline(object):
    def process_item(self, item, spider):
        return item
```

3. settings.py文件

settings.py 文件的主要作用是对爬虫项目的一些设置，如请求头的填写、设置 pipelines.py 处理爬虫数据等。settings.py 文件的部分内容如下：

```
# -*- coding: utf-8 -*-

# Scrapy settings for xiaozhu project
#
# For simplicity, this file contains only settings considered important or
# commonly used. You can find more settings consulting the documentation:
#
#     http://doc.scrapy.org/en/latest/topics/settings.html
#     http://scrapy.readthedocs.org/en/latest/topics/downloader-middleware.
html
#     http://scrapy.readthedocs.org/en/latest/topics/spider-middleware.
html

BOT_NAME = 'xiaozhu'

SPIDER_MODULES = ['xiaozhu.spiders']
NEWSPIDER_MODULE = 'xiaozhu.spiders'


# Crawl responsibly by identifying yourself (and your website) on the
user-agent
#USER_AGENT = 'xiaozhu (+http://www.yourdomain.com)'

# Obey robots.txt rules
ROBOTSTXT_OBEY = True

# Configure maximum concurrent requests performed by Scrapy (default: 16)
#CONCURRENT_REQUESTS = 32
```

（4）第 4 层为 spiders 模块下的 2 个 Python 文件，前面已介绍过__init__.py 文件，这里不再赘述。xiaozhuspider.py 文件是笔者新建的 Python 文件，用于爬虫代码的编写。

综上所述，Scrapy 爬虫框架像是做填空题，把相对应文件中的代码补全就能实现爬虫。items.py 文件用于定义爬虫字段、xiaozhuspider.py 文件用于数据的爬取、pipelines.py 文件用于爬虫数据的处理、settings.py 文件用于设置爬虫的配置。

12.1.4　Scrapy 爬虫编写

1. items.py文件

下面以小猪短租网的一页租房信息为例，需爬取的字段有标题、地址、价格、出租类型、居住人数和床位数，如图 12.13 所示，在 items.py 文件中填写代码即可。

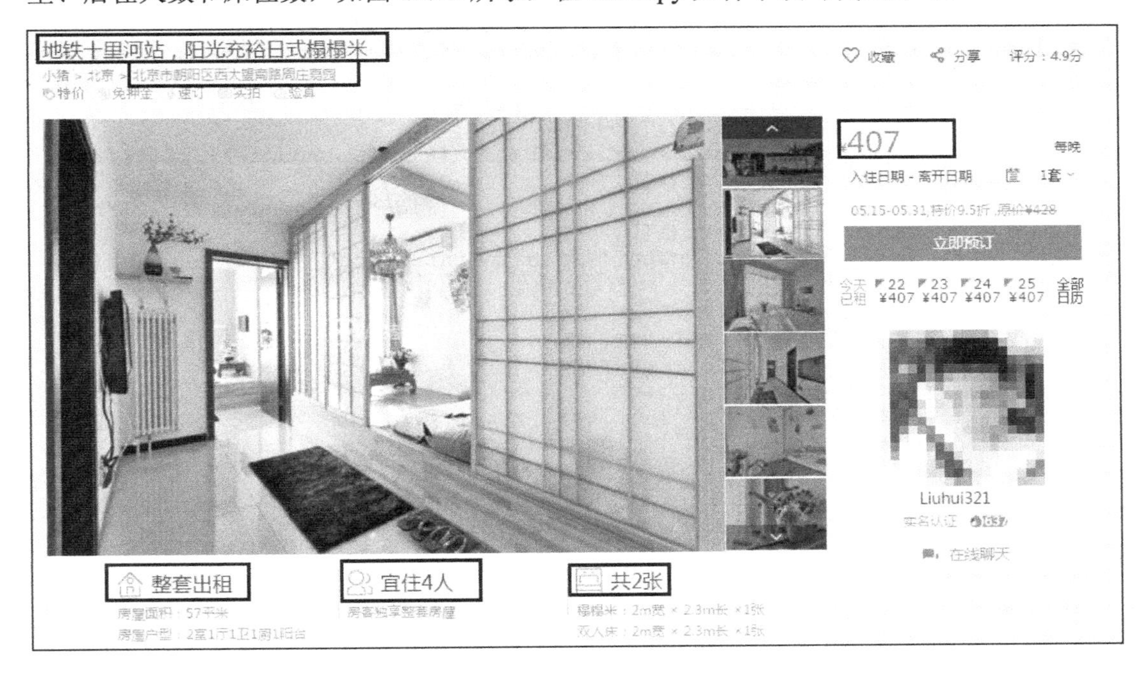

图 12.13　爬取字段

```
from scrapy.item import Item,Field

class XiaozhuItem(Item):
    title= Field()
    address = Field()
    price = Field()
    lease_type = Field()
    suggestion = Field()
bed = Field()
```

除了注释部分不用修改外，其他部分替换为以上代码，这样就定义好了爬虫的字段信息。

2．xiaozhuspider.py文件

该文件用于爬虫代码的编写，代码如下：

```
01  from scrapy.spiders import CrawlSpider
02  from scrapy.selector import Selector
03  from xiaozhu.items import XiaozhuItem
04
05  class xiaozhu(CrawlSpider):
06      name = 'xiaozhu'
07      start_urls = ['http://bj.xiaozhu.com/fangzi/6937392816.html']
08
09      def parse(self, response):
10          item = XiaozhuItem()
11          selector = Selector(response)
12          title = selector.xpath('//h4/em/text()').extract()[0]
13          address = selector.xpath('//p/span[@class="pr5"]/text()').extract
            ()[0].strip()
14          price = selector.xpath('//*[@id="pricePart"]/div[1]/span/
            text()').extract()[0]
15          lease_type = selector.xpath('//*[@id="introduce"]/li[1]/h6/
            text()').extract()[0]
16          suggestion = selector.xpath('//*[@id="introduce"]/li[2]/h6/
            text()').extract()[0]
17          bed = selector.xpath('//*[@id="introduce"]/li[3]/h6/text()').
            extract()[0]
18
19          item['title'] = title
20          item['address'] = address
21          item['price'] = price
22          item['lease_type'] = lease_type
23          item['suggestion'] = suggestion
24          item['bed'] = bed
25
26          yield item
```

代码分析：

（1）第 1~3 行导入相应的库。CrawlSpider 是 xiaozhu 类的父类。Selector 用于解析请求网页后返回的数据，其实与 Lxml 库的用法是一样的。XiaozhuItem 就是前面定义需爬虫的字段类。

（2）第 5~7 行定义 xiaozhu 类，该类继承 CrawlSpider 类。name 定义该爬虫的名称。start_urls 定义爬虫的网页，用列表存储，也可以为多个网页。

（3）第 9~26 行定义 parse()函数，该函数的参数为 response，也就是请求网页返回的数据。其中，第 10 行初始化 item，第 11~26 行为数据爬取到存储的过程，利用 Selector 就可以使用 Xpath 语法，但需要使用 extract()方法才可以获取到正确的信息。

3．pipelines.py文件

把获取的 item 存入 TXT 文档中，这需要使用 pipelines.py 文件对爬取的数据进行处理，

代码如下：

```
class XiaozhuPipeline(object):
    def process_item(self, item, spider):
        fp = open('C:/Users/LP/Desktop/xiaozhu.txt','a+')
        fp.write(item['title']+'\n')
        fp.write(item['address']+'\n')
        fp.write(item['price'] + '\n')
        fp.write(item['lease_type'] + '\n')
        fp.write(item['suggestion'] + '\n')
        fp.write(item['bed'] + '\n')
        return item                                #写入数据到 TXT 文件中
```

在 piplelines.py 源代码基础上加入写入 TXT 文件的代码即可，这部分内容在前面已详细讲解过，这里不再赘述。

4．settings.py文件

在原有的代码上，加入下面一行代码，就可以指定爬取的信息用 pipelines.py 处理。

```
ITEM_PIPELINES = {'xiaozhu.pipelines.XiaozhuPipeline':300}
```

12.1.5　Scrapy 爬虫运行

Scrapy 爬虫框架的运行也需使用命令行窗口。回到 xiaozhu 文件夹中，输入下面命令即可运行爬虫程序，运行结果如图 12.14 所示。

```
scrapy crawl xiaozhu
```

图 12.14　程序运行结果

TXT 文件内容如图 12.15 所示。

除了使用命令行窗口运行爬虫程序外，可以在 jianshu 文件夹中新建一个 main.py 的 Python 文件，代码如下，这样运行 main.py 即可运行爬虫程序。

```
from scrapy import cmdline
cmdline.execute("scrapy crawl xiaozhu"
.split())
```

程序运行结果如图 12.16 所示。

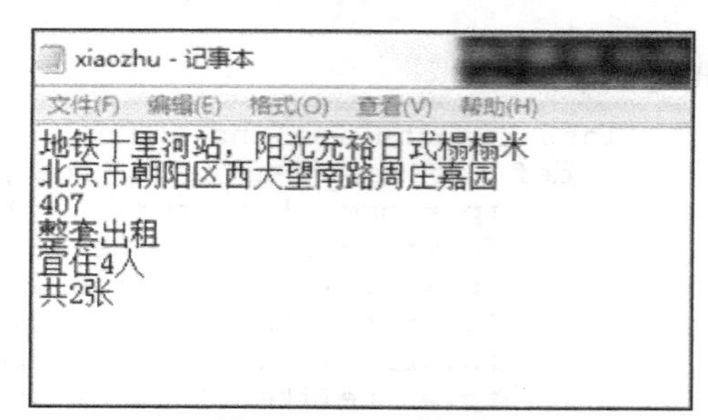

图 12.15 爬虫结果

```
2017-05-21 11:37:20 [scrapy.extensions.logstats] INFO: Crawled 0 pages (at 0 pages/min), scraped 0 items (at 0 items/min)
2017-05-21 11:37:20 [scrapy.extensions.telnet] DEBUG: Telnet console listening on 127.0.0.1:6023
2017-05-21 11:37:21 [scrapy.core.engine] DEBUG: Crawled (404) <GET http://bj.xiaozhu.com/robots.txt> (referer: None)
2017-05-21 11:37:21 [scrapy.core.engine] DEBUG: Crawled (200) <GET http://bj.xiaozhu.com/fangzi/6937392816.html> (referer: None)
2017-05-21 11:37:21 [scrapy.core.scraper] DEBUG: Scraped from <200 http://bj.xiaozhu.com/fangzi/6937392816.html>
{'address': '北京市朝阳区西大望南路周庄嘉园',
 'bed': '共2张',
 'lease_type': '整套出租',
 'price': '407',
 'suggestion': '宜住4人',
 'title': '地铁十里河站，阳光充裕日式榻榻米'}
2017-05-21 11:37:21 [scrapy.core.engine] INFO: Closing spider (finished)
2017-05-21 11:37:21 [scrapy.statscollectors] INFO: Dumping Scrapy stats:
{'downloader/request_bytes': 456,
 'downloader/request_count': 2,
 'downloader/request_method_count/GET': 2,
 'downloader/response_bytes': 21622,
 'downloader/response_count': 2,
 'downloader/response_status_count/200': 1,
 'downloader/response_status_count/404': 1,
 'finish_reason': 'finished',
```

图 12.16 程序运行结果

12.2 综合案例 1——爬取简书网热门专题信息

本节使用 Scrapy 框架，爬取简书网“热门专题”信息，最后通过 Feed exports 功能把爬虫信息存入 CSV 文件中。

12.2.1 爬虫思路分析

（1）本节爬取的内容为简书网“热门专题”的信息（http://www.jianshu.com/recommendations/collections?order_by=hot），如图 12.17 所示。

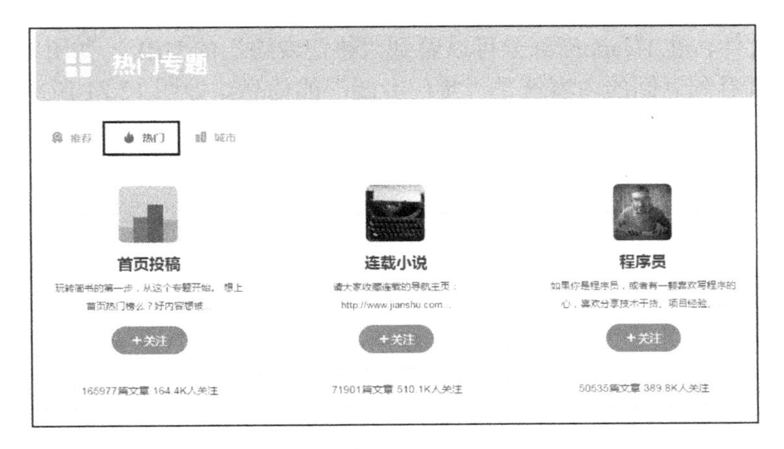

图 12.17　简书网“热门专题”信息

（2）初次进入“热门专题”网页时，进入的是“推荐”页面，切换为“热门”页面时，网页 URL 并没有发生变化，说明该网页使用了异步加载。

打开 Chrome 浏览器的开发者工具（按 F12 键），选择 Network 选项卡，如图 12.18 所示。

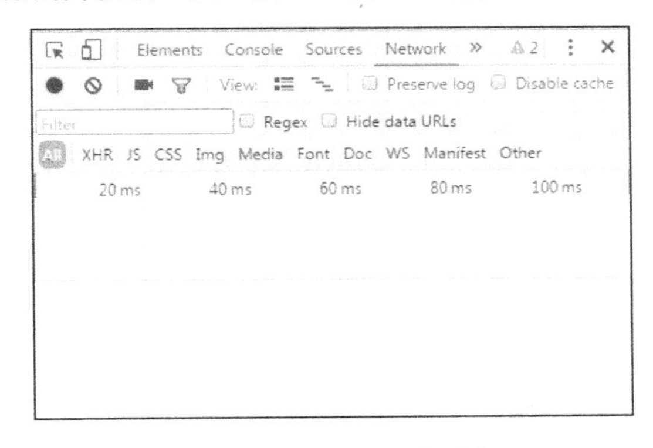

图 12.18　Network 选项卡

刷新网页后，又会跳转到“推荐”页面，手动选择“热门”页面，再选择 XHR 项后会发现，Network 选项卡中会加载一个文件，如图 12.19 所示。

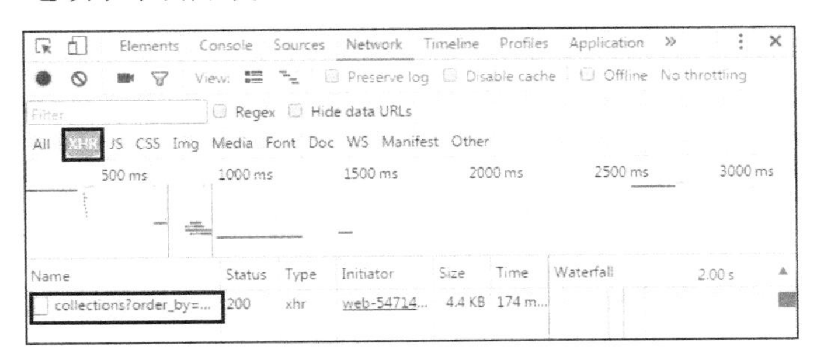

图 12.19　加载文件

打开加载文件，在 Headers 部分可以看到“热门专题”的 URL，如图 12.20 所示，在 Response 部分可看到返回的内容就是“热门专题”的信息，如图 12.21 所示。

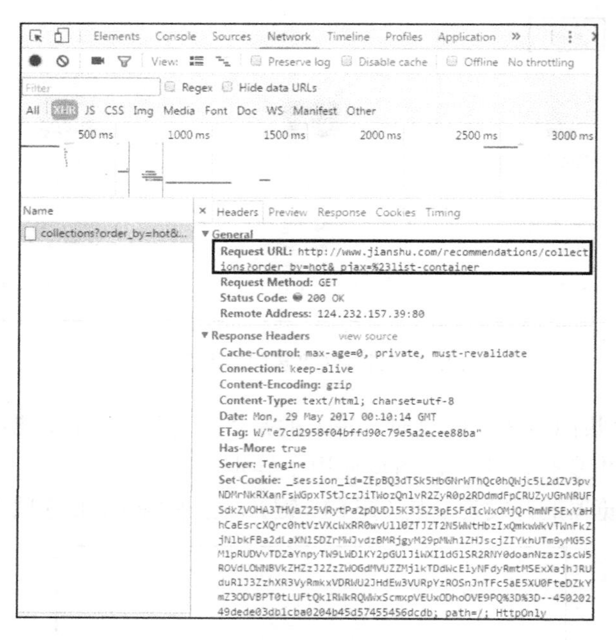

图 12.20　Headers 部分的信息

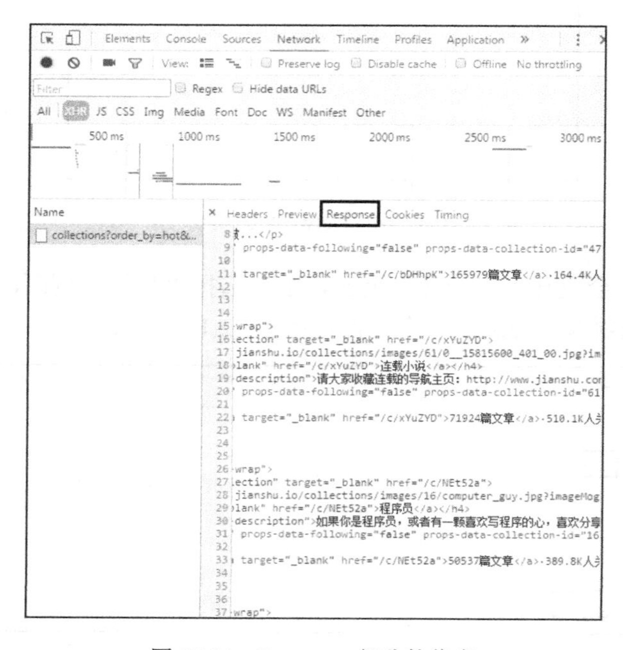

图 12.21　Response 部分的信息

（3）简书网“热门专题”分页也采用了异步加载的技术，打开开发者工具，通过手动下滑翻页来查看 URL 变化情况，如图 12.22 所示，可以看出是通过改变 page 后的数字进行翻页的，把第一页的 URL 改为 http://www.jianshu.com/recommendations/collections?page=1&order_by=hot，也可以正常访问，最后观察共有 38 页，以此规律来构造全部 URL。

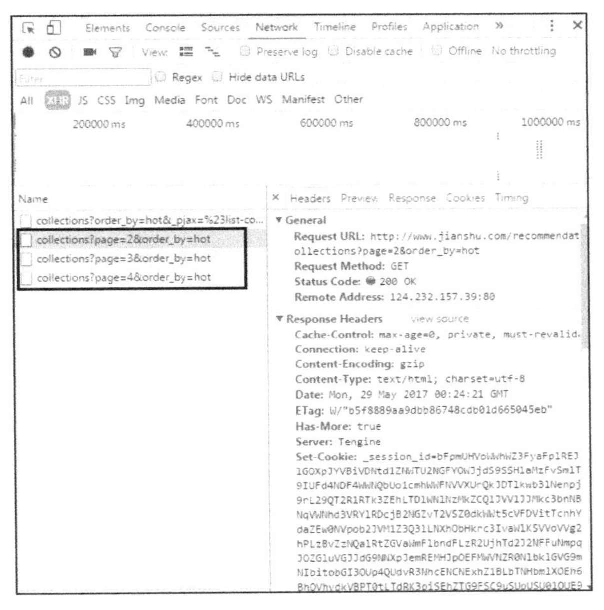

图 12.22　构造 URL

（4）需要爬取的信息有：专题名称、专题介绍、收录文章和关注人数，如图 12.23 所示。

（5）采用 Scrapy 框架进行爬取，通过 Feed exports 功能把爬虫信息存入 CSV 文件中。

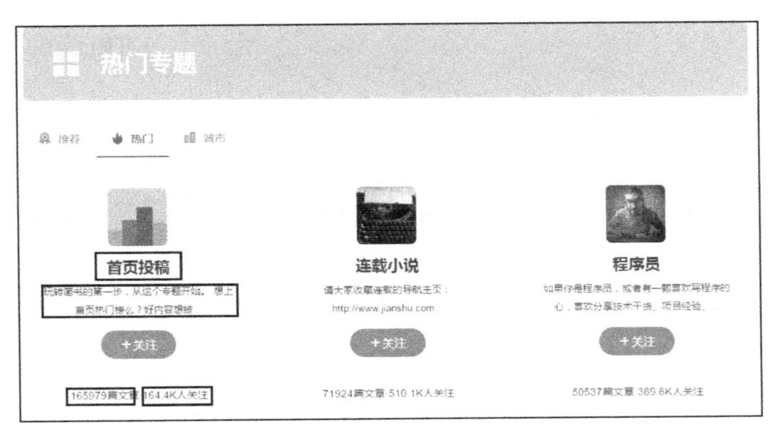

图 12.23　需获取的网页信息

12.2.2 爬虫代码及分析

通过命令行窗口输入以下命令，创建 Scrapy 项目。在 spiders 文件夹下新建 zhuantispider.py 的 python 文件，用于爬虫代码的编写。

```
h
cd H:\scrapy
scrapy startproject zhuanti
```

1．items.py文件

对爬取的字段进行定义。

```
from scrapy.item import Item,Field

class ZhuantiItem(Item):
    name = Field()
    content = Field()
    article = Field()
    fans = Field()
    pass                                                    #定义爬虫字段
```

2．zhuantispider.py文件

```
01  from scrapy.spiders import CrawlSpider
02  from scrapy.selector import Selector
03  from scrapy.http import Request
04  from zhuanti.items import ZhuantiItem                   #导入库和类
05  class zhuanti(CrawlSpider):                             #定义爬虫类
06      name = 'zhuanti'                                    #爬虫名
07      start_urls =
08  ['http://www.jianshu.com/recommendations/collections?page=1&order_
    by=hot']                                                #开始 URL
09
10      def parse(self, response):                          #定义 parse 方法
11          item = ZhuantiItem()                            #实例化
12          selector = Selector(response)
13          infos = selector.xpath('//div[@class="col-xs-8"]')
14          for info in infos:
15              try:
16                  name = info.xpath('div/h4/a/text()').extract()[0]
17                  content = info.xpath('div/p/text()').extract()[0]
18                  article = info.xpath('div/div/a/text()').extract()[0]
19                  fans = info.xpath('div/div/text()').extract()[0]
20
21                  item['name'] = name
```

```
22                  item['content'] = content
23                  item['article'] = article
24                  item['fans'] = fans
25
26                  yield item                          #返回数据
27              except IndexError:
28                  pass
29
30          urls =
31  ['http://www.jianshu.com/recommendations/collections?page={}&order_
    by=hot'.format(str(i))
32  for i in range(2,39)]
33          for url in urls:
           yield Request(url,callback=self.parse)   #回调函数
```

代码分析：

（1）第 1~4 行导入相应的库。CrawlSpider 是 tieba 类的父类，Selector 用于解析请求网页后返回的数据，其实与 Lxml 库的用法是一样的，Request 用于请求网页，和 Requests 库类似，ZhuantiItem 就是前面定义需爬虫的字段类。

（2）第 5~8 行定义 zhuanti 类，该类继承 CrawlSpider 类。name 定义该爬虫的名称。start_urls 定义爬虫的网页，在这里就是简书网热门专题的第一页 URL。

（3）第 10~33 行定义 parse()函数，该函数的参数为 response，也就是请求网页返回的数据。其中，第 11 行初始化 item；第 11~24 行，为数据爬取到存储的过程，利用 Selector 就可以使用 Xpath 语法，但需要使用 extract()方法才可以获取到正确的信息；第 30~33 行，构造第二页到最后一页的“热门专题”URL，通过 Request 请求 URL，并回调 parse()函数。

3．settings.py文件

由于使用 Scrapy 自带的存储功能即 Feed exports 功能，所以这里不需要使用 pipelines.py 进行数据的处理存储。

```
USER_AGENT = 'Mozilla/5.0 (Windows NT 6.1; WOW64) AppleWebKit/537.36 (KHTML,
like Gecko) Chrome/57.0.2987.133 Safari/537.36'                 #请求头
DOWNLOAD_DELAY=0.5                                              #睡眠 0.5 秒
FEED_URI = 'file:C:/Users/LP/Desktop/zhuanti.csv'
FEED_FORMAT = 'csv'                                             #存入 CSV 文件
```

USER_AGENT 用于设置请求头。DOWNLOAD_DELAY 用于设置睡眠时间。FEED_URI 和 FEED_FORMAT 使用了 Feed exports 功能，把爬虫信息存入 CSV 文件中。

4．main.py文件

```
from scrapy import cmdline
cmdline.execute("scrapy crawl zhuanti".split())
```

新建 main.py 文件并运行该文件，即可运行 Scrapy 程序，运行结果如图 12.24 所示。

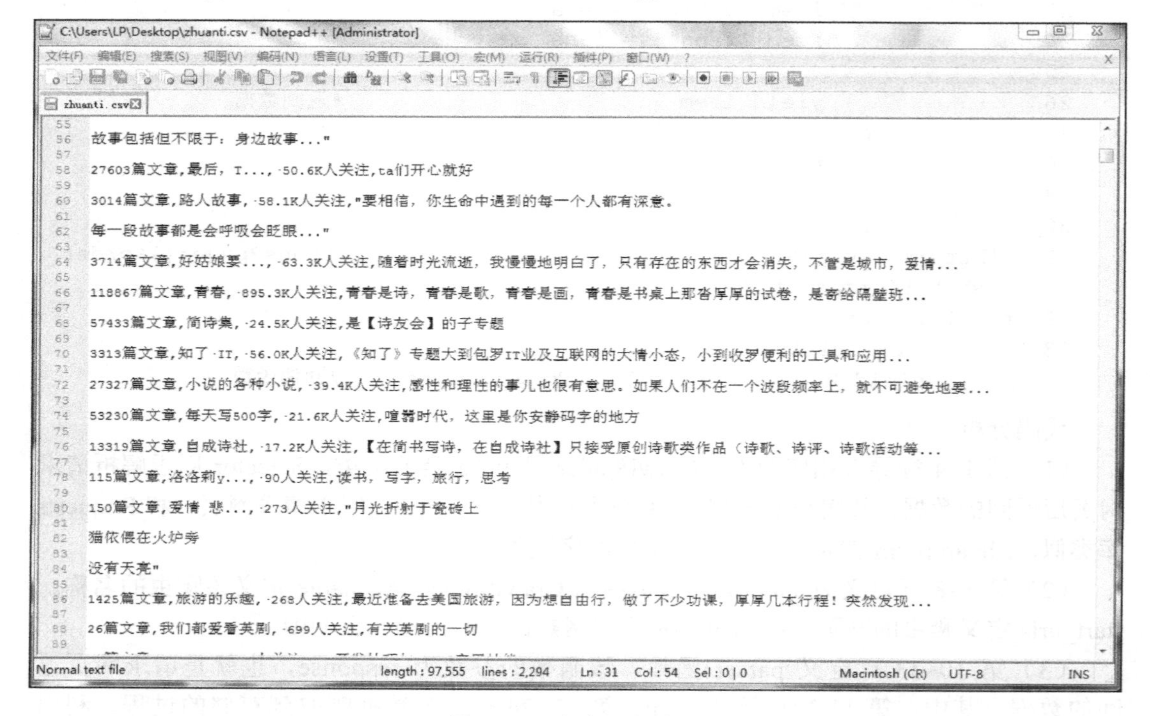

图 12.24　程序运行结果

12.3　综合案例 2——爬取知乎网 Python 精华话题

本节使用 Scrapy 框架，爬取知乎网 Python 精华话题，最后把爬虫信息存入 MongoDB 数据库中。

12.3.1　爬虫思路分析

（1）本节爬取的内容为知乎网中 Python 精华话题的信息（https://www.zhihu.com/topic/19552832/top-answers?page=1），如图 12.25 所示。

（2）爬取 50 页的信息，通过手动浏览，以下为前 4 页的网址：

```
https://www.zhihu.com/topic/19552832/top-answers?page=1
https://www.zhihu.com/topic/19552832/top-answers?page=2
https://www.zhihu.com/topic/19552832/top-answers?page=3
https://www.zhihu.com/topic/19552832/top-answers?page=4
```

通过观察网址规律，很容易构造出全部的 URL。

图 12.25　知乎网 Python 精华话题

（3）需要爬取的信息有：Python 问题、点赞数、回答问题用户、用户信息和回答内容，如图 12.26 所示。

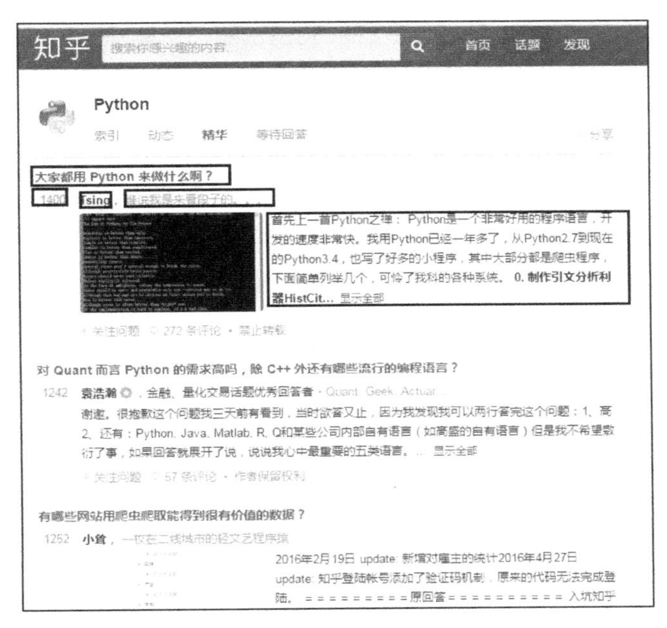

图 12.26　需获取的网页信息

（4）采用 Scrapy 框架进行爬取，通过 pipeline.py 文件把数据存储到 MongoDB 数据库中。

12.3.2 爬虫代码及分析

通过命令行窗口输入以下命令，创建 Scrapy 项目。在 spiders 文件夹下新建 tiebaspider.py 的 Python 文件，用于爬虫代码的编写。

```
h
cd H:\scrapy
scrapy startproject tieba
```

1．items.py文件

对爬取的字段进行定义。

```
from scrapy.item import Item,Field

class TiebaItem(Item):
    question = Field()
    favour = Field()
    user = Field()
    user_info = Field()
    content = Field()
    pass                                    字段定义
```

2．iebaspider.py文件

```
01  from scrapy.spiders import CrawlSpider
02  from scrapy.selector import Selector
03  from scrapy.http import Request
04  from tieba.items import TiebaItem                  #导入库和类
05
06  class tieba(CrawlSpider):                          #定义爬虫类
07      name = 'tieba'                                 #爬虫名
08      start_urls = ['https://www.zhihu.com/topic/19552832/top-answers?
        page=1'] #开始 URL
09
10      def parse(self, response):                     #定义 parse()函数
11          item = TiebaItem()                         #实例化类
12          selector = Selector(response)
13          infos = selector.xpath('//div[@class="zu-top-feed-list"]/div')
14          for info in infos:
15              try:
16                  question = info.xpath('div/div/h2/a/text()').extract()
                    [0].strip()
17                 favour = info.xpath('div/div/div[1]/div[1]/a/text()').
                   extract()[0]
18                 user = info.xpath('div/div/div[1]/div[3]/span/span[1]/a
                    /text()').extract()[0]
19                  user_info =
```

```
20 info.xpath('div/div/div[1]/div[3]/span/span[2]/text()').extract()
   [0].strip()
21                content = info.xpath('div/div/div[1]/div[5]/div/text
                  ()').extract()[0].strip()
22
23                item['question'] = question
24                item['favour'] = favour
25                item['user'] = user
26                item['user_info'] = user_info
27                item['content'] = content
28
29                yield item                      #返回爬虫数据
30            except IndexError:
31                pass                            #pass 掉 IndexError 错误
32
33        urls = ['https://www.zhihu.com/topic/19552832/top-answers?page
34        ={}'.format(str(i)) for i in range(2,50)]
35          for url in urls:
            yield Request(url,callback=self.parse)   #回调函数
```

代码分析：

（1）第 1~4 行导入相应的库。CrawlSpider 是 tieba 类的父类，Selector 用于解析请求网页后返回的数据，其实与 Lxml 库的用法是一样的，Request 用于请求网页，和 Requests 库类似。TiebaItem 就是前面定义需爬虫的字段类。

（2）第 6~8 行定义 tieba 类，该类继承 CrawlSpider 类。name 定义该爬虫的名称。start_urls 定义爬虫的网页，在这里就是知乎网 Python 精华话题的第一页 URL。

（3）第 10~35 行定义 parse()函数，该函数的参数为 response，也就是请求网页返回的数据。其中，第 11 行初始化 item；第 12~31 行，为数据爬取到存储的过程，利用 Selector 就可以使用 Xpath 语法，但需要使用 extract()方法才可以获取到正确的信息；第 33~35 行，构造第二页到最后一页精华话题的 URL，通过 Request 请求 URL，并回调 parse()函数。

3．pipelines.py文件

```
01 import pymongo
02 class TiebaPipeline(object):
03     def __init__(self):
04         client = pymongo.MongoClient('localhost', 27017)
05         test = client['test']
06         tieba = test['tieba']
07         self.post = tieba                              #连接数据库
08
09     def process_item(self, item, spider):
10         info = dict(item)
11         self.post.insert(info)
12         return item                                    #插入数据库
```

代码分析：

（1）第 1 行导入 pymongo 第三方库，用于对 MongoDB 数据库的操作。

（2）第 2~12 行中：第 3~7 行定义了一个“魔法方法”，用于连接 MongoDB 数据库和创建集合（也就是表），第 9~12 行用于存入数据库。

4．settings.py文件

```
USER_AGENT = 'Mozilla/5.0 (Windows NT 6.1; WOW64) AppleWebKit/537.36 (KHTML, like Gecko) Chrome/57.0.2987.133 Safari/537.36'
DOWNLOAD_DELAY=2
ITEM_PIPELINES = {'tieba.pipelines.TiebaPipeline':300}     #指定处理文件
```

USER_AGENT 用于设置请求头。DOWNLOAD_DELAY 设置睡眠时间。ITEM_PIPELINES 指定爬取的信息用 pipelines.py 处理。

5．main.py文件

```
from scrapy import cmdline
cmdline.execute("scrapy crawl tieba".split())
```

新建 main.py 文件并运行该文件，即可运行 Scrapy 程序，运行结果如图 12.27 所示。

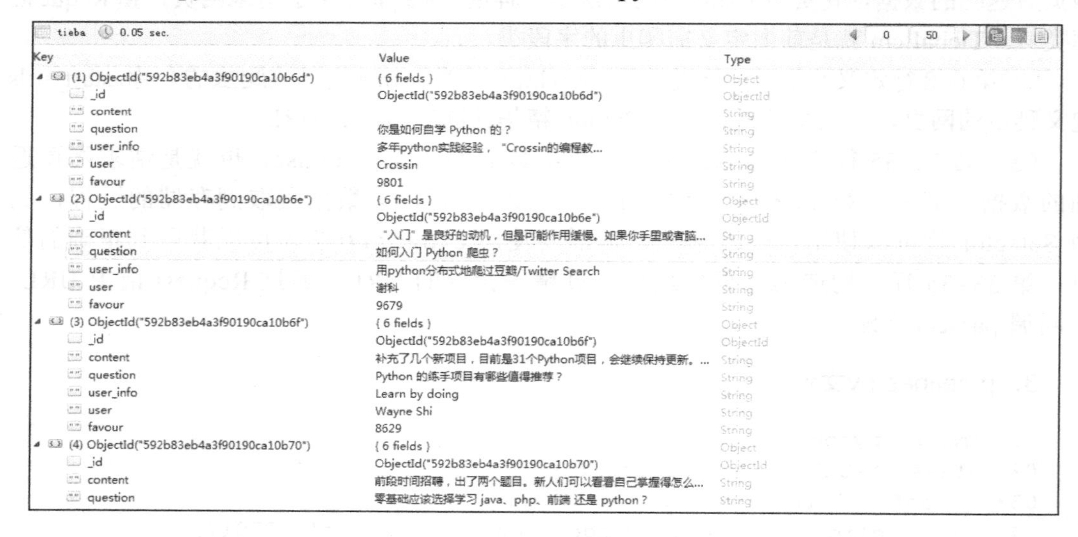

图 12.27　程序运行结果

12.4　综合案例 3——爬取简书网专题收录文章

本节使用 Scrapy 框架，爬取简书网中“IT・互联网”专题的收录文章，最后把爬虫信息存入 MySQL 数据库中。

12.4.1　爬虫思路分析

（1）本节爬取的内容为简书网中“IT • 互联网”专题收录的文章信息（http://www.jianshu.com/c/V2CqjW?order_by=added_at&page=1），如图 12.28 所示。

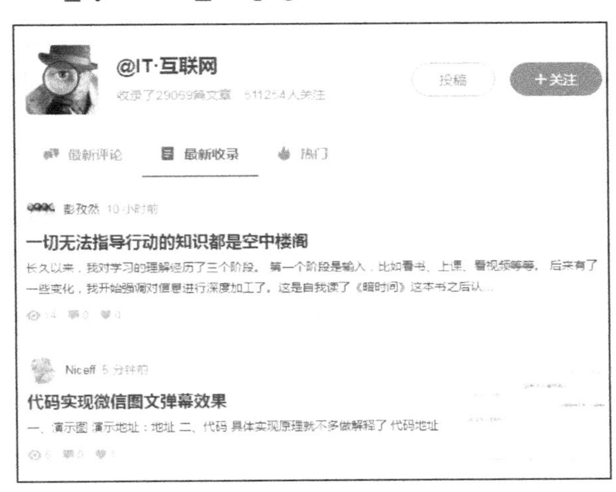

图 12.28　“IT • 互联网”专题

（2）初次进入“IT 互联网”专题时，进入的是“最新评论”页面，切换为“最新收录”页面时，网页 URL 并没有发生变化，这说明该网页使用了异步加载。

打开 Chrome 浏览器的开发者工具（按 F12 键），选择 Network 选项卡，如图 12.29 所示。

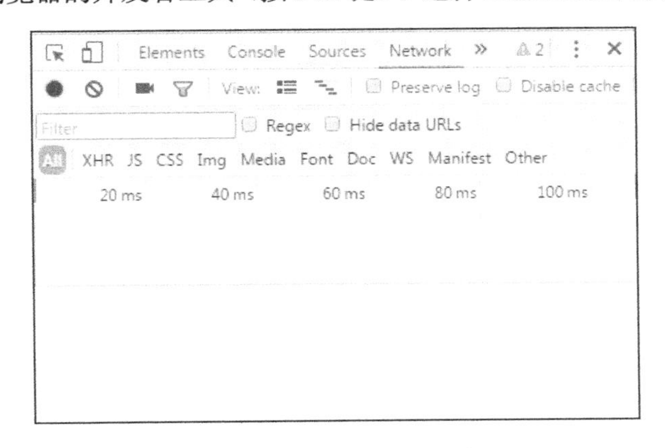

图 12.29　Network 选项卡

刷新网页后又会跳转到“最新评论”页面，手动选择“最新收录”页面，选择 XHR 项会发现 Network 选项卡中会加载一个文件，如图 12.30 所示。

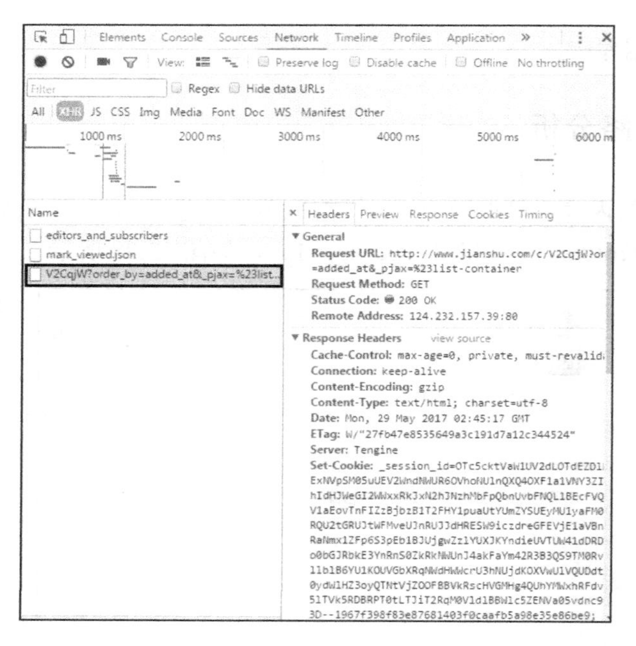

图 12.30 加载文件

打开加载文件，在 Headers 部分可以看到“IT • 互联网专题”收录文章的 URL，如图 12.31 所示，在 Response 部分可看到返回的内容就是收录文章的信息，如图 12.32 所示。

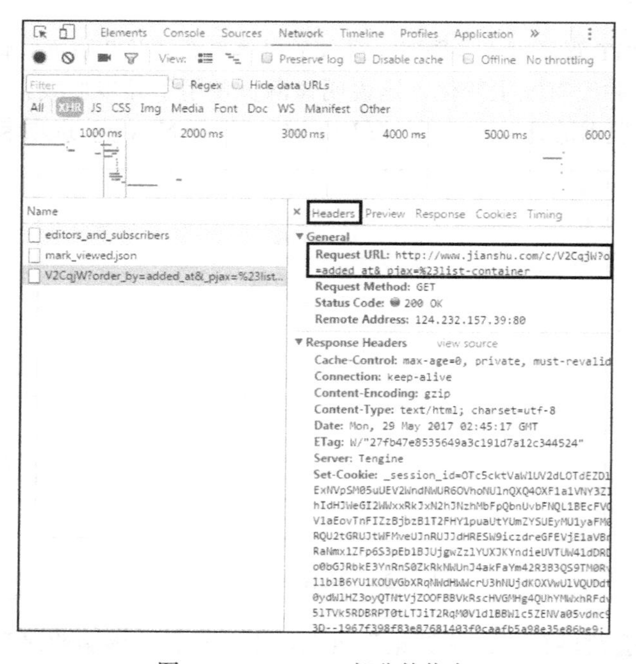

图 12.31 Headers 部分的信息

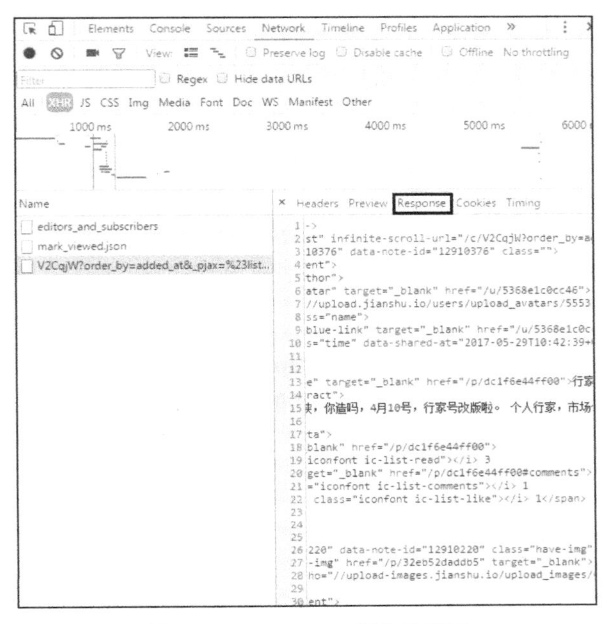

图 12.32　Response 部分的信息

（3）翻页也采用了异步加载的技术，打开开发者工具，通过手动下滑翻页，查看 URL 变化情况，如图 12.33 所示。可以看出是通过改变 page 后的数字进行翻页的，把第一页的 URL 改为 http://www.jianshu.com/c/V2CqjW?order_by=added_at&page=1，也可以正常访问，根据这个规律，最后构造 100 页 URL。

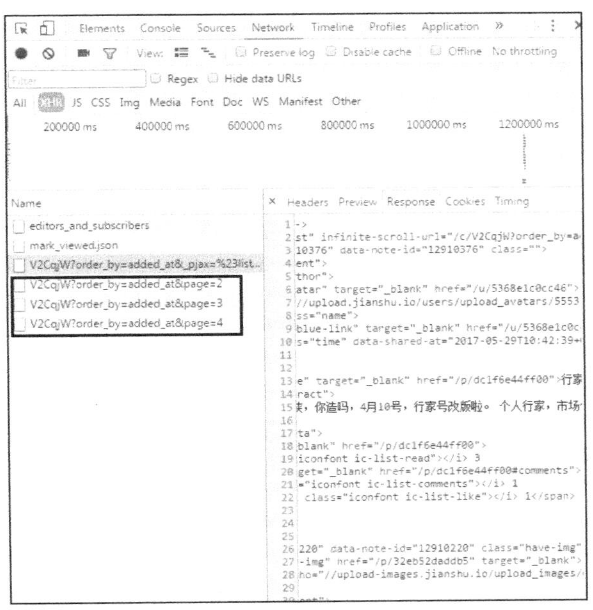

图 12.33　构造 URL

（4）需要爬取的信息有：用户 ID、发表时间、文章标题、阅读量、评论量、喜欢量和打赏量，如图 12.34 所示。

（5）采用 Scrapy 框架进行爬取，通过 pipeline.py 文件把数据存储到 MySQL 数据库中。

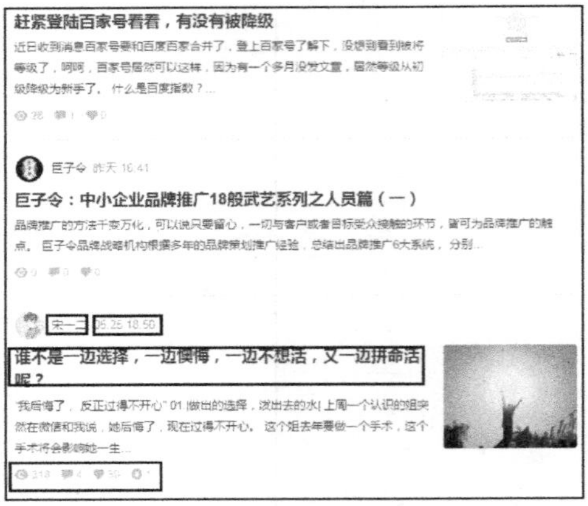

图 12.34　需获取的网页信息

12.4.2　爬虫代码及分析

通过命令行窗口输入以下命令，创建 Scrapy 项目。在 spiders 文件夹下新建 jianshuspider.py 的 Python 文件，用于爬虫代码的编写。

```
h
cd H:\scrapy
scrapy startproject jianshuit
```

1．items.py文件

对爬取的字段进行定义。

```
from scrapy.item import Item,Field

class JianshuitItem(Item):
    user = Field()
    time = Field()
    title = Field()
    view = Field()
    comment = Field()
    like = Field()
    gain = Field()
    pass                                                    #爬虫字段定义
```

2．jianshuspider.py文件

```
01  from scrapy.spiders import CrawlSpider
02  from scrapy.selector import Selector
03  from scrapy.http import Request
04  from jianshuit.items import JianshuitItem         #导入库和类
05
06  class jianshuit(CrawlSpider):                      #定义爬虫类
07      name = 'jianshu'                               #爬虫名
08      start_urls = ['http://www.jianshu.com/c/V2CqjW?order_by=added_
        at&page=1']                                    #开始 URL
09
10      def parse(self, response):                     #定义 parse()函数
11          item = JianshuitItem()                     #实例化类
12          selector = Selector(response)
13          infos = selector.xpath('//ul[@class="note-list"]/li')
14          for info in infos:
```

```
15              try:
16               user = info.xpath('div/div[1]/div/a/text()').extract()[0]
17                time = info.xpath('div/div[1]/div/span/@data-shared-
                 at').extract()[0]
18                 title = info.xpath('div/a/text()').extract()[0]
19                 view = info.xpath('div/div[2]/a[1]/text()').extract()
                   [1].strip()
20                comment = info.xpath('div/div[2]/a[2]/text()').extract
                  ()[1].strip()
21                like = info.xpath('div/div[2]/span/text()').extract()
                  [0].strip()
22                 if info.xpath('div/div[2]/span[2]/i'):
23                     gain =info.xpath('div/div[2]/span[2]/text()').extr
                       act ()[0].strip()
24                 else:
25                     gain = '0'
26
27                 item['user'] = user
28                 item['time'] = time
29                 item['title'] = title
30                 item['view'] = view
31                 item['comment'] = comment
32                 item['like'] = like
33                 item['gain'] = gain
34                 yield  item                      #返回 item
35
36              except IndexError:
37                 pass                             #pass 掉 IndexError 类
38          urls = ['http://www.jianshu.com/c/V2CqjW?order_y=added_at&page=
            {}'.format(str(i))
39  nge(2, 101)]
40          for url in urls:
41              yield Request(url, callback=self.parse)          #回调函数
```

代码分析：

（1）第 1~4 行导入相应的库。CrawlSpider 是 jianshuit 类的父类。Selector 用于解析请求网页后返回的数据，其实与 Lxml 库的用法是一样的。Request 用于请求网页，和 Requests 库类似。JianshuitItem 就是前面定义需爬虫的字段类。

（2）第 6~8 行定义 jianshuit 类，该类继承 CrawlSpider 类。name 定义该爬虫的名称。start_urls 定义爬虫的网页，在这里就是“IT • 互联网”专题收录信息第一页的 URL。

（3）第 10~41 行定义 parse()函数，该函数的参数为 response，也就是请求网页返回的数据。其中，第 11 行初始化 item；第 12~37 行为数据爬取到存储的过程，利用 Selector 就可以使用 Xpath 语法，但需要使用 extract()方法才可以获取到正确的信息；第 38~41 页，构造第二页到 100 页的 URL，通过 Request 请求 URL，并回调 parse()函数。

3．pipelines.py文件

由于需要存入 MySQL 数据库，首先通过以下代码在 SQLyog 中建立数据表：

```
CREATE TABLE jianshu1 (
```

```
USER TEXT,
TIME TEXT,
title TEXT,
VIEW TEXT,
COMMENT TEXT,
lik TEXT,
gain TEXT
)ENGINE INNODB DEFAULT CHARSET=utf8 ;
```

右击鼠标，在弹出的快捷菜单中选择“执行查询”|“执行查询”命令（也可以直接按 F9 键）执行代码，如图 12.35 所示。

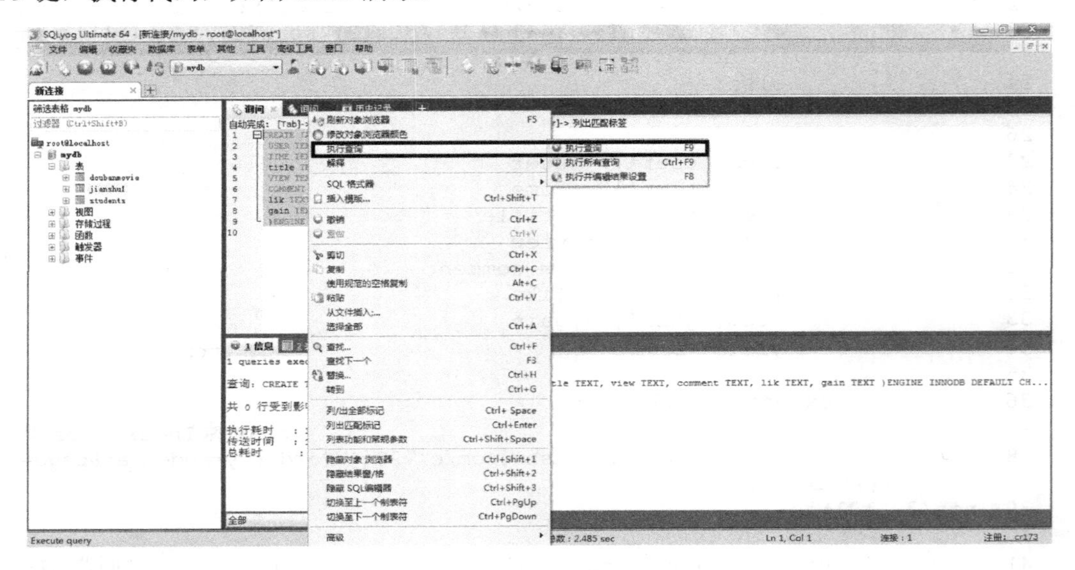

图 12.35　建立数据表

以下为 pipelines.py 文件代码：

```
01 import pymysql
02 class JianshuitPipeline(object):
03     def __init__(self):
04       conn = pymysql.connect(host='localhost',user='root',passwd=
05      123456',db='mydb', port=3306, charset='utf8')
06         cursor = conn.cursor()
07         self.post = cursor                              #连接数据库
08     def process_item(self, item, spider):
09         cursor = self.post
10         cursor.execute("use mydb")
11       sql = "insert into jianshu1 (user,time,title,view,comment,
        ik,gain)
12  values(%s,%s,%s,%s,%s,%s,%s)"
13 cursor.execute(sql,(item['user'],item['time'],item['title'],item
  'view'],item['comment'],item['like'],it
14  em['gain']))
15         cursor.connection.commit()                      #插入数据库
16         return item
```

代码分析：

（1）第 1 行导入 PyMySQL 第三方库，用于对 MySQL 数据库的操作。

（2）第 2~16 行中，第 3~7 行定义了一个“魔法方法”，用于连接 MySQL 数据库，第 8~16 行用于存入数据库。

4．settings.py文件

```
USER_AGENT = 'Mozilla/5.0 (Windows NT 6.1; WOW64) AppleWebKit/537.36 (KHTML, like Gecko) Chrome/57.0.2987.133 Safari/537.36'
DOWNLOAD_DELAY=0.5
ITEM_PIPELINES = {'jianshuit.pipelines.JianshuitPipeline':300} #指定处理
```

USER_AGENT 用于设置请求头。DOWNLOAD_DELAY 用于设置睡眠时间。ITEM_PIPELINES 指定爬取的信息用 pipelines.py 处理。

5．main.py文件

```
from scrapy import cmdline
cmdline.execute("scrapy crawl jianshu".split())
```

新建 main.py 文件并运行该文件，即可运行 Scrapy 程序，运行结果如图 12.36 所示。

user		time		title		view		comment
昆plus	7B	2017-05-29T12:09:...	25B	亚马逊A9算法永恒不变的定律	38B	8	1B	0
moonburn	8B	2017-05-28T18:51:...	25B	JavaScript 继承！我有话要说	35B	21	2B	0
微商橙子csy	15B	2017-05-29T11:43:...	25B	2017-05-29	10B	15	2B	0
boyzcl	6B	2017-05-29T11:35:...	25B	你所知道的公众号写作	30B	16	2B	0
小胖辣评	12B	2017-05-29T11:32:...	25B	三星S8对战iPhone 7 Plus，谁才...	57B	22	2B	0
Linfolio	8B	2017-05-29T11:01:...	25B	大幅菜单的0.5秒	21B	20	2B	0
吴松锴	9B	2017-05-29T00:32:...	25B	2017参加数博会所获—2017年/第...	83B	17	2B	0
玉米南瓜胡萝卜	21B	2017-05-29T10:59:...	25B	《黑客与画家》20-2（1）	32B	5	1B	0
美用妈007	12B	2017-05-22T23:46:...	25B	告诉你一个能成事的套路，可以...	69B	70	2B	0
落花闲庭	12B	2017-05-28T09:23:...	25B	互联网创业;你必须解决的五个...	65B	25	2B	0
自黄日记	12B	2017-05-28T09:23:...	25B	自黄日记：疯狂释放价值，让自...	57B	1802	4B	0
安宾	6B	2017-05-28T09:12:...	25B	端午节安康	15B	39	2B	0
猫头老杨	12B	2017-05-28T09:06:...	25B	清洗空调现摄像头，是房东变态...	63B	45	2B	0
盘形薯	9B	2017-05-28T08:53:...	25B	到底好不好，睡过才知道	33B	290	3B	1
风起龙飞	12B	2017-05-28T09:03:...	25B	拍案惊奇糖葫芦	21B	31	2B	0
做一个幸运的人	21B	2017-05-28T09:01:...	25B	创业者应该有哪些觉悟？	33B	28	2B	1
涨爷	6B	2017-05-28T09:03:...	25B	中移动阻止"无限流量"计划？我...	60B	28	2B	0
100个俯卧撑	15B	2017-05-21T19:24:...	25B	第一次刻意练习的21天	29B	80	2B	0
谦谦心语	12B	2017-05-28T09:52:...	25B	Amazon—想说爱你不容易	33B	84	2B	0
Tim_辰天	10B	2017-05-10T07:54:...	25B	《王阳明 · 一切心法》（下册）...	97B	68	2B	0
AaronWu	7B	2017-05-28T09:50:...	25B	从得到001知识发布会看黄金圈法则	45B	12	2B	0
Tim_辰天	10B	2017-03-25T12:18:...	25B	《王阳明 · 一切心法》（上册）...	97B	167	3B	0
Sammixue	8B	2017-05-28T09:47:...	25B	如何设计引人入胜的微课	33B	85	2B	0
太阳笑眯眯	15B	2017-05-28T09:45:...	25B	萌萌的国宝大熊猫啊出来和大家...	66B	98	2B	14
Tamic	5B	2017-05-28T09:41:...	25B	2017 Google I/O 最新科技看点	34B	47	2B	0

图 12.36 程序运行结果

12.5 综合案例 4——爬取简书网推荐信息

本节使用 Scrapy 框架，爬取简书网“推荐作者”信息，最后把爬虫信息存入到 MongoDB 数据库中。

12.5.1　爬虫思路分析

（1）本节爬取的内容为简书网“推荐作者”信息（http://www.jianshu.com/recommendations/users），如图 12.37 所示。

图 12.37　“推荐作者”信息

（2）翻页也采用了异步加载的技术，打开开发者工具，通过手动下滑翻页，查看 URL 变化情况，如图 12.38 所示。可以看出是通过改变 page 后的数字进行翻页的。把第一页的 URL 改为 http://www.jianshu.com/recommendations/users?page=1，也可以正常访问，最后观察共有 38 页，以此规律来构造全部的 URL。

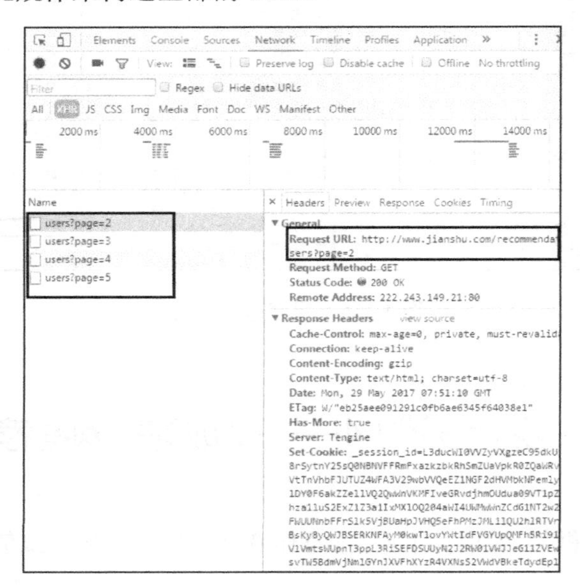

图 12.38　构造 URL

（3）需要爬取的信息有：作者 URL、作者 ID、最近更新文章、作者类型，以及“关注、粉丝、文章、字数和收获喜欢”，如图 12.39 和图 12.40 所示，可以看出为跨页面爬虫，如何使用 Scrapy 爬虫实现爬虫字段的传递成为本节爬虫的重点。

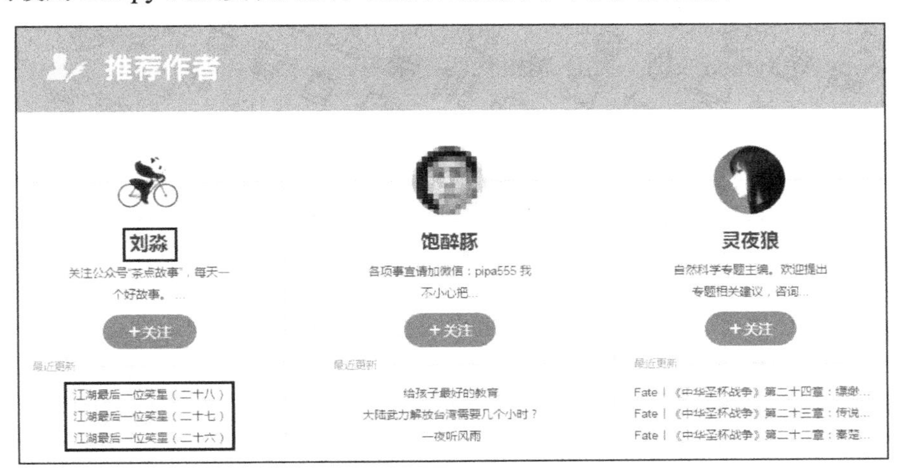

图 12.39　需获取的网页信息

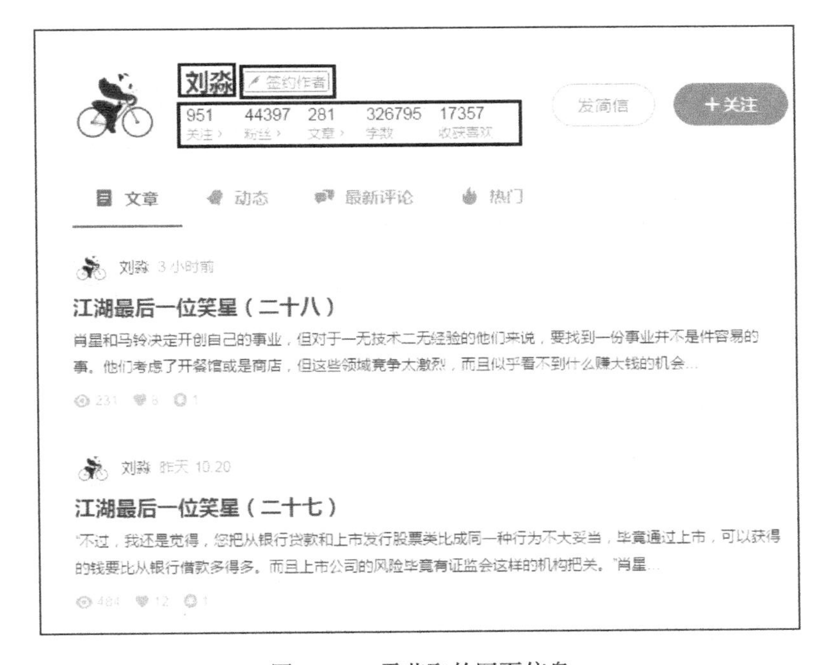

图 12.40　需获取的网页信息

（4）采用 Scrapy 框架进行爬取，通过 pipeline.py 文件把数据存储到 MongoDB 数据库中。

12.5.2 爬虫代码及分析

通过命令行窗口输入以下命令，创建 Scrapy 项目。在 spiders 文件夹下新建 authorspider.py 的 Python 文件，用于爬虫代码的编写。

```
h
cd H:\scrapy
scrapy startproject author
```

1. items.py文件

对爬取的字段进行定义。

```
from scrapy.item import Item,Field

class AuthorItem(Item):
    author_url = Field()
    author_name = Field()
    new_article = Field()
    style = Field()
    focus = Field()
    fans = Field()
    article_num = Field()
    write_num = Field()
    like = Field()
    pass                                                 #爬虫字段定义
```

2. authorspider.py文件

```
01  from scrapy.spiders import CrawlSpider
02  from scrapy.selector import Selector
03  from scrapy.http import Request
04  from author.items import AuthorItem                  #导入库和类
05
06  class author(CrawlSpider):                           #定义爬虫类
07      name = 'author'                                  #爬虫名
08     start_urls = ['http://www.jianshu.com/recommendations/users?
        page=1']#开始 URL
09
10      def parse(self, response):                       #定义 parse()函数
11          base_url = 'http://www.jianshu.com/u/'
12          selector = Selector(response)
13          infos = selector.xpath('//div[@class="col-xs-8"]')
14          for info in infos:
15              author_url = base_url + info.xpath('div/h4/a/@href').
                extract()[0].split('/')[-1]
16              author_name = info.xpath('div/h4/a/text()').extract()[0]
17              article = info.xpath('div/div[@class="recent-update"]')[0]
18            new_article = article.xpath('string(.)').extract()[0].
              strip('\n').replace('
19  ','').replace('\n','')                               #获取部分信息
```

```
20              yield
21  Request(author_url,meta={'author_url':author_url,'author_name':auth
22  or_name,'new_article':new_article},callback=self.parse_item)
23                                                      #回调 parse_item()函数
24          urls = ['http://www.jianshu.com/recommendations/users?
XXpage={}'.format(str(i)) for i in 25                  range(2,10)]
26          for url in urls:
27              yield Request(url,callback=self.parse)#循环回调 parse()函数
28
29      def parse_item(self,response):                  #定义 parse_item()函数
30          item = AuthorItem()                         #实例化
31          item['author_url'] = response.meta['author_url']
32          item['author_name'] = response.meta['author_name']
33          item['new_article'] = response.meta['new_article']
34
35          try:
36              selector = Selector(response)
37              if selector.xpath('//span[@class="author-tag"]'):
38                  style = '签约作者'
39              else:
40                  style = '普通作者'
41              focus = selector.xpath('//div[@class="info"]/ul/li[1]/
                div/a/p/text()').extract()[0]
42              fans = selector.xpath('//div[@class="info"]/ul/li[2]/div/
                a/p/text()').extract()[0]
43              article_num =
44  selector.xpath('//div[@class="info"]/ul/li[3]/div/a/p/text()').extr
    act()[0]
45              write_num = selector.xpath('//div[@class="info"]/ul/li[4]/
                div/p/text()').extract()[0]
46              like = selector.xpath('//div[@class="info"]/ul/li[5]/div/
                p/text()').extract()[0]
47
48              item['style'] = style
49              item['focus'] = focus
50              item['fans'] = fans
51              item['article_num'] = article_num
52              item['write_num'] = write_num
53              item['like'] = like
54              yield item                          #返回 item
55          except IndexError:
           pass                                     #pass 掉 IndexError()函数
```

代码分析：

（1）第 1~4 行导入相应的库。CrawlSpider 是 author 类的父类。Selector 用于解析请求网页后返回的数据，其实与 Lxml 库的用法是一样的。Request 用于请求网页，和 Requests 库类似。AuthorItem 就是前面定义需爬虫的字段类。

（2）第 6~8 行定义 author 类，该类继承 CrawlSpider 类。name 定义该爬虫的名称。start_urls 定义爬虫的网页，在这里就是“推荐作者”的第一页 URL。

（3）第 10~27 行定义 parse()函数，该函数的参数为 response，也就是请求网页返回的数据。其中第 11~19 行为部分数据的爬取过程，利用 Selector 就可以使用 Xpath 语法，但需要使用 extract()方法才可以获取到正确的信息；第 20~22 行，Request 请求“推荐作者”URL，回调 parse_item()函数，并传递爬虫数据参数，这里使用 meta 进行参数传递，这样就能完成跨页面数据的爬取工作；第 24~27 行构造第 2 页到第 9 页的 URL 通过 Request 请求 URL，并回调 parse()函数。

（4）第 29~55 行定义了 parse_item()函数。其中，第 30~33 行初始化 item 并取出传递的参数；第 35~55 行用于详细页数据的爬取，并回调该 item。

3. pipelines.py文件

```
01  import pymongo
02
03  class AuthorPipeline(object):
04      def __init__(self):
05          client = pymongo.MongoClient('localhost', 27017)
06          test = client['test']
07          author = test['author']
08          self.post = author                          #连接数据库
09      def process_item(self, item, spider):
10          info = dict(item)
11          self.post.insert(info)
12          return item                                 #插入数据库
```

代码分析：

（1）第 1 行导入 Pymongo 第三方库，用于对 MongoDB 数据库的操作。

（2）第 3~12 行中，第 3~8 行定义了一个“魔法方法”，用于连接 MongoDB 数据库和创建集合（也就是表）；第 9~12 行用于存入数据库。

4. settings.py文件

```
USER_AGENT = 'Mozilla/5.0 (Windows NT 6.1; WOW64) AppleWebKit/537.36 (KHTML,
like Gecko) Chrome/57.0.2987.133 Safari/537.36'
DOWNLOAD_DELAY=2
ITEM_PIPELINES = {'author.pipelines.AuthorPipeline':300}        #指定处理
```

USER_AGENT 用于设置请求头。DOWNLOAD_DELAY 设置睡眠时间。ITEM_PIPELINES 指定爬取的信息用 pipelines.py 处理。

5. main.py文件

```
from scrapy import cmdline
cmdline.execute("scrapy crawl author".split())
```

新建 main.py 文件并运行该文件，即可运行 Scrapy 程序，运行结果如图 12.41 所示。

(1) ObjectId("592bd96d4a3f901410dd8409")	{ 10 fields }	Object
_id	ObjectId("592bd96d4a3f901410dd8409")	ObjectId
article_num	281	String
like	17357	String
fans	44401	String
new_article	江湖最后一位笑星（二十八）江湖最后一位笑星（二十七）江湖...	String
write_num	326795	String
focus	951	String
author_name	刘淼	String
style	签约作者	String
author_url	http://www.jianshu.com/u/5SqsuF	String
(2) ObjectId("592bd96e4a3f901410dd840a")	{ 10 fields }	Object
_id	ObjectId("592bd96e4a3f901410dd840a")	ObjectId
article_num	381	String
like	27642	String
fans	21553	String
new_article	为什么中年女性的职场竞争力不高？你缺的不是爱好，是专注上...	String
write_num	762318	String
focus	35	String
author_name	沐丞	String
style	签约作者	String
author_url	http://www.jianshu.com/u/73fd48dcb7ba	String
(3) ObjectId("592bd96e4a3f901410dd840b")	{ 10 fields }	Object
_id	ObjectId("592bd96e4a3f901410dd840b")	ObjectId
article_num	814	String

图 12.41　程序运行结果

推荐阅读

Python编程
从0到1
（视频教学版）

趣学Python
算法100例

Python算法的
奇妙之旅

人工智能极简编程入门
（基于Python）

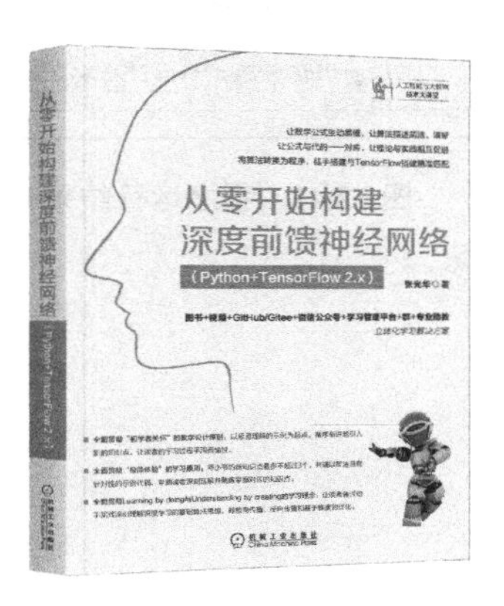
从零开始构建
深度前馈神经网络
（Python+TensorFlow 2.x）

从零开始学
Selenium自动化测试

Python
青少年编程
魔法课堂
（案例+视频教学版）

Python自动化测试
入门与进阶实战

Python
开发技术大全
（50小时同步配套教学视频）